普通高等教育"十一五"国家级规划教材
普通高等教育国家级精品教材
高职高专计算机规划教材·案例教程系列

ASP.NET 语言程序设计案例教程
（第二版）

沈大林　主　编

魏雪英　杨　旭　郭　政　于建海　副主编

中国铁道出版社
CHINA RAILWAY PUBLISHING HOUSE

内 容 简 介

ASP.NET 是微软推出的专业动态网站开发工具，它是新型体系结构.NET 的一部分，它的全新技术架构让网站开发变得更为简单，网络数据更加安全。ASP.NET 提供稳定的性能，优秀的升级性，更快速的开发，更简便的管理，全新的语言和网络服务，其功能更为强大而全面，还具有简单易学等优点。

本书采用案例驱动方式进行讲解，以案例设计为主导，将知识点融入案例，以案例带动知识点的学习。在以案例进行讲解时，充分保证知识的相对完整性和系统性，通过学习实例掌握ASP.NET 动态网站开发的基本知识。

本书通过 27 个实例的分析讲解，由浅至深，层层引导，让读者能够快速掌握 ASP.NET，提高动态网站开发能力。各个实例都有详细的讲解，容易看懂，便于教学。本书内容丰富、结构清晰、图文并茂，易于教学与个人自学。

本书适合作为高职高专院校计算机专业的教材，还可作为初学者的自学用书。

图书在版编目（CIP）数据

ASP.NET 语言程序设计案例教程 / 沈大林主编. — 2版. — 北京 : 中国铁道出版社，2013.5

普通高等教育"十一五"国家级规划教材　普通高等教育国家级精品教材　高职高专计算机规划教材. 案例教程系列

ISBN 978-7-113-16380-8

Ⅰ. ①A… Ⅱ. ①沈… Ⅲ. ①网页制作工具－程序设计－高等职业教育－教材 Ⅳ. ①TP393.092

中国版本图书馆 CIP 数据核字（2013）第 075979 号

书　　名：ASP.NET 语言程序设计案例教程（第二版）
作　　者：沈大林　主编

策　　划：赵　鑫　　　　　　　　　　读者热线：400-668-0820
责任编辑：赵　鑫　徐盼欣
封面设计：付　巍
封面制作：白　雪
责任印制：李　佳

出版发行：中国铁道出版社（100054，北京市西城区右安门西街 8 号）
网　　址：http://www.51eds.com
印　　刷：北京尚品荣华印刷有限公司
版　　次：2007 年 6 月第 1 版　　2013 年 5 月第 2 版　　2013 年 5 月第 1 次印刷
开　　本：787mm×1092mm　1/16　印张：16　字数：420 千
印　　数：1～3 000 册
书　　号：ISBN 978-7-113-16380-8
定　　价：31.00 元

丛书序

1982年大学毕业后，我开始从事职业教育工作，那是一个百废待兴的年代，是职业教育改革刚刚开始的时期。开始进行职业教育时，我们使用的是大学本科纯理论性教材。后来，联合国教科文组织派来了具有多年职业教育研究和实践经验的专家来北京传授电子技术教学经验，专家抛开了我们事先准备好的教学大纲，发给每位听课教师一个实验器，边做实验边讲课，理论完全融于实验的过程中。这种教学方法使我耳目一新并为之震动。后来，我看了一本美国麻省理工学院的教材，前言中有一句话的大意是："你是制作集成电路或设计电路的工程师吗？你不是！你是应用集成电路的工程师！那么你没必要了解集成电路内部的工作原理，而只需要知道如何应用这些集成电路解决实际问题。"再后来，我学习了素有"万世师表"之称的陶行知先生的"教学做合一"教育思想，也了解这些思想源于他的老师——美国的教育家约翰·杜威的"从做中学"的教育思想。以后，我知道了美国哈佛大学也采用案例教学，中国台湾省的学者在讲演时也都采用案例教学……这些中外教育家的思想成为我不断探索职业教育教学方法和改革职业教育教材的思想基础，点点滴滴融入到我编写的教材之中。现在我国职业教育又进入了一个高峰期，职业教育的又一个春天即将到来。

现在，职业教育类的大多数计算机教材应该是案例教程，这一点似乎已经没有太多的争议，但什么是真正的符合职业教育需求的案例教程呢？是不是有例子的教材就是案例教程呢？许多职业教育教材也有一些案例，但是这些案例与知识是分割的，仅是知识的一种解释。还有一些百例类丛书，虽然例子很多，但所涉及的知识和技能并不多，只是一些例子的无序堆积。

本丛书采用案例带动知识点的方法进行讲解，学生通过学习实例，掌握软件的操作方法、操作技巧或程序设计方法。本丛书以一节为一个单元，对知识点进行了细致的取舍和编排，按节细化知识点并结合知识点介绍了相关的实例，将知识和案例放在同一节中，知识和案例相结合。本丛书基本是每节由"案例描述"、"设计过程"、"相关知识"和"案例拓展"四部分组成。"案例描述"中介绍了学习本案例的目的，包括案例效果、相关知识和技巧简介；"设计过程"中介绍了实例的制作过程和技巧；"相关知识"中介绍了与本案例有关的知识；"案例拓展"中介绍了与案例有关的案例拓展。读者可以边进行案例制作，边学习相关知识和技巧，轻松掌握软件的使用方法、使用技巧或程序设计方法。

本丛书的优点是符合教与学的规律，便于教学，不用教师去分解知识点和寻找案例，更像一个经过改革的课堂教学的详细教案。这种形式的教学有利于激发学生的学习兴趣、培养学生学习的主动性，并激发学生的创造性，能使学生在学习过程中充满成就感和探索精神，使学生更快地适应实际工作的需要。

本丛书还存在许多有待改进之处，可以使它更符合"能力本位"的基本原则，可以使知识的讲述更精要明了，使案例更精彩和更具有实用性，使案例带动的知识点和技巧更多，使案例与知识点的结合更完美，使习题的趣味性等更显著……这些都是我们继续努力的方向，也诚恳地欢迎每一位读者，尤其是教师和学生参与进来，期待你们提出更多的意见和建议，提供更好的案例，成为本丛书的作者，成为我们中的一员。

沈大林

第二版前言

ASP.NET 是微软推出的专业动态网站开发工具，是受到广大 Web 开发人员喜爱的 ASP 的.NET 版开发平台，它提供开发人员创建企业级 Web 应用程序所需的服务。ASP.NET 的语法基本上与 ASP 兼容，此外它还提供了一个新的编程模型和基础结构，以提高应用程序的安全性、缩放性和稳定性。通过逐渐向现有的 ASP 应用程序增加 ASP.NET 功能，可以自由地使其增大、增强。

ASP.NET 是微软推出的新型体系结构.NET 的一部分，它的全新技术架构会让网站开发变得更为简单，网络数据更加安全。ASP.NET 提供稳定的性能，优秀的升级性，更快速的开发，更简便的管理，全新的语言和网络服务，其功能更为强大而全面，还具有简单易学等优点。

本书采用案例驱动方式进行讲解，以案例设计为主导，将知识点融入案例，以案例带动知识点的学习。在以案例进行讲解时，充分保证知识的相对完整性和系统性，通过学习实例掌握 ASP.NET 动态网站开发的基本知识。

本书共分 7 章，具有较大的知识信息量。第 0 章为 ASP.NET 基本概念、ASP.NET 开发环境的配置和网站开发工具的应用等内容。第 1 章将学习 ASP.NET 的开发语言——VB.NET 的基础知识。第 2 章为 VB.NET 语言的进阶知识，包括控制结构、数组和函数等相关知识。第 3 章将学习 WebForm 在 ASP.NET 网页开发中的应用，以及 HTML 服务器控件。第 4 章将学习 ASP.NET 所提供的常用 Web 服务器控件。第 5 章将学习 ASP.NET 中的数据验证控件和月历控件。第 6 章将学习如何通过 ADO.NET 在网页开发中进行数据库操作，还详细地介绍了数据列表控件 Repeator 和 DataGrid 在数据操作中的应用。

本书通过 27 个实例的分析讲解，再利用 100 余道习题的练习与巩固，由浅至深，层层引导，让读者能够快速掌握 ASP.NET，提高动态网站开发能力。各个实例都有详细的讲解，容易看懂，便于教学。本书内容丰富、结构清晰、图文并茂，易于教学与个人自学。

本书以实例带动知识点的学习，通过学习实例掌握程序设计的方法和技巧，由浅至深，层层引导，让学生能够快速掌握 ASP.NET 网站开发技术，提高编程能力。建议教师在使用本书进行教学时，一边带学生做各章的实例，一边讲解各实例中的知识和概念，将它们有机地结合在一起，可以达到事半功倍的效果。

本书由沈大林任主编，由魏雪英、杨旭、郭政、于建海任副主编，参加本书编写工作的主要人员还有：张晓蕾、王浩轩、许崇、陶宁、张秋、赵玺、王爱赪、郑淑晖、沈昕、万忠、曾昊、崔玥、肖柠朴、郑鹤、丰金兰、袁柳、曹永冬、王小兵、郭海、陈恺硕、郝侠、徐晓雅、王加伟、孔凡奇、卢贺、李宇辰、苏飞等。

本书适合作为高职高专院校计算机专业的教材，也可以作为大学非计算机专业的教材，还可以作为初、中级培训班的教材，还适于作为初学者的自学用书。

由于编者水平有限，加上编著、出版时间仓促，书中难免有疏漏和不妥之处，恳请广大读者批评指正。

编　者

2012 年 8 月

第一版前言

ASP.NET 是微软推出的最新的动态网站开发工具，是受到广大 Web 开发人员喜爱的 ASP 的.NET 版开发平台，它提供开发人员创建企业级 Web 应用程序所需的服务。尽管 ASP.NET 的语法基本上与 ASP 兼容，但是它还提供了一个新的编程模型和基础结构以提高应用程序的安全性、缩放性和稳定性。通过逐渐向现有的 ASP 应用程序增加 ASP.NET 功能，可以自由地使其增大、增强。

ASP.NET 是微软推出的新型体系结构 .NET 的一部分，它的全新技术架构让网络开发变得更为简单、网络数据更加安全。ASP.NET 较 ASP 能够提供更稳定的性能，更优秀的升级性，更快速、更简便的开发，更方便的管理，全新的语言以及网络服务。

全书共分 6 章，具有较大的知识信息量。第 0 章为 ASP.NET 基本概念、ASP.NET 开发环境的配置和网站开发工具的应用等内容。第 1 章为网页设计基础知识，主要介绍 HTML 超文本标识语言在网页设计中的应用。第 2 章为 ASP.NET 程序开发语言基础知识，这里将学习 ASP.NET 的开发语言——VB.NET 的相关知识。第 3 章将介绍 WebForm 在 ASP.NET 网页开发中的应用。第 4 章将学习 ASP.NET 所提供的各种服务器控件，包括 Web 服务器控件、HTML 服务器控件和数据验证控件等。第 5 章将学习如何通过 ADO.NET 在网页开发中进行数据库操作，还详细地介绍了数据列表控件 Repeater、DataList 和 DataGrid 在数据操作中的应用。

本书采用案例带动知识点的方法进行讲解，学生通过学习 30 个案例，可以掌握 ASP.NET 动态网站开发的基本方法。本书以一节为一个单元，对知识点进行了细致的取舍和编排，按节细化知识点并结合知识点介绍了相关的实例，将知识和案例放在同一节中，知识和案例相结合。本书基本是每节由"案例效果"、"设计过程"和"相关知识"三部分组成。"案例效果"中介绍了学习本案例的目的，包括案例效果、相关知识和技巧简介；"设计过程"中介绍了实例的制作过程和技巧；"相关知识"中介绍了与本案例有关的知识。读者可以边进行案例制作，边学习相关知识和技巧，轻松掌握 ASP.NET 动态网站开发的基本方法。

本书讲解知识由浅入深、循序渐进，理论与实际操作相结合，可使读者在学习时，既知其然，还知其所以然，不但能够快速入门，而且可以达到较高的水平。利用本书，教师可以得心应手地教学，学生也可以轻松自学。

本书可以作为高等院校非计算机专业、高职高专院校计算机专业的教材，也可作为初、中级社会培训班的教材，还可作为初学者的自学用书。

由于编者水平有限，书中难免有疏漏和不妥之处，恳请广大读者批评指正。

编 者
2007 年 4 月

目 录

第 **0** 章 概 论

0.1　ASP.NET 概述

0.1.1　ASP.NET 简介

ASP.NET 是 Microsoft 推出的新一代动态网站开发工具，是.NET 体系结构的一部分，它的全新技术架构会让网站开发变得更为简单，网络数据更加安全。

ASP.NET 吸收了 ASP 以前版本的最大优点，它基于 Microsoft.NET 框架，并参照 Java、VB.NET 语言的开发优势加入了许多新的特色，同时也修正了以前的 ASP 版本的运行错误。

ASP.NET 提供稳定的性能，优秀的升级性，更快速的开发，更简便的管理，全新的语言和网络服务，其功能更为强大而全面，还具有简单易学等优点。

ASP.NET 是一个统一的 Web 开发平台，它提供开发人员创建企业级 Web 应用程序所需的服务。ASP.NET 的语法基本上与 ASP 兼容，它还提供了一个新的编程模型和基础结构，以提高应用程序的安全性、缩放性和稳定性。通过逐渐向现有的 ASP 应用程序增加 ASP.NET 功能，可以自由地使其增大、增强。ASP.NET 是一个编译的、基于.NET 的环境；可以用任何.NET 兼容的语言（包括 Microsoft Visual Basic .NET，Microsoft Visual C#和 Microsoft JScript .NET）开发应用程序。

0.1.2　ASP/ASP.NET、JSP 与 PHP

最早的动态网页解决方案是 CGI（公共网关接口）。可以使用不同的编程语言如 C、C++、Visual Basic、Delphi 等来实现 CGI。但编写困难、编程效率低。

随着技术的发展，各公司分别推出了自己的动态网页解决方案，其中使用最广泛的是微软推出的 ASP/ASP.NET 和 Sun（现已被 Oracle 公司收购）推出的 JSP。当前流行的动态网页开发技术主要有 ASP/ASP.NET、JSP、PHP 等，它们都提供动态网页的开发能力。ASP/ASP.NET、PHP、JSP 都是面向 Web 服务器的技术，客户端浏览器不需要任何附加的软件支持。

1. ASP 与 ASP.NET

ASP 是一种类似于 HTML、Script 与 CGI 的结合体，它与 CGI 一样，没有提供自己专用的编程语言，而允许用户使用 VBScript、JavaScript 等常用脚本语言来编写 ASP 程序。

ASP 是位于服务器端的脚本运行环境，通过这种环境，用户可以创建和运行动态的交互式 Web 服务器应用程序，如交互式的动态网页，包括使用 HTML 表单收集和处理信息、上传与下载等。更重要的是，ASP 使用的 ActiveX 技术基于开放设计环境，用户可以自己定义和制作组件，使用户的动态网页几乎具有无限的扩充能力，这是传统的 CGI 程序所远远不及的地方。使用 ASP 还有个好处，即 ASP 可利用 ADO（Active Data Object，活动数据对象）来方便地访问数据库，从而使得开发基于

WWW 的应用系统成为可能。

ASP.NET 是 ASP 的.NET 版本，在.NET 框架的支持下，具有更强的功能，更快的效率。ASP.NET 并不仅仅是 ASP 的简单升级，而且是 Microsoft 推出的新一代动态网站开发工具，与 ASP 相比，具有如下特点：

（1）由于 ASP.NET 是基于.NET 框架的，因此 Web 应用程序开发人员可以利用整个.NET 平台的强大功能和灵活性。.NET 框架类库、消息处理和数据访问解决方案都可从 Web 无缝访问。

（2）可以用多种程序语言来进行 ASP.NET 开发。ASP.NET 所使用的开发语言不再是 ASP 中的脚本语言（如 VBScript 或 JavaScript），而是基于.NET 的 VB.NET、C#和 JScript.NET 等程序设计语言，功能更为强大。可以选择最适合应用程序的语言，或跨多种语言来开发应用程序。同时，ASP 是解释型的，每次访问网页时都是一边解释一边执行，即使访问的是同一网页内容也是如此。而 ASP.NET 是编译执行的，在第一次执行时会将页面文件编译为.dll 文件，在以后访问该网页时，将直接调用.dll 文件，大大提高了网页访问速度。

（3）ASP.NET 带有大量的控件，这些控件具有强大的功能，甚至无须进行任何 ASP.NET 编码就可以用于页面。

（4）ASP.NET 已经实现了与 HTML 分离，在基于 ASP.NET 的动态网页开发中，可以编写更少的 HTML 语句，某些情况下甚至可以不编写 HTML 语句。

（5）ASP.NET 使执行常见任务变得容易，从简单的窗体提交和客户端身份验证到部署和站点配置。例如，ASP.NET 框架使用户可以生成将应用程序逻辑与表示代码清楚分开的用户界面，并能够在类似 Visual Basic 的简单窗体处理模型中处理事件。

（6）ASP.NET 包含了一个设计周到的结构，它使开发人员可以在适当的级别"插入"代码。实际上，可以用用户编写的自定义组件扩展或替换 ASP.NET 运行库的任何子组件。由于.NET 框架的扩展性，保证了在迁移到 ASP.NET 时能够使用基于 COM 开发的已有资源。

（7）借助内置的 Windows 身份验证和基于每个应用程序的不同配置，可以保证应用程序的安全性。

由于微软市场政策的原因，ASP.NET 在使用上有一定的局限性——ASP.NET 只能运行在微软的操作系统平台下，其工作环境只能是微软的 IIS（Internet Information Server，Internet 信息服务）和.NET Framework。但是，Windows 系统本身就占有操作系统市场的垄断地位，.NET Framework 更是微软在软件开发战略中的重点，加上微软的支持，ASP.NET 技术在动态网站开发中得到了广泛的应用。

2. JSP

JSP 是一种较新的动态网站开发技术。与 ASP 由微软独自开发不同，JSP 是由 Sun 公司倡导，众多公司参与，一起建立的一种动态网页技术标准，它是基于 Java 技术的动态网页解决方案，具有良好的可伸缩性，与 Java Enterprise API 紧密结合，在网络数据库应用开发方面具有得天独厚的优势。同时，JSP 具有更好的跨平台支持能力，它可以支持超过 85%以上的操作系统，除了 Windows 外，它还支持 Linux、UNIX 等。

从严格意义上来讲，JSP 建立在 Java Servlet 技术基础上，Servlet 工作在服务器端，当收到来自客户端的请求后，动态地生成响应文档，然后以 HTML（或 XML）页面形式发送到客户端浏览器。由于所有的操作都是在服务器端执行，网络上传给客户端的只是服务器端所生成的 HTML 网页，因此对浏览器的要求极低。

　　由于使用 Java Servlet 技术实现，JSP 可以被整合到多种应用体系结构中，以便利用现有工具和技巧，使其具有更好的存储管理和安全性，同时，还具有 Java 语言"一次编写，随处运行"的特点。JSP 在执行时是在服务器端先编译成 Servlet 包（以.class 文件形式存储），再动态执行。对于多次对同一 JSP 页面进行访问时，这种编译只在第一次访问时进行，以后在访问时就可以快速地执行。

　　此外，JSP 对许多功能进行了封装，因此 JSP Web 页面的开发并不完全需要熟悉脚本语言开发的编程人员，可以使前台的页面开发人员与后台的脚本开发人员分工合作来完成整个动态网站的开发。同时，还可以使用 Java 技术开发出自己的标识库或使用第三方提供的构件来进行有特色的、快速的动态网站开发。

3．PHP

　　PHP 是一种跨平台的服务器端的嵌入式脚本语言。它大量地借用 C、Java 和 Perl 语言的语法，并结合 PHP 自身的特性，使 Web 应用开发者能够快速地创建出动态页面。

　　用户可以混合使用 PHP 和 HTML 编写 Web 页面，当访问者浏览到该页面时，服务端会首先对页面中的 PHP 命令进行处理，然后把处理后的结果连同 HTML 内容一起传送到访问端的浏览器。但是与 ASP/ASP.NET 或 JSP 不同，PHP 是一种源代码开放程序，拥有很好的跨平台兼容性。用户可以在 Windows 系统以及多种版本的 Linux、UNIX 系统上运行 PHP，而且可以将 PHP 作为 Apache 服务器的内置模块或 CGI 程序运行。

　　PHP 具有非常强大的数据库支持功能，能够访问几乎目前所有较为流行的数据库系统，包括 Microsoft SQL Server、Oracle、MySQL、Sybase 等。PHP 与 MySQL 是进行数据库网站开发的绝佳组合。此外，开发者还可以自己编写外围的函数去间接存取数据库。通过这样的途径，当需要更换使用的数据库时，可以轻松地修改编码以适应数据库的变化。需要注意的是，PHP 提供的数据库接口支持彼此不统一，例如，对 Oracle、MySQL、Sybase 的接口，彼此都不相同，这也是 PHP 的一个弱点。

　　PHP 脚本语言的语法结构与 C 语言的语法风格非常相似。PHP 还具有基本的面向对象组件功能，可以极大地方便用户有效组织和封装自己编写的代码。此外，PHP 可以与多个外接库集成，为用户提供更多的实用功能，如生成 PDF 文件、压缩文件等。

　　还有一点，PHP 是完全免费的，用户可以从 PHP 官方站点（http: //www.php.net）自由下载，而且可以不受限制地获得源码，甚至可以从中加进开发者所需的特色。

　　目前，在国内的动态网站开发中，ASP/ASP.NET 应用最为广泛，PHP 的应用也非常多，而 JSP 由于是一种较新的技术，国内采用的相对较少，但由于其性能优越，使用 JSP 开发的网站也越来越多。对于初学者来说，学习 ASP.NET 的要求比 JSP 和 PHP 低，易于入门，ASP.NET 中的程序语言 VB.NET（Visual Basic 的.NET 版本）具有广泛的使用者，即使没有接触过 VB.NET，比起 JSP 中的 Java 语言或 PHP 学习起来也容易得多。

0.2　静态网页与动态网页

0.2.1　静态网页与 HTML

　　静态网页由单纯的超文本置标语言（Hyper Text Markup Language，HTML）进行编辑，在存储时以 HTML 格式（文件扩展名为.htm/.HTML）存储。网络中浏览的静态网页都是一个个的 HTML 文件，这些网页中可以包含文字、图片、动画和声音，以及能够跳转到其他文件的超链接。所有的内容都是以 HTML 进行编辑。

一个 HTML 文件包含了一些特殊的命令来告诉用户的浏览器应该如何显示文本、图像以及网页的背景，这些命令被称为 HTML 标记。如果在浏览器显示网页时查看网页的文本，可以看见在尖括号中的 HTML 标记。

下面的例子说明了一个简单的静态 HTML 网页是如何实现的。

打开 Windows 中的记事本，把下面的内容输入到记事本中，将文件以名称 test.htm 进行存储。注意，在存储时要选择"文件类型"为"所有文件"。

```
<HTML>
<body>
<p align="center"><font color="red">这是一个测试。</font></p>
<p><font color="blue"><i>测试 OK。</i></font></p>
</body>
</HTML>
```

上面这段内容就是一个使用 HTML 编辑的简单静态网页。在"资源管理器"中双击打开 test.htm 文件，可以看到如图 0-2-1 所示的内容。

图 0-2-1　静态网页

静态网页中的内容在显示时都是不会改变的，设计时是什么样，显示时就是什么样。对于上面的网页，在显示网页的 IE 浏览器中单击"查看"菜单下的"源文件"命令，可以在打开的窗口中看到网页的源代码，如图 0-2-2 所示。

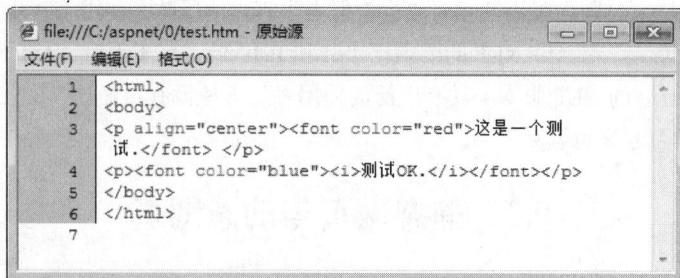

图 0-2-2　网页源文件

可以看到，这里的源文件代码与设计时的代码完全相同。

下面对这个使用 HTML 编辑的简单静态网页进行简单说明。HTML 网页文件都是以<HTML>标

记开始，以</HTML>标记结束。标记<body>和</body>中放置的是文件中要显示出来的内容。其中的
与 为一对标记，表示其中的内容居中显示。<font color="red">与</font>也是一
对标记，表示其中的文字字体颜色（font color）为红色（red）。同样，<font color="blue">与</font>
表示其中的文字字体颜色为蓝色（blue）。<i>与</i>则表示其中的文字为斜体。

了解了 HTML 标记的用法后，可以很容易地理解在浏览器中所显示出来的内容。HTML 就是这
样一种语言，它用简单的标记来声明所包含的内容。在后面的章节中将学习更多的 HTML 知识。

早期的 HTML 设计都是使用记事本之类的文本编辑软件来设计，设计者需要能够灵活地运行这
些 HTML 标记来创建网页，而且网页的效果都只能在完成后运行时才能看出来，因此开发网页也是
专业人士才能完成的工作。

现在，能进行网页编辑的软件已是遍地开花，像 Dreamweaver、FrontPage 这样"所见即所得"
的网站开发软件大行其道，使得不懂 HTML 的普通用户也可以过一把网页编辑的瘾。

0.2.2　动态网页

动态网页与静态网页从设计到实现都有所不同。动态网页是在 HTML 的基础上嵌入特殊的程序
化的编码来设计，编码可以使用编程语言，如 C、Java、Visual Basic、VB.NET、C#等，也可以使用
专门的脚本（Script）语言，如 VBScript、JavaScript、PHP 等。同时，在存储时也需要使用不同的文
件扩展名，如.asp、.aspx、.jsp、.php 等。在浏览时，除了需要有浏览器的支持外，还需要有支持相
应的系统环境如 ASP、ASP.NET、JSP 或 PHP 对其中的编码进行编译、解释，经编译、解释后才能
在浏览器中显示出正确的内容。

下面用一个例子对 ASP.NET 动态网页进行进一步说明。由于文件扩展名为.aspx，因此，在浏览
时需要有 ASP.NET 运行环境的支持（在下一节将学习 ASP.NET 开发环境的搭建），否则不能浏览到
正确内容。浏览的结果按系统时间的不同会有所改变，当时间为 12 点以前时，显示的时间文字为
绿色，12 点以后显示的时间文字为蓝色，如图 0-2-3 所示。

图 0-2-3　动态网页

在记事本中输入下面的内容，文件保存时命名为 test.aspx。

```
<HTML>
<body>
    <p align='center'><font size="5" color="red">欢迎学习 ASP.NET 动态网页技
    术!</font></p>
<%
```

```
    dim t as Date
    dim h as Integer
    dim clr as String
    t=now()
    h=hour(t)
    if h>12 then
        clr="blue"
    else
        clr="green"
    end if
%>
    <font size="4" color="<%=clr%>" >现在时间是: <%=t%></font>
</body>
</HTML>
```

在显示网页的 IE 浏览器中单击"查看"菜单下的"源文件"命令，可以在打开的记事本中看到所示网页的 HTML 编码内容，如图 0-2-4 所示。

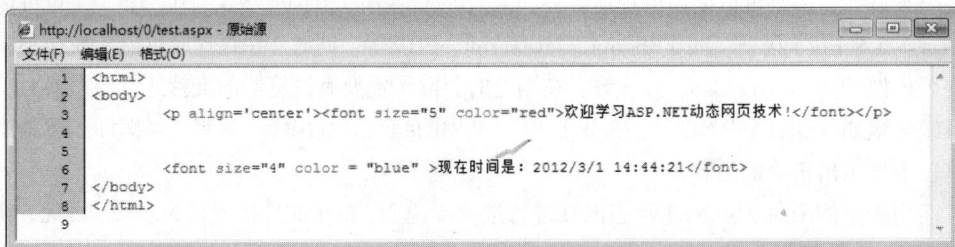

图 0-2-4　浏览动态网页中的 HTML 编码

可以看到，这里的内容与上面编写网页文件时的内容不完全相同，这是由于动态网页必须经由系统进行编译、解释，这里看到的只是网页内容经编译、解释后得到的 HTML 文本。

上面的代码中，使用"<%"与"%>"括起来的部分是动态部分，这些内容在浏览时是经服务器端编译后，再将执行得到的 HTML 内容与原文件中其他的 HTML 内容一起发送到客户端浏览器中显示出来，浏览器得到的 HTML 编码只是动态网页在服务器端执行的结果，而不是全部的动态网页内容。

其中，在 HTML 中嵌入的动态内容使用了两种方式：ASP.NET 的程序代码段和 ASP 的表达式。下面是网页 ASP.NET 程序代码段：

```
<%
    dim t as Date
    dim h as Integer
    dim clr as String
    t=now()
    h=hour(t)
    if h>12 then
        clr="blue"
    else
        clr="green"
```

```
    end if
%>
```

ASP.NET 的程序代码段包括在"<%"和"%>"之间，在这里可以插入大量的程序代码，可以是上面所示的若干行程序代码，也可以是过程与函数等内容。

在程序代码段中，先通过下面的语句定义程序变量 t 为日期时间型（Date）变量，h 为整型（Integer）变量，clr 为字符串型（String）变量。

```
dim t as Date
dim h as Integer
dim clr as String
```

接下来的代码中，t=now()表示获取系统当前日期时间，并将其赋值给变量 t。h=hour(t)表示获取日期时间变量 t 中的小时数，接下来的 if …else…end if 是一个判断语句，它对变量 h 的值进行判断，当 h>12 时，将变量 clr 赋值为 blue，否则赋值为 green。

除了程序代码段外，网页中还使用了形如"<%=clr%>"这样的 ASP.NET 动态表达式，它的含义是将等号（=）后面部分的内容直接显示出来。例如：

```
<font size="4" color="<%=clr%>" >现在时间是: <%=t%></font>
```

在图中可以看到，时间 t 的值为 2012/3/1 14:44:21，在执行前面的 if…else…end if 语句后，clr 的内容为 blue。因此，上面的表达式<%=clr%>和<%=t%>在显示其变量的内容后，得到下面的 HTML 语句：

```
<font size="4" color="blue" >现在时间是: 2012/3/1 14:44:21</font>
```

最后，在客户端浏览器中显示出蓝色文字"现在时间是：2012/3/1 14:44:21"。

从这个例子可以知道，动态网页通常是由 HTML 内容与动态网页的编程语言相结合，一起来完成动态内容的，在浏览时，动态网页先经服务器端的系统环境（这个例子中是 ASP.NET 环境）编译、解释，得到的内容再发送到客户端浏览器显示出来。

图 0-2-5 给出了浏览 HTML 静态网页与 ASP.NET 动态网页的不同过程。

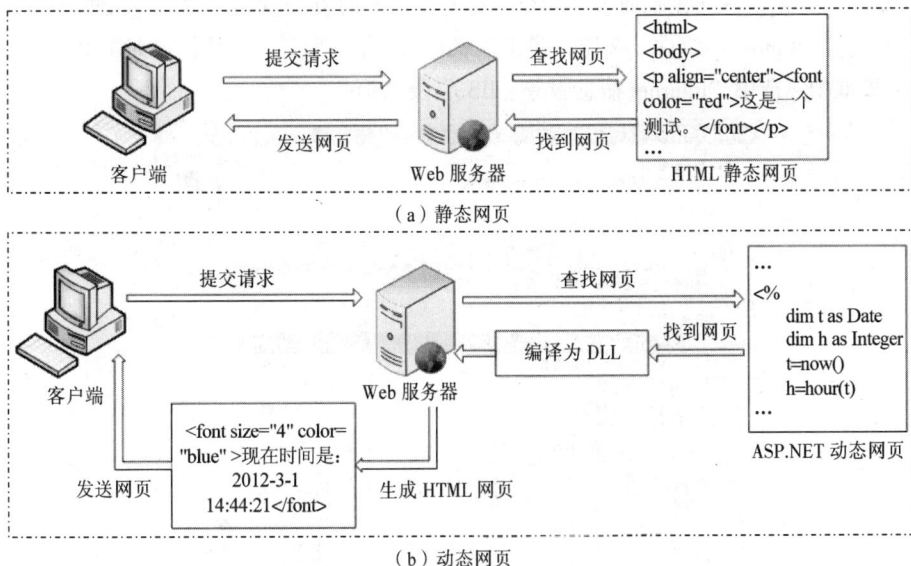

图 0-2-5 静态网页与动态网页

0.3　ASP.NET 服务器环境的安装和设置

要学习 ASP.NET 动态网页的开发，首先需要有一个能进行 ASP.NET 动态网页开发测试的服务器环境，包括操作系统（Windows）、Web 应用程序服务器（通常是 IIS）、.NET Framework（.NET 框架）和 MDAC（Microsoft 数据访问组件）等。下面介绍在系统中安装和设置 ASP.NET 网络服务器的具体方法。

0.3.1　支持 ASP.NET 的操作系统

支持 ASP.NET 的操作系统有 Windows 2000 Professional（建议安装 SP3）、Windows 2000 Server（建议安装 SP3）、Windows XP Professional、Windows Server 2003、Windows Vista、Windows 7 等，其中，对 ASP.NET 支持最好是 Windows Server 2003（本书中的实例都是在其下实现）及以上版本的操作系统，它在安装时通常会默认安装 IIS、.NET Framework 和 MDAC。而在 Windows 2000/XP 下除了 IIS 外，还需要安装.NET Framework 和 MDAC。

0.3.2　在 Windows 中安装 IIS

IIS（Internet Information Server，Internet 信息服务）是 Windows 操作系统的组件之一，如果安装的是 Windows 2000 Server 或 Windows Server 2003 以上版本的操作系统，则在安装时会默认安装相应版本的 IIS。如果安装的是 Windows 2000 Professional 等版本操作系统，则默认情况下不会安装 IIS，需要进行手工安装。

在实际应用中，网站服务器应使用服务器版本的操作系统，例如 Windows 2000 Server 或 Windows Server 2003。下面介绍 Windows 2000 Server 中 IIS 的安装和设置，Windows XP/Server 2003 中 IIS 安装和设置方法大体相似。在 Windows 2000 Server 中安装 IIS 的步骤如下：

（1）单击"开始"→"控制面板"命令，打开"控制面板"，双击"添加或删除程序"图标，单击"添加/删除 Windows 组件"按钮，弹出"Windows 组件向导"对话框，如图 0-3-1 所示。在"组件"列表框中，选中"Internet 信息服务（IIS）"复选框。

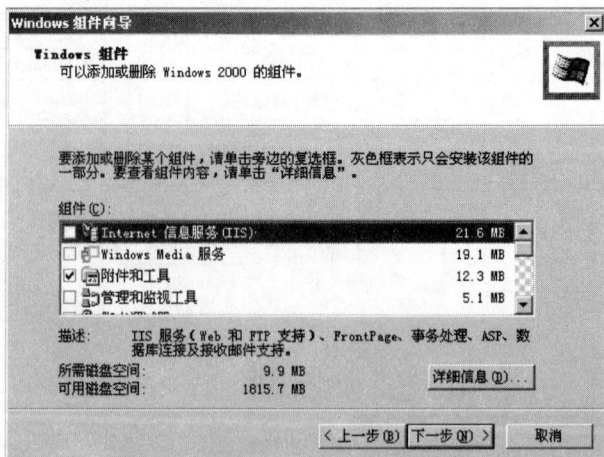

图 0-3-1　"Windows 组件向导"对话框

（2）单击"详细信息"按钮，此时将弹出"Internet 信息服务（IIS）"对话框。务必选中"Internet 服务管理器"复选框和"World Wide Web 服务器"复选框，这样才能将 Web 服务和"Internet 服务管理器"安装到计算机中，其他选项采用默认状态即可，如图 0-3-2 所示。

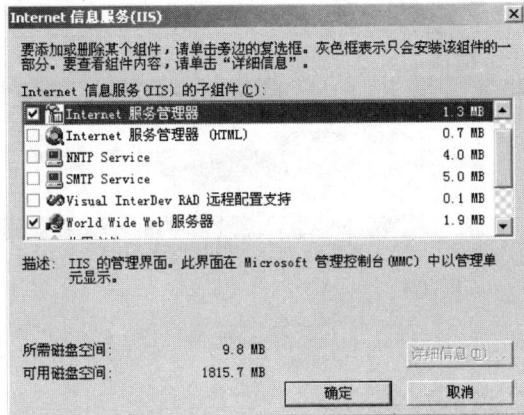

图 0-3-2   安装 Internet 信息服务

（3）将 Windows 2000 Server 的安装光盘放入光驱中，单击"Windows 组件向导"对话框内的"下一步"按钮，运行安装程序，其间会出现图 0-3-3 所示的"所需文件"对话框，这里要求提供 Windows 2000 Server 的安装文件。单击"浏览"按钮，弹出"查找文件"对话框。该对话框给出了 Windows 2000 Server 安装文件的存放位置。选中需要安装的文件名称，再单击"打开"按钮，回到"所需文件"对话框，再单击"所需文件"对话框中的"确定"按钮，即可继续安装 IIS 直至完成。

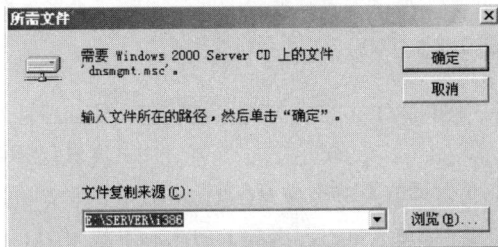

图 0-3-3   "所需文件"对话框

0.3.3   .NET Framework 的下载与安装

.NET Framework（.NET 框架）是.NET 开发环境的核心，也是运行 ASP.NET 的基础，在 Windows XP/Server 2003 中都含有相应版本的.NET 框架，在安装操作系统时会随之安装，而 Windows 2000 Server 中是没有.NET 框架的，需要用户自行安装。如果需要安装.NET 框架，可以从微软下载中心（见图 0-3-4）去下载.NET Framework SDK 开发包，其地址如下：

http://www.microsoft.com/downloads/Search.aspx?displaylang=zh-cn

对于本书的学习，需要下载".NET Framework 1.1 版可再发行组件包"及其对应的"Microsoft .NET Framework 1.1 版 简体中文语言包"（安装时需要有 Windows Installer 的支持，也可以从微软下载中心下载）。

下载完成后，先安装".NET Framework 1.1 版可再发行组件包"，再安装"Microsoft .NET Framework

1.1 版 简体中文语言包"。安装.NET Framework 很简单，双击执行安装文件，按安装向导提示一步步操作就能完成，这里不再详述。

图 0-3-4　微软下载中心

0.3.4　MDAC 的下载与安装

除了.NET Framework 外，ASP.NET 还需要 MDAC 的支持。MDAC 是 Windows 中用于访问远程或本地数据库的组件，包含在 Windows 和 SQL Server 等系统中。在默认条件下，Windows Me/2000/XP/2003 均会安装 MDAC。但 ASP.NET 要求至少为 MDAC 2.6 以上，而 Windows 2000 默认为 MDAC 2.5，因此必须将其升级至最新版本。同样，可以在微软下载中心下载 MDAC 的最新版本。可直接从下面的地址下载：

```
http://download.microsoft.com/download/8/b/6/8b6198c0-fe96-4811-9d81-d5c76d
d5fea8/MDAC_TYP.EXE
```

MDAC 下载完毕后，双击安装文件，可在安装向导提示下完成安装。

最后还有一点，ASP.NET 网页的浏览需要 IE 5.5 以上版本，如果不满足条件，也可以在微软下载中心去下载。

0.3.5　Web 站点的设置

安装完成 IIS 后，接下来需要进行网站的配置。默认情况下，IIS 的网站根目录为系统盘下的\Interpub\wwwroot。本书中，为学习创建网站的全过程，没有使用默认目录。因此，在进行网站配置前，要先在资源管理器中创建一个新的文件夹，作为网站的发布目录。下面是配置网站的步骤。

1. 新建 Web 站点

在 C 盘根目录下创建名为 aspnet 的文件夹。单击"开始"→"程序"→"管理工具"→"Internet 服务管理器"命令,打开"Internet 服务管理器"。在"Internet 信息服务"窗口左侧的窗格中,展开树状列表,在计算机图标 🖳 或"默认 Web 站点"项上右击,在弹出的快捷菜单中选择"新建"→"站点"命令,弹出"Web 站点创建向导"对话框,在该对话框中单击"下一步"按钮,进入"Web 站点说明"界面,在文本框中输入 aspnet,如图 0-3-5 所示。这里的站点说明即是站点在"Internet 服务管理器"中的名称。

图 0-3-5　Web 站点说明

2. 设置 IP 地址和端口

单击"下一步"按钮进入"IP 地址和端口设置"界面,如图 0-3-6 所示。网络上的每一个 Web 站点都有唯一的标识,从而使用户能够准确地访问。这一标识由 3 部分组成,即 IP 地址、TCP 端口号和主机头名,每个网站必须有唯一的标识组合。

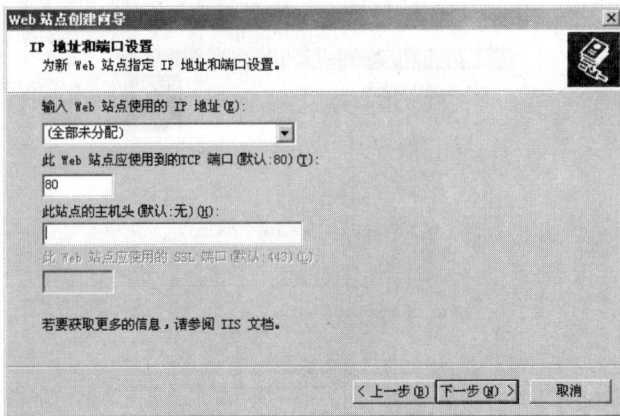

图 0-3-6　IP 地址和端口

"输入 Web 站点使用的 IP 地址"用于指定新建站点的 IP 地址,如果没有指定,则表示为默认站点,运行时,所有指向该计算机的 Web 请求都将由该站点响应。"此 Web 站点应使用到的 TCP 端口(默认:80)"用于指定服务的端口,HTTP 的默认端口为 80。可以将端口号改为任意未使用的端口,如果改动了端口号,则需要在 URL 中指定端口号才能访问,这会为用户的访问带来不便,通常出于安全考虑的目的,只允许知道端口号的用户进行网站访问时使用。而对于对外发布的公众网站,则通常不需要改变设置。主机头可用于将不同的域名指向同一 IP。例如:

```
http://localhost/test.aspx
```

上面的 URL 表示通过默认端口 80 访问本地主机当前站点根目录下的 test.aspx 文件。

`http://localhost:8080/aspnet/index.aspx`

上面的 URL 表示通过端口 8080 访问本地主机当前站点根目录下的 index.aspx 文件。

在这里不需要进行修改，使用默认设置。在该对话框中单击"下一步"按钮，进入"Web 站点主目录"界面。

3．设置 Web 站点主目录

在"Web 站点主目录"界面内的文本框中输入 C:\aspnet，即前面所创建的文件夹路径，设置该文件夹为网站根目录，如图 0-3-7 所示。单击"下一步"按钮，进入"Web 站点访问权限"界面。

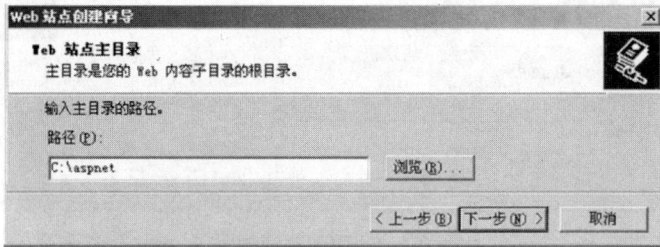

图 0-3-7　Web 站点主目录

4．设置 Web 站点访问权限

在这一步，将设置用户对 Web 站点的访问权限，默认设置只选择了"读取"和"运行脚本（例如 ASP）"复选框。由于在本书中将学习文件的上传，需要具有"写入"权限，因此，要选择"读取"、"写入"和"运行脚本（例如 ASP）"复选框，如图 0-3-8 所示。

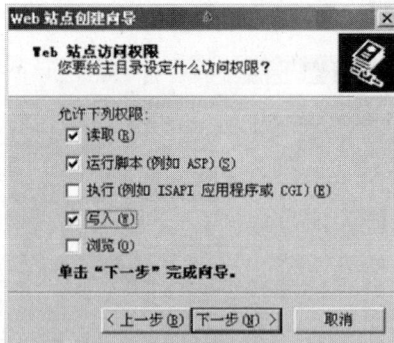

图 0-3-8　Web 站点访问权限

单击"下一步"按钮，进入最后的完成界面，完成网站的设置，返回"Internet 信息服务"窗口，如图 0-3-9 所示。

5．设置默认文档

在访问网站时，通常使用如下格式的 URL：

`http://域名`

`http://IP 地址`

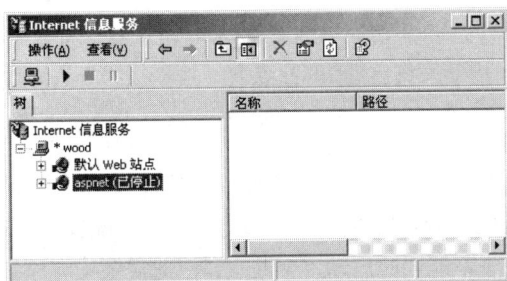

图 0-3-9　创建站点完成

例如：

```
http://www.sina.com.cn
http://202.108.33.36/
```

浏览器访问 IIS 时的顺序是：IP →端口→主机头→该站点主目录→该站点的默认首文档。在上面这两种 URL 访问格式中，没有指明所要访问的网页，此时，Web 站点将认为用户是访问当前站点的"默认文档"。"默认文档"通常使用特定网页文件的名称，如 Default.htm、index.htm 等，也可以是任意指定的网页名称。这里将设置站点下的 index.aspx 为"默认文档"。

在"Internet 信息服务"窗口左侧窗格中的 aspnet 站点项上右击，在弹出的快捷菜单中选择"属性"命令，将打开站点的属性对话框，如图 0-3-10 所示。属性对话框可以对站点属性进行设置，包括在创建站点时的属性也可在这里进行更改。

单击"文档"选项卡，选中"启用默认文档"复选框。可以看到在列表框中已有 3 个默认的文档名 Default.htm、Default.asp 和 Default.aspx。在访问站点时，如果没有指定文件名，Web 服务器会对列表框中列出的文件名从上向下在站点目录中进行查找，找到后就显示该网页文件。单击"添加"按钮，在弹出的"添加默认文档"对话框中输入 index.aspx，然后单击"确定"按钮。可以看到 index.aspx 已被加入到列表框，单击列表框左侧的 ↑ 按钮，将 index.aspx 设置为顶端第一个，如图 0-3-11 所示。

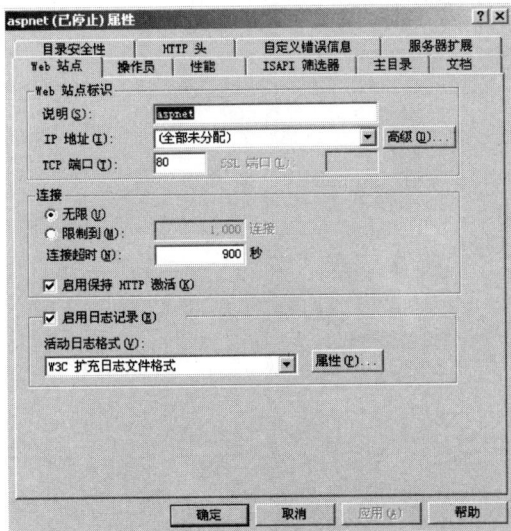

图 0-3-10　站点属性对话框

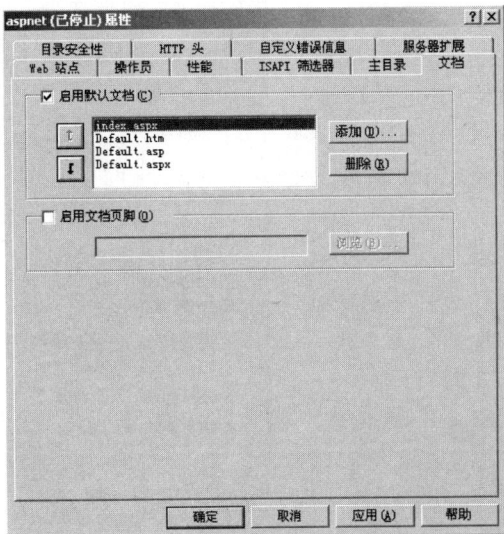

图 0-3-11　设置默认文档

这样设置后，使用 http://localhost 访问本地主机 Web 站点时，将显示 Web 站点下 index.aspx 的内容。到此，IIS 配置完成。接下来将启动 IIS 站点。

6. 启动站点

新创建的 aspnet 站点是停止的，没有运行。由于"IP 地址和端口设置"界面选择的是默认配置，因此在同一个 IP 下只能启动一个站点（关于主机头与多站点的配置，可查看相关的 Windows 2000 Server 网络设置的资料）。由于不能同时启动多个站点，因此需要先将原来启动的"默认 Web 站点"停止。

在"默认 Web 站点"项上右击，在弹出的快捷菜单中选择"停止"命令，停止该站点的运行。在"aspnet（已停止）"项上右击，在弹出的快捷菜单中选择"启动"命令，启动该站点，如图 0-3-12 所示。

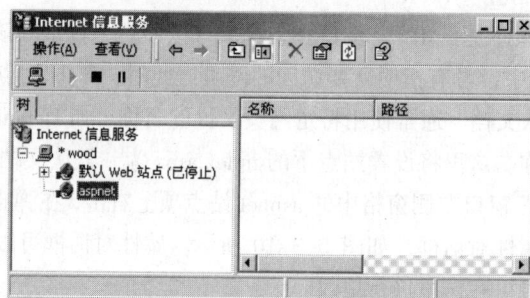

图 0-3-12　启动站点

7. Windows XP 下的网站设置

如果是在 Windows XP 下，由于不能新建网站，这时可以设置默认站点属性，对站点属性对话框中的"主目录"选项卡下的"本地路径"进行修改，改为所需要指向站点的根目录路径，如图 0-3-13 所示。

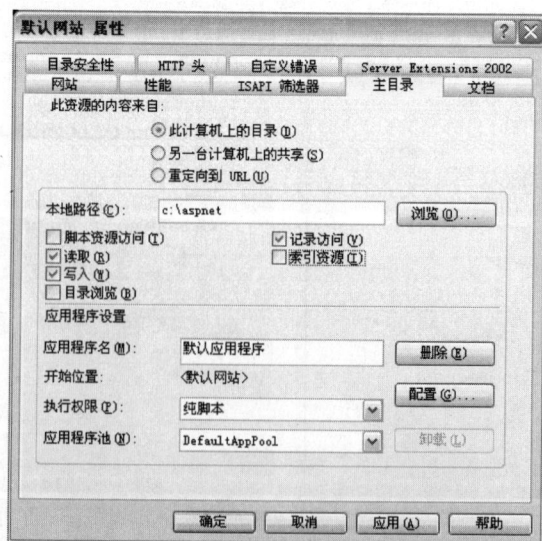

图 0-3-13　设置站点主目录路径

此外，也可以在默认站点上右击，在弹出的快捷菜单中选择"新建"→"虚拟目录"命令来创建虚拟目录。"虚拟目录"用于将新的网站目录作为子目录添加到默认网站中，访问网页时以"http://localhost/虚拟目录名/文件名" URL 格式进行。

8. Windows Server 2003 下的设置

如果是在 Windows Server 2003 下，还需要在"Internet 信息服务（IIS）管理器"内的"Web 服务扩展"中"允许"ASP.NET 的运行，如图 0-3-14 所示。

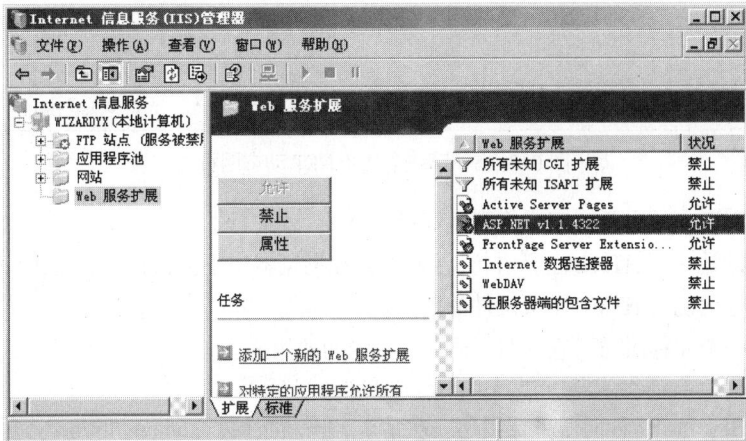

图 0-3-14　Web 服务扩展

9. 测试 ASP.NET 服务器

至此，ASP.NET 开发环境设置完成。下面来测试服务器是否能正常运行。打开记事本，在记事本中输入如下代码：

```
<!-- first.aspx -->
<html>
<!--下面的 html 语句用于每 10 秒刷新页面-->
<meta http-equiv="refresh" content="10">
<body>
<p align='center'><font color="red" >第一个 ASP.NET 动态网页!</font></p>
<% '从这一行开始 ASP.NET 程序编码
    '创建变量 d，并获取当前时间
    Dim d As Date
    d=now()
    '输出当前时间
    response.Write("现在时间是")
    response.Write(d)
    '结束 ASP.NET 程序编码
%>
</body>
</html>
```

输入完成后，将文件取名为 first.aspx，保存在 C:\aspnet 目录下。注意，保存时"文件类型"为"所有类型"。

打开浏览器，在浏览器中输入地址 http://localhost/aspnet/0/first.aspx 打开网页，结果如图 0-3-15 所示，这就表示 ASP.NET 服务器运行正常。

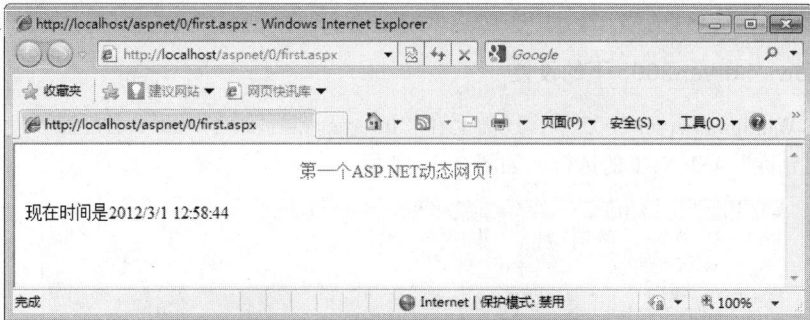

图 0-3-15　第一个 ASP.NET 动态网页

下面对这个程序中的主要内容进行简单解释。

程序的第一行是一个 HTML 注释语句，注释语句在浏览器中不会被执行，仅用于对程序的说明。<html>和</html>标记说明 HTML 网页文件的范围。

第三行也是一个注释语句，它说明下面这一行语句的用途。

```
<meta http-equiv="refresh" content="10">
```

上面的语句用于每 10 秒向服务器提出一次请求，刷新页面。<body>和</body>标记说明这里是文件的主体。<%与%>标记说明其中包含的是动态网页代码。

程序中有许多以半角单引号(')开头的语句，这些是 ASP.NET 中 VB.NET 语言程序的注释语句，它们不参与程序编译，在浏览器中执行的 HTML 中将看不到这些注释语句。

语句"d=now()"是 VB.NET 程序语句，用于将当前系统时间赋给变量 d。

语句"response.Write("现在时间是")"和"response.Write(d)"用于将括号中的参数（可以是字符串或变量）作为字符串输出到 HTML 文档中。

如果在浏览时查看网页的源文件，可以看到 ASP.NET 动态生成的 HTML 代码，如图 0-3-16 所示。

图 0-3-16　第一个 ASP.NET 网页生成的 HTML 源文件

从图中可以看到，原来 ASP.NET 代码中动态执行的语句部分没有了，取而代之的是动态执行结果所得到的 HTML 代码。例如，在语句"response.Write(d)"执行后，在相应位置输出了变量 d 的值，即当前系统时间"2012/3/1 12:58:44"。

至此，第一个 ASP.NET 动态网页学习完毕，从中可以了解到 ASP.NET 网页程序是 HTML 标记与 ASP.NET 程序语句的结合体。ASP.NET 动态网页在服务器中经编译执行后，将得到的 HTML 代码发送到客户端浏览器中显示出来，ASP.NET 程序语句作为页面中的动态执行部分，不会发送到客户端浏览器中，在浏览器中看到的只是 ASP.NET 程序语句的执行结果。

0.4　在 Adobe Dreamweaver CS5 中进行动态网站开发

ASP.NET 动态网页的编辑可以利用任何文本编辑软件（写字板、记事本等）来完成。在上面的程序案例中，使用了记事本来编辑网页，在一些比较小的、内容不太复杂的网页中使用这种方法是可行的，但是对于大型、内容复杂的网页，再使用记事本来进行 ASP 开发就显得效率低下，力不从心。面对网络的开发应用，很多公司都推出了自己的网站开发工具，例如，Microsoft 公司的 Microsoft Visual Studio .NET 和 Adobe 公司的 Dreamweaver CS5， 前者是 Microsoft 公司推出的开发 ASP.NET 的专用工具，对于复杂的、具有较多动态代码的大型网站开发较有优势；后者长于网站界面的设计，对于简单的、动态代码较少的中小型网站的开发有不错的支持，对于初学者来说，也比较容易入门。

本书中，将使用 Adobe 公司的 Dreamweaver CS5 来进行网站的开发。下面介绍在 Dreamweaver CS5 中怎样合理设置站点，以帮助我们更好地完成 ASP.NET 页面的编辑和调试。

0.4.1　Adobe Dreamweaver CS5 的开发界面

1. 启动 Adobe Dreamweaver CS5

启动 Dreamweaver CS5 后，首先看到的是如图 0-4-1 所示的"欢迎屏幕"。"欢迎屏幕"用于打开最近使用过的文档或创建新文档。还可以从"欢迎屏幕"中，通过产品介绍或教程了解有关 Dreamweaver 的更多信息。

图 0-4-1　欢迎屏幕

2．Dreamweaver CS5 的工作区

Dreamweaver CS5 提供了多种工作区布局（即工作界面）。图 0-4-2 所示为最常使用的"设计器"工作区布局。

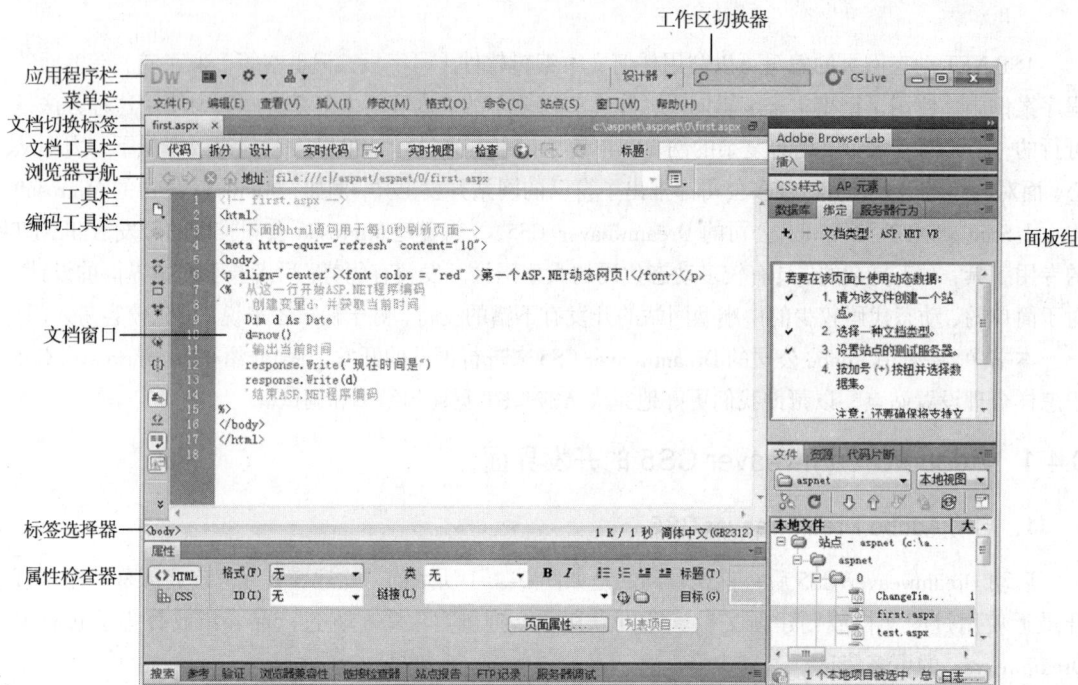

图 0-4-2　采用"设计器"布局的 Dreamweaver CS5 工作区

"设计器"工作区简介如下：

（1）应用程序栏：顶部包含"布局"工具按钮、"扩展 Dreamweaver" 工具按钮、"站点"工具按钮、工作区切换器以及其他应用程序控件。

（2）菜单栏：包括了 Dreamweaver CS5 的所有菜单命令。

（3）文档工具栏：包含一些按钮，用于提供各种"文档"窗口视图（如"设计"视图和"代码"视图）的选项、各种查看选项和一些常用操作（如在浏览器中预览）。

（4）编码工具栏：它仅在"代码"视图中显示，包含可执行多项标准编码操作的按钮。

（5）文档窗口：它显示当前创建和编辑的文档。若要切换到某个文档，单击该文档的标签选项卡即可。当"文档"窗口处于最大化状态（默认状态）时，"文档"窗口顶部会显示选项卡，其中显示所有打开的文档的文件名。如果尚未保存已做的更改，则 Dreamweaver 会在文件名后显示一个星号。它可以选择多种视图方式，以方便进行工作。常用视图如下：

◎ "设计"视图：用于可视化页面布局、可视化编辑和快速应用程序开发的设计环境。在此视图中，Dreamweaver 显示文档的完全可编辑的可视化表示形式，类似于在浏览器中查看页面时看到的内容。"设计"视图如图 0-4-3 所示。

◎ "代码"视图：用于编写和编辑 HTML、JavaScript、服务器语言代码（如 ASP .NET）以及任何其他类型代码的手工编码环境。"代码"视图如图 0-4-4 所示。

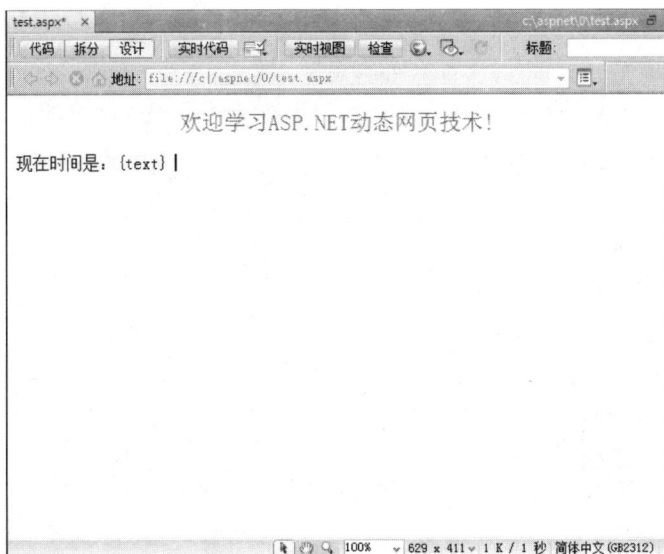

图 0-4-3 "设计"视图

图 0-4-4 "代码"视图

◎ "拆分"视图：可以在一个窗口中看到同一文档的"代码"视图和"设计"视图。"拆分"视图如图 0-4-5 所示。

◎ "实时"视图：类似于"设计"视图，它能够更逼真地显示文档在浏览器中的表示形式，并能够像在浏览器中那样与文档进行交互。"实时"视图不可编辑，但可以在"代码"视图中进行编辑，然后刷新"实时"视图来查看所做的更改。"实时"视图如图 0-4-6 所示。

（6）"属性"检查器：用于查看和设置所选对象或文本的各种属性。

（7）标签选择器：位于"文档"窗口底部的状态栏中，显示环绕当前选定内容的标签的层次结构。单击该层次结构中的任何标签，都可以选择该标签及其全部内容。

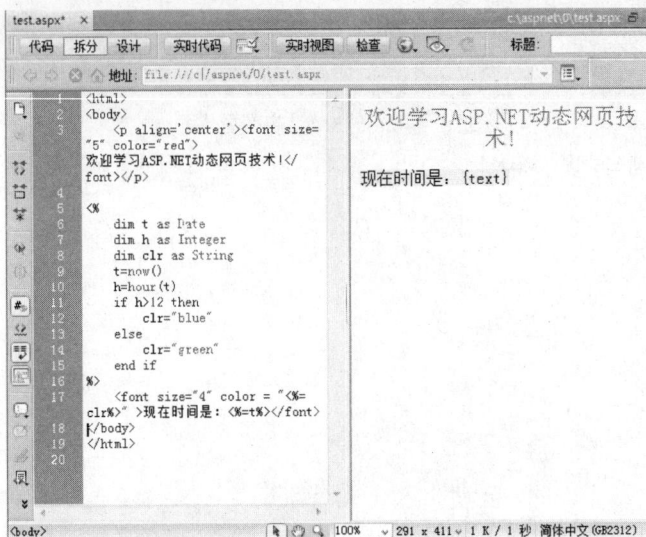

图 0-4-5 "拆分"视图

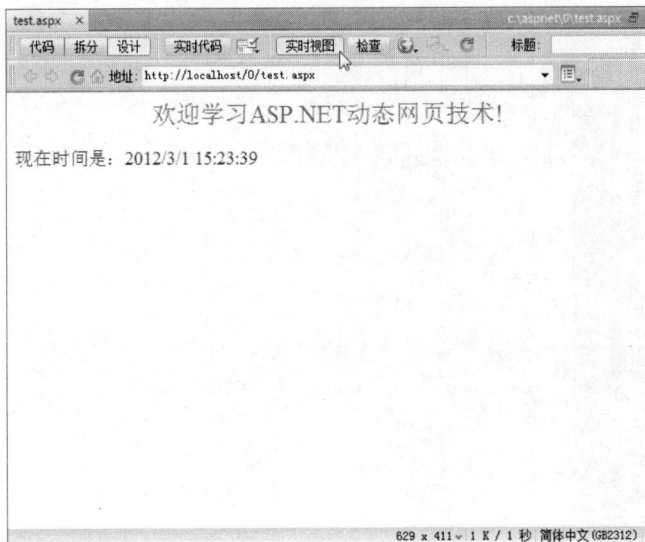

图 0-4-6 "实时"视图

（8）面板组：面板组中提供了多个面板以帮助查看和修改。其中包括"插入"、"CSS 样式"、"数据库"和"文件"面板等。若要展开某个面板，可以双击该面板的选项卡标签。

0.4.2 站点的设置

在网站的开发中，首要的第一步就是创建站点，接下来，将学习如何在 Dreamweaver CS5 中创建站点。

1. 新建站点

在创建站点之前，需要先在硬盘上创建一个文件夹，作为站点的根目录，该目录应当与 IIS 中设置的网站根目录一致。这里以前面创建好的 C:\aspnet 为站点根目录。

单击应用程序栏中的"站点"工具按钮 品 ▾，在弹出的下拉列表中单击"管理站点"项（或单击"站点"菜单下的"管理站点"命令，或单击右侧"文件"面板内下拉列表中的"管理站点"项），将弹出如图 0-4-7 所示的"管理站点"对话框。

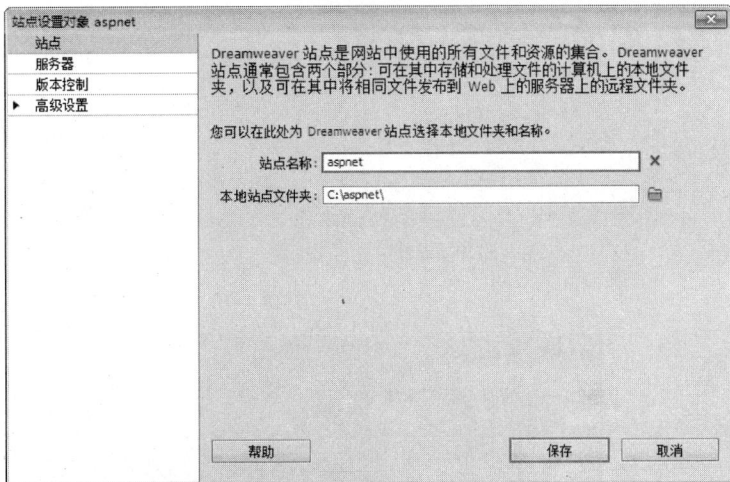

在"管理站点"对话框中单击"新建"按钮，将弹出"站点设置对象"对话框，在"站点名称"文本框中输入新建站点的名称 aspnet，在"本地站点文件夹"文本框中输入 C:\aspnet\，如图 0-4-8 所示。

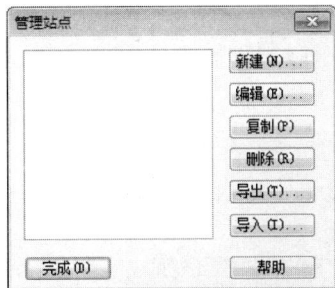

图 0-4-7　"管理站点"对话框　　　　　　图 0-4-8　设置站点名称和文件夹

在左侧列表中单击"服务器"项，切换到服务器设置界面，如图 0-4-9 所示。

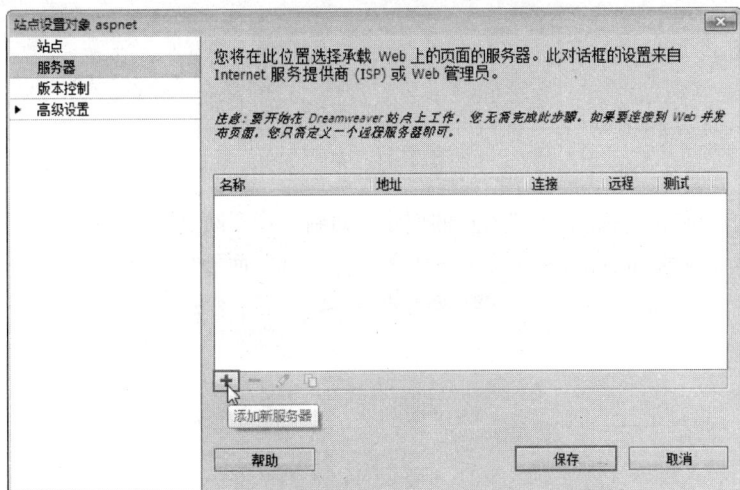

图 0-4-9　服务器设置界面

2. 服务器设置

单击右侧列表框左下角的"添加新服务器"按钮 ✚，在弹出的对话框中设置服务器参数，如图 0-4-10 所示。图 0-4-10（a）为"基本"设置，图 0-4-10（b）为"高级"设置。

单击"保存"按钮，保存设置，返回服务器设置界面。此时可以看到新设置的服务器已添加到列表中。在服务器项的右侧选中"测试"复选框，以便在本地进行网站测试。至此，网站设置完成，完成后的设置如图 0-4-11 所示。

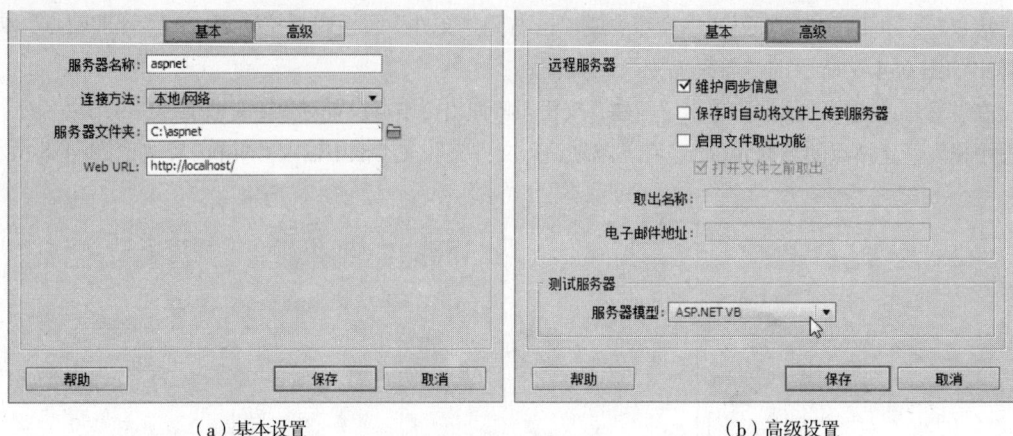

（a）基本设置　　　　　　　　　　　　　　　（b）高级设置

图 0-4-10　服务器设置

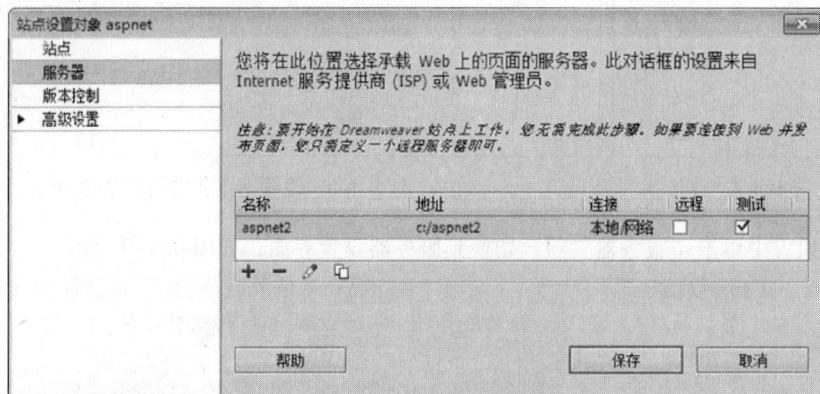

图 0-4-11　完成设置

最后，单击"保存"按钮，完成站点的创建，回到"管理站点"对话框。单击"完成"按钮，退出站点管理。此时的 Dreamweaver 工作区右侧的"文件"面板如图 0-4-12 所示。

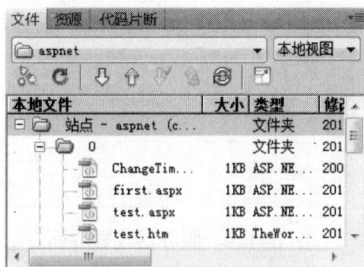

图 0-4-12　"文件"面板

至此，网站站点创建完成。网站创建完成后，就可以在网站内加入所设计的网页。

以上所做的工作都是准备性的，一般也是一次性的，比较重要，如果做不好，会直接影响后面的 ASP.NET 动态网页的编辑和测试。

对于静态的 HTML 网页，Dreamweaver CS5 支持"所见即所得"功能，可以在设计视图中直接进行文字、图像、表格、链接等 HTML 元素的设计。同时，Dreamweaver CS5 也具有良好的动态网页设计功能，还可以方便地在网页中进行数据库信息查询设计，不过这些动态功能都需要在连接上服务器、在浏览器中浏览时才能看到效果。（本书只是借助 Dreamweaver CS5 来方便实现 ASP.NET 的开发，关于 Dreamweaver CS5 的其他具体使用方法，不在本书的讨论范围之内，请参考相关资料进行学习。）

接下来，将用一个实例说明如何在 Dreamweaver CS5 中进行 ASP.NET 动态网页设计。

0.4.3 在 Adobe Dreamweaver CS5 中设计 ASP.NET 网页

在本实例中，将创建一个显示时间的动态网页，其中的时间可以按照上午、下午的不同，变成绿色或红色，如图 0-4-13 所示。

图 0-4-13　变色的时间

"变色的时间"网页的创建步骤如下：

1．新建网页

在 Dreamweaver CS5 的"文件"面板中的"站点"文件夹图标上右击，在弹出的快捷菜单中选择"新建文件"命令，即可在站点中将创建一个新的空白网页文件，默认文件名为 WebForm.aspx。先选中该文件，再在文件名上单击（或按 F2 键），此时文件名为可编辑状态，可以为文件重命名，将该文件命名为 ChangeTime.aspx。

在"文件"面板中双击 ChangeTime.aspx 文件图标，打开文件，如图 0-4-14 所示。

图 0-4-14　打开文件

如果文件打开时是空白的，表示网页在设计视图下。这是因为 Dreamweaver CS5 对于 HTML 网页的编辑支持"所见即所得"功能。对于 HTML 网页，在设计视图中所见的样子基本上就是在浏览器中的效果。但对于动态产生的 ASP.NET 网页，则是不合适的。单击左上角"文档"工具栏中的"代码"按钮切换到"代码"视图即可。从图中可以看到，Dreamweaver CS5 已经把网页的框架搭好了，接下来要做的工作是对框架进行修改，添加所需的代码。

2. 代码编辑

在"代码"窗口中按下面的代码进行编辑：

```
<%@ Page Language="VB" ContentType="text/html" ResponseEncoding="gb2312" %>
<!DOCTYPE html PUBLIC "-//W3C//DTD XHTML 1.0 Transitional//EN" "http://www.
w3.org/TR/xhtml1/DTD/xhtml1-transitional.dtd">
<html xmlns="http://www.w3.org/1999/xhtml">
<head>
<meta http-equiv="Content-Type" content="text/html; charset=gb2312" />
<title>变色的时间</title>
</head>
<body>
    <p align='center'><font size="5" color="red" >变色的时间</font></p>
<%
    dim t as date
    dim h as integer
    t=now()          '获取系统时间
    h=hour(t)        '获取小时数
    if h>12 then     '小时数是否大于 12，如果 h>12，显示蓝色时间文字
%>
        <font size="4" color=" blue" >现在时间是: <%=t%></font>
<%
    else    '否则，显示绿色时间文字
%>
        <font size="4" color=" green " >现在时间是: <%=t%></font>
<%
    end if
%>
</body>
</html>
```

编辑完成后，保存文件，再单击"文档"工具栏中的 ⬤ 图标或直接按 F12 键就可以在浏览器中进行预览，效果如图 0-4-13 所示。这个实例中，将网页中的 HTML 语句放在了 ASP.NET 编码中进行动态输出，if 语句对当前小时数进行判断后，将符合条件的 HTML 语句输出到文档中，再将得到的 HTML 文档发送到浏览器中显示出来。

在浏览器中单击"查看"菜单下的"源文件"命令，可以看到 ASP 网页所输出的 HTML 文档，

对于图 0-4-13 的左图，得到的 HTML 文档源文件如图 0-4-15 所示。

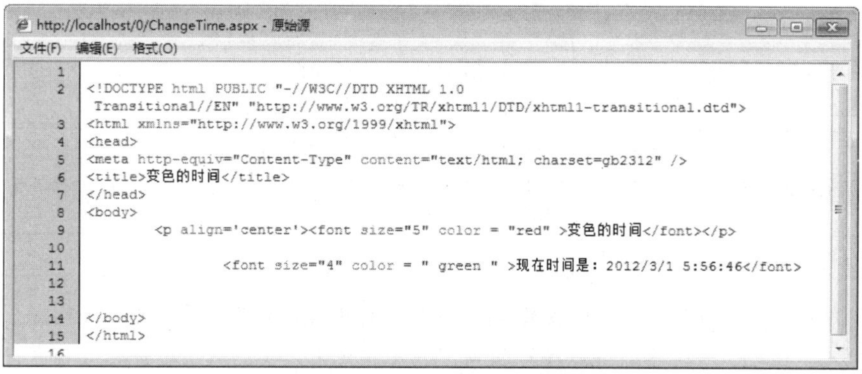

图 0-4-15 动态生成的 HTML 文档

0.5 教学方法和课程安排

"ASP.NET 动态网页程序设计"是高等职业教育的一门重要的专业课程，它的主要任务是使学生了解和掌握 ASP.NET 动态网页设计的基础知识，掌握使用 ASP.NET 开发动态网站的基本技能，提高学生的专业素质。通过本课程的学习以及相应的课余训练，学生能熟悉 ASP.NET 在网站开发中的应用，掌握 ASP.NET 网站开发基本技术，并能进行 ASP.NET 网站的一般开发。因为本课程的操作性很强，因此在教学内容的学时安排中，应当采取在机房上机实践教学的教学方法，实践教学学时应占总学时的 90%以上。

本书采用案例带动知识点学习的方法进行讲解，通过学习实例掌握软件的操作方法和操作技巧，以及程序设计方法和设计技巧。本书以节为单元，对知识点进行了细致的舍取和编排，按节细化了知识点，并结合知识点介绍了相关的实例，知识和实例相结合。读者可以边进行案例制作，边学习相关知识和技巧，轻松掌握 ASP.NET 进行网站开发的方法和技巧。

每一章后面均有思考与练习，读者可以在学习实例制作的过程中同步进行所学知识及技能的巩固，较好地掌握 ASP.NET 在网站开发中的应用技能。

下面提供一种课程安排（见表 0-5-1），仅供参考。

总计 90 课时，每周 6 课时，共 15 周。

表 0-5-1 ASP.NET 教学计划

周序号	章 节	教 学 内 容	课时
1	第 0 章	了解动态网页，创建 ASP.NET 开发环境，熟悉 ASP.NET 开发工具 Dreamweaver CS5 的使用	4
1~2	第 1 章（实例 1~4）	学习 VB.NET 语言知识，了解 VB.NET 语言在 ASP.NET 网页设计中的基本应用方法	8
3~4	第 2 章（实例 5~10）	学习 VB.NET 语言进阶知识，了解控制结构语句、数组和函数的应用	12
5~6	第 3 章（实例 11~14）	了解 WebForm 的基本概念和 ASP.NET 动态网页设计中的控件基础，以及 HTML 服务器控件的应用	12

续表

周序号	章　节	教　学　内　容	课时
7~9	第 4 章（实例 15~18）	学习使用常用的 Web 服务器控件	18
10~11	第 5 章（实例 19~22）	学习 ASP.NET 中的数据验证控件和月历控件	8
12~14	第 6 章（实例 23~27）	学习 ASP.NET 中的数据库操作，ADO.NET 和数据绑定，通过 ADO.NET 和数据列表控件 Repeator、DataList、DataGrid 实现数据的显示、编辑、更新、添加和删除等操作	24
15	复习、考试		4

最后，为方便读者进行学习，简要介绍一下本书中网站的结构：各章的实例均保存到网站根目录下名为 0、1、2、……（以各章序号为名）的文件夹中，实例所用图片文件均保存到网站根目录下名为 images 的文件夹中，实例中所用到的 Access 数据库保存到网站根目录下的 Database 文件夹中。

第 1 章　ASP.NET 语言基础

从本章起，将开始学习 ASP.NET 动态网页开发技术。本章将先进行 ASP.NET 基础语言——VB.NET 的学习。

1.1　VB.NET 基本语法

1.1.1　网页中的 ASP.NET 代码

ASP.NET 中，动态执行的程序代码可以直接嵌入到 aspx 网页文件中，嵌入的代码可分为两种形式，分别是代码呈现块与代码声明块。

1. 代码呈现块

在前面的网页基础学习中，已经了解到在 ASP.NET 中<%与%>用于指明网页中的动态代码，这是一种以内联代码块形式出现的动态代码段。内联代码块又称代码呈现块（Code Render Block），用于执行页面中的动态代码，其使用格式如下：

```
<%
...    '程序代码段
%>
```

另外还有一种内联表达式的使用方法，如下所示：

```
<%=...%>
```

这种表示方法是如下 ASP.NET 语句的简化：

```
<%
 response.write(...)
%>
```

也就是说<%=...%>是与上面语句完全等价的简化形式。例如，下面的两段代码可以达到一样的效果，用于在所在位置输出当前时间（now）。

代码 1：

```
<%=now%>
```

代码 2：

```
<%
response.write(now)
%>
```

由于两者效果相同，因此，在很多情况下，都是使用<%=...%>来简化输出。

2. 代码声明块

正如在前面的实例中所见，在进行 ASP.NET 动态网页设计时，都是将动态代码写在<%和%>之间，但是这种方法仅用于在 ASP.NET 页面中嵌入立即执行的内联代码块，而不能用于声明页面中所使用的全局变量、函数和过程等程序元素。如果要进行这些程序元素的声明，则必须使用代码声明块（Code Declaration Block）来在 ASP.NET 页面中声明，格式如下：

```
<Script Lanauage="VB" Runat="Server">
...  ' 程序代码段
</Script>
```

了解客户端代码编写的用户对于<Script>应该很熟悉，这里，在<Script>中加入了 Runat="Server"，表示这是服务器端运行的代码段。Lanauage="VB"表示下面的代码用 VB.NET 语言编写，可以改成 Lanauage="C#"表示下面的代码用 C#语言编写。

例如，下面的代码中，声明了两个页面全局变量 str、num 和一个过程 fun。

```
<Script Lanauage="VB" Runat="Server">
    Dim str As String
    Dim num As Integer
    Sub fun()
        Response.Write(now)
    End Sub
</Script>
```

在代码声明块声明变量和过程后，就可以用如下的方式在代码呈现块中调用、执行。

```
<%
    str="abc"
    num=12
    Call fun()          '调用过程
%>
```

1.1.2 数据类型

数据是描述客观事物的数字、字符和所有能输入到计算机并被计算机程序处理的符号的集合。在 VB.NET 中，每一个数据都属于一种特定的数据类型。不同的数据类型，所占的存储空间不一样，表示和处理的方法也不一样，这就需要进行数据类型的声明。下面介绍比较常用的几种数据类型。VB.NET 中的标准数据类型如表 1-1-1 所示。

表 1-1-1　VB.NET 标准数据类型

数据类型	关键字	后缀	字节数	取　值　范　围
逻辑型	Boolean	无	4	True 与 False
字节型	Byte	无	1	0～255
字符型	Char	无	2	0～65 535
短整型	Short	无	2	–32 768～32 767
整型	Integer	%	4	–2 147 483 648～2 147 483 647
长整型	Long	&	8	–9 223 372 036 854 775 808～9 223 372 036 854 775 807

数据类型	关键字	后缀	字节数	取 值 范 围
单精度型	Single	!	4	负数范围：约为-3.4E38～-1.4E-45 正数范围：约为1.4E-45～3.4E38
双精度型	Double	#	8	负数范围：约为-1.8E308～-4.9E-324 正数范围：约为4.9E-324～1.8E308
日期型	Date	无	8	0001-1-1～9999-12-31
字符串型	String	$	字符串长	
十进制型	Decimal	@	16	实数形式的十进制数字
对象型	Object	无	4	可供任何对象引用

从上面的表中可以看出，VB.NET 支持大量的数据类型，对这些数据类型的说明如下：

1．整数型

整数型数据是指不含小数点的数字，如 123、-321、0 等。整数型又根据数据所占内存的容量和表达数字的范围分为字节型（Byte）、短整型（Short）、整型（Integer）和长整型（Long）共 4 种。

2．浮点型

浮点型数据是指含小数点的数字，如 12.34、-43.21、123.00 等。浮点型又根据数据所占内存的容量和表达数字的范围分为单精度型（Single）、双精度型（Double）和十进制型（Decimal）3 种。

3．逻辑型

逻辑型（又称布尔型）数据只有两个数值：True 和 False。分别表示"真"和"假"，或者"是"和"否"等对立的状态。

4．字符型

字符型数据是指用一对双引号围起来的单个字符，如"t"、"A"、"#"等。

5．字符串型

字符串型数据是用一对双引号围起来的一串字符，如"我的 VB.NET 程序"、"Hello World"等。

6．日期型

日期型数据必须以符号"#"括起来，其中的格式必须为"月/日/年"或"月-日-年"，如#1/8/2012#表示 2012 年 1 月 8 日、#10-11-2012#表示 2012 年 10 月 11 日。

此外，尽量使用占内存少的数据类型来保存数据。例如，如果知道变量总是保存 0～255 之间的整数，则应该声明该变量为 Byte 类型，这样既节省了内存空间又加快了运算速度。如果在声明中没有说明数据类型，则默认设定变量的数据类型为 Object。Object 数据类型在不同场合代表不同的数据类型，但是其运算相对较为复杂，速度也相对较慢。

此外，表格中的后缀字符用来在声明中指定变量或常量的数据类型，如 S$表示变量 S 的类型为字符串型。后缀字符必须紧随变量名或常量名之后。

1.1.3 标识符

在 VB.NET 语言中，类、过程、变量、常量、控件和接口等的名称通称为标识符。编程人员在声明标识符时，必须遵守以下规定：

（1）标识符必须由大小写字母、数字和下画线组成，并且不可以用数字开头。例如，name、_123 等都是合法的标识符；123、my name、year#age 都是不合法的标识符。

（2）VB.NET 语言不区分大小写。例如，Name 和 name 是两个完全相同的标识符。

（3）一般来说，标识符不能与 VB.NET 关键字相同。但是，可以使用方括号将标识符括起来成为转义名。转义名可以与任何 VB.NET 关键字相同，因为方括号消除了可能出现的歧义。

关键字（Reserved Words，又称保留字）是 VB.NET 语言语法的组成部分，具有特殊的含义，不可以作为标识符使用。VB.NET 的关键字很多，不需要一一背下来，总的来说定义类、过程、常量和变量时所用的词语，以及各种语句所用的词语都是关键字。通过今后的学习，接触的关键字越来越多，在理解每个关键字的含义后，自然就能记住了。

1.1.4 变量与常量

1. 变量

所谓变量就是内存中的一块存储空间，它用来存储数据。可以将数据保存在其中，也可以从其中读取该数据。内存中可以有许多个这样的存储空间，为了以示区别，使用不同的名字来给它们命名，这个名字就叫变量名。变量中的数据可以是设计者赋予的，也可以是程序运行过程中临时存储的运算中间结果。变量中保存的数据可以随时改变，但是一个变量在同一时间中通常只可以保存一个有效数据。

如果一个存储空间中的数据在程序运行过程中一直都没有发生改变，则称这种空间为常量，常量的名字称为常量名。

变量和常量都必须要有类型，它们的类型必须与其保存的数据类型一致。不论变量还是常量，在使用前都要先声明，也就是说告诉系统，程序需要使用一个变量或常量来存储数据，请在内存中给一个空间——空间的大小由其类型来决定，同时还要告诉系统该空间的名称即变量名或常量名。声明后的变量或常量，可以通过变量名或常量名来访问内存中的内容。

（1）变量声明。在 VB.NET 中，可以采用显式声明或者隐式声明来声明变量。显式声明是指在使用变量之前必须声明变量。隐式声明是指无须声明即可使用变量。在默认情况下，VB.NET 使用显式声明。如果要使用隐式声明，则需要在程序代码的开头包含 Option Explicit Off 语句。隐式声明虽然使用方便，但是对程序中的某些错误难以查找，例如，如果把变量名拼写错了，则只会使用该名字再创建一个新变量，而不会显示任何错误提示信息。如果使用显式声明，则应用程序的效率会更高，并将减少命名冲突错误和拼写错误的发生，而且也允许编译器检测潜在的运行错误。因此，本书中的所有程序代码均使用显式声明。

变量的声明语句是 Dim 语句，它的位置和内容决定了变量的特性，其格式为：

```
Dim 变量名 As 数据类型关键字
```

其中，关键字 Dim 将变量名指定的变量定义为由类型关键字指明的变量类型。数据类型关键字可使用表 1-1-1 中所列出的数据类型关键字或用户自定义的类型名。

一条 Dim 语句可同时声明多个不同类型的变量，声明之间以半角逗号","分开，每个变量必须有自己的类型关键字。例如：

```
Dim intYear As Integer, strName As String
Dim num1 As Decimal,num2 As Decimal,num3 As Decimal
```

其中，第一行语句声明了一个整型（Integer）变量 intYear 和一个字符串（String）变量 strName，第二行语句声明了 3 个十进制型（Decimal）变量 num1、num2 和 num3。

可以看出，一行 Dim 中声明多个变量时，变量可以是同一类型，也可以是不同类型。如果多个变量的类型相同，则可以只使用一个类型关键字。例如，下面的语句同样声明了 3 个十进制（Decimal）变量 num1、num2 和 num3。

```
Dim num1,num2,num3 As Decimal
```

除了可以用类型关键字来声明变量外，还可以用类型后缀标识直接声明变量，格式为：

```
Dim 变量名+后缀
```

其中，变量名与后缀之间没有空格，后缀可参看表 1-1-1 所示内容。例如：

```
Dim numbers%,strm$
```

上面这行语句声明了一个整型变量 numbers 和一个字符串变量 strm。上面的声明语句和下面这一声明的效果是等价的。

```
Dim numbers As Integer,weightAs Decimal
```

（2）变量应用。声明变量后，必须给变量赋值才可以使用变量。可通过赋值语句为变量赋值，格式如下：

```
变量名=数据（或表达式）
```

其中，等号"="是赋值运算符，变量和数据（或表达式计算的结果）的类型要一致。例如，下面的语句表示声明一个 String 类型的变量 strName，并且给其赋值为字符串"王晓军"。

```
Dim strName As String
strName="王晓军"
```

下面的语句表示定义 3 个整型（Integer）变量 dj、num、zje，将 dj 赋值为 10，num 赋值为 5，将 zje 赋值为 dj*num，即 10 乘以 5 的结果 50。

```
Dim dj,num,zje As Integer
dj=10
num=5
zje=dj*num
```

此外，还可以将声明和赋初值合并为一条语句，其格式为：

```
Dim 变量名 As 数据类型关键字=数据
```

例如：

```
Dim name As String="李炎"
```

在使用 Dim 声明变量时，根据声明变量语句位置的不同，可以分为局部变量和全局变量两种。所谓局部变量是指在过程内部声明的变量。所谓全局变量是指在任何过程外、程序代码内声明的变量。

变量都具有一定的"生存期"，变量的"生存期"是指变量可供使用的有效时间。用 Dim 语句声明的局部变量只在其过程正在执行期间存在。当过程终止时，过程内的所有局部变量都将消失。而对于全局变量来说，只要页面应用程序仍在运行，全局变量就会保留它们的值。

2. 常量

常量是在程序运行过程中其值保持不变的量，如数值、字符串等。在编程中，有些值在程序中会多次使用，例如，进行圆的计算中的 π 值，如果在每次使用时都重复输入，即费事又容易出错。另外，某一值在程序中多次重复出现时，如果要改变此值，就需要改动程序中的许多地方，即麻烦又容易遗漏。这时，可以用常量来保存数据。这样不但易于输入，而且还便于理解此数据的含义，如要想改变某一常量的值时，只需改变程序中声明该常量的语句就可以了，即方便又不易出错。

（1）常量声明。在声明常量时，常量的名称最好应具有一定的含义，以便于理解和记忆，声明的格式为：

```
Const 常量名 [As 数据类型关键字]=数据
```

其中，Const 是声明常量的关键字；数据是常量的取值；一对中括号[]之间的内容是可选项。数据可以是数值型、字符串型、逻辑型或日期型的表达式，但在表达式中不能出现变量和函数运算。在声明常量时，将先计算赋值号右边表达式的值，然后将此值赋给左边的常量。

如果在声明常量时，没有给出常量的类型，则采用默认类型。VB.NET 规定：整数值将默认为 Integer 类型，浮点数值将默认为 Double 类型，关键字 True 和 False 将默认为 Boolean 类型。例如：

```
Const PI=3.1415926535
```

上面语句表示声明一个类型为 Double 的常量 PI，其值为 3.1415926535。

在这种情况下，使用类型字符可以将数据类型强制转换为某些特定类型。类型字符以及其代表的数据类型如表 1-1-2 所示。类型字符必须紧随常量值之后，其间不能有任何分隔符。例如，Const weight=55.63D 表示强制常量 weight 的值为 Decimal 类型；Const number=123.4567L 表示强制常量 number 的值为 Long 类型。

表 1-1-2　类 型 字 符

类型字符	数据类型	类型字符	数据类型	类型字符	数据类型
D	Decimal	R	Double	S	Short
I	Integer	L	Long	F	Single

如果需要在声明常量时必须给出常量类型，则在程序代码的开头添加 Option Strict On 语句。显式声明数据类型可以明确常量的类型，并且使代码易于阅读和维护，例如，下面的语句中，常量 PI 数据类型被显式声明为 Single。

```
Option Strict On
Const PI As Single=3.1415
```

（2）常量应用。常量在声明后，就可以当作一个具体的数据进行使用。例如：

```
Const PI As Single=3.1415
Dim r As Integer,cl As Single,area As Single
r=10
cl=r*PI
area=r*r*PI
```

上面的语句先定义了 π 值常量 PI，半径变量 r，圆周长变量 cl 和圆面积变量 area。然后在下面的语句中对 r 赋值为 10，再计算圆周长 cl 和圆面积 area。

从表面上看，常量的使用与变量是相同的。它们之间唯一不同的是，常量不能再次赋值。例如，下面的语句将会出错。

```
Const PI As Single=3.1415
PI=3.1415926          '执行这一行语句时将出错
```

1.1.5　运算符和表达式

表达式是由运算符、变量、常量和函数等组成的，是 VB.NET 语句的基础结构之一。运算符是对一个或多个变量、常量、函数返回值等执行运算的代码单元。运算符和表达式有多种，下面介绍几种常用类型。

1．算术运算符和算术表达式

算术运算符用来执行算术运算，涉及计算数值、变量、其他表达式、函数和属性调用等。算术运算符除了常用的加号+、减号-、乘号*和除号/外，还有以下 4 种：

（1）求反运算符-。该符号用来求某个数的相反数。它与减号运算符一样，但具体语法存在差别，相当于数学中的负号。例如，如果变量 a 的值为-100，则-a 的值为 100。

（2）幂运算符^。该符号用来进行幂运算。运算符左边为底数，右边为幂。例如，下面的语句中，变量 number 的值为 8，其中 2^3 表示 2 的 3 次幂。

```
Dim number As Integer
number=2^3
```

（3）整除运算符\。整除运算的值为除法运算所得的商，但不包括余数部分。只有 Byte、Short、Integer 和 Long 类型的数据能使用整除运算符，其他类型必须先转换为这 4 类数据，再执行整除运算。例如，下面的语句中，变量 number 的值为 8。

```
Dim number As Integer
number=60\7
```

（4）求余数运算符 Mod。该符号用来求被除数除以除数后所得的余数。如果除数和被除数都为整数类型，则余数为整数；如果除数和被除数为浮点类型，则余数为浮点类型。例如，21 Mod 4 的值为 1，12.34 Mod 10 的值为 2.34。

2．赋值运算符和赋值表达式

赋值运算符的作用是将数据赋给变量，其基本格式为：

变量名=数据（或表达式）

其中，数据可以是具体数值，也可以是表达式，但是变量的类型必须和数据的类型一致。此外，VB.NET 语言还提供了 4 种算术和赋值运算符相结合的运算符来简化语句的书写，其形式和作用如表 1-1-3 所示。

表 1-1-3　特殊赋值运算符

运算符	举　　　例	运算符	举　　　例
+=	i+=j 相当于 i=i+j	-=	i-=j 相当于 i=i-j
*=	i*=j 相当于 i=i*j	/=	i/=j 相当于 i=i/j

3．关系运算符和关系表达式

关系表达式用于比较其运算符左右两边数据的大小关系，其表达式结果为逻辑型数据 True 或者

False。关系运算符共有 6 种，具体作用如表 1-1-4 所示。

表 1-1-4　比较运算符

运算符	名　称	作　　用	举　　例
=	等于	如果运算符两边的数值相等，则表达式值为 True。如果两个数值不相等，则表达式值为 False	100=100　（表达式值为 True） 100=150　（表达式值为 False）
<>	不等于	如果运算符两边的数值不相等，则表达式值为 True。如果两个数值相等，则表达式值为 False	100 <> 100　（表达式值为 False） 100 <> 150　（表达式值为 True）
>	大于	如果大于号前面的数值大于其后面的数值，则表达式值为 True。如果大于号前面的数值小于或者等于其后面的数值，则表达式值为 False	100 > 100　（表达式值为 False） 150 > 100　（表达式值为 True）
<	小于	如果小于号前面的数值小于其后面的数值，则表达式值为 True。如果小于号前面的数值大于或者等于其后面的数值，则表达式值为 False	100 < 100　（表达式值为 False） 100 < 150　（表达式值为 True）
>=	大于等于	如果大于等于号前面的数值大于或者等于其后面的数值，则表达式值为 True。如果大于等于号前面的数值小于其后面的数值，表达式值为 False	100 >= 100　（表达式值为 True） 100 >= 150　（表达式值为 False）
<=	小于等于	如果小于等于号前面的数值小于或者等于其后面的数值，则表达式值为 True。如果小于等于号前面的数值大于其后面的数值，表达式值为 False	100 <= 100　（表达式值为 True） 120 <= 100　（表达式值为 False）

字符串也可以通过比较运算符进行比较，其方法是：将两个字符串的第一个字符进行比较，如果不相等，则比较结果为两个字符串的比较结果；如果第一个字符相等，则继续比较两个字符串的第二个字符，依此类推，直到得出比较结果；如果两个字符串的每个对应字符都一样，则这两个字符串相等。

例如，下面两个表达式的值均为 True。

```
"a string"="a string"
"12345">"1234"
```

字符比较实际上是对字符的 ASCII 码进行比较。例如，表达式"M">"m"的值为 False，因为字母 M 的 ASCII 码是 77，而字母 m 的 ASCII 码是 109，因此表达式 77>109 的值为 False。

4．逻辑运算符和逻辑表达式

逻辑运算符只对逻辑型数据进行运算，其表达式的值也只会是 True 或 False。逻辑运算符有以下 6 种。

（1）"非"运算符 Not。表示"相反"的意思。例如，Not 150 >= 100 的值为 False。

（2）"与"运算符 And。只有当 And 前后的数值都为 True 时，表达式的值才为 True，其他情况下，表达式的值都为 False。例如，表达式 150>=100 And 50<100 的值为 True。

（3）"或"运算符 Or。只有当 Or 前后的数值都为 False 时，表达式的值才为 False，其他情况下，表达式的值都为 True。例如，表达式 100>=150 Or 50<100 的值为 True。

（4）"异或"运算符 Xor。当运算符 Xor 前后数值同为 True 或者同为 False 时，表达式的值为 False，当运算符 Xor 前后数值一个为 True 另一个为 False 时，表达式的值为 True。例如，表达式 150>=100 Xor 100>50 的值为 False。

（5）AndAlso 运算符。AndAlso 运算符的作用与 And 运算符基本一样，都是对前后两个表达式进行"与"操作。其不同之处在于，And 运算符必须在计算完前后两个表达式的值后，才能给出最终结果，而 AndAlso 运算符在第一表达式值为 False 时，不再计算第二个表达式的值，直接给出最终结果 False。这样减少了运算过程，加快了程序的运行速度。

（6）OrElse 运算符。OrElse 运算符的作用与 Or 运算符基本一样，都是对前后两个表达式进行"或"操作。与 AndAlso 类似，其不同之处在于 Or 运算符必须在计算完前后两个表达式的值后，才能给出最终结果，而 OrElse 运算符在第一表达式值为 True 时，不计算第二个表达式的值，直接给出最终结果 True。

5. 连接运算符

连接运算符可以将多个字符串合并为一个字符串。VB.NET 中声明了两个连接运算符：+和&。例如，下面的语句中，变量 str1、str2 的值均为"Hello World"。

```
Dim str1, str2 As String
str1="Hello"+" "+"World"
str2="Hello"&" "&"World"
```

6. 优先级

在 VB.NET 语言中，对一个表达式进行计算时，是按照运算符的优先级来决定执行的先后次序的。优先级高的先执行，优先级低的后执行。同一级别运算符，基本上都是从表达式的左边向右边依次执行。算术和连接运算符的优先级都比比较和逻辑运算符高。比较运算符比逻辑运算符的优先级高，但比算术和连接运算符的优先级低。所有比较运算符的优先级都相同，就是说，将按照它们出现的顺序从左到右对其进行计算。

此外，可以使用小括号改变优先级顺序，强制优先计算表达式的某些部分。小括号内的运算总比小括号外的运算先执行。但是在小括号内，运算符优先级保持不变。

表 1-1-5 中给出了 VB.NET 语言中运算符的优先级。

表 1-1-5　运算符的优先级

优先级	类　　别	运　　算　　符
1	小括号	()
2	算术运算符	指数（^）
		求相反数（−）
		乘法和除法（*/）
		整数除法（\）
		求余数（Mod）
		加法和减法（+−）
3	连接运算符	& +
4	比较运算符	= <> < > <= >=
5	逻辑运算符	Not
		And　AndAlso
		Or　OrElse
		Xor

由表 1-1-5 可见，在运算符中小括号具有最高的优先级，因此，可以通过添加小括号来控制表达式的计算流程。例如，表达式 x * (y + z)中，虽然乘法比加法的优先级高，但是因为加法运算符在小括号内，所以先进行加法计算，然后进行乘法计算。

1.1.6　数据类型转换

VB.NET 程序中的每一个数据都必须有且只有一个数据类型。程序中的数据即包括那些我们可以看到的变量和数值，也包括我们看不到的在程序运行中产生的中间计算结果。当两个数据的类型不相同时，必须先进行数据类型的转换，然后才能运算或赋值。

1．隐式转换

隐式转换即系统自动转换，是指把所占内存空间字节数少的类型，转换为所占内存空间字节数多的类型，把整数类型转换为浮点类型。具体转换方式如表 1-1-6 所示。这种数据类型转换一般不会导致数据信息丢失。

表 1-1-6　自动转换类型

源数据类型	目标数据类型
Byte	Short、Long、Decimal、Single、Double
Short	Long、Decimal、Single、Double
Long	Decimal、Single、Double
Decimal	Single、Double
Single	Double
Char	String

2．显式转换

显式转换又称强制类型转换，它是指把所占内存空间字节数多的类型，转换为所占内存空间字节数少的类型，把浮点类型转换为整数类型。其格式为：

类型转换函数名 (源类型数据)

其中，类型转换函数名的具体内容和作用如表 1-1-7 所示。

表 1-1-7　类型转换函数

函数名	返回类型	源类型数据范围
CBool	Boolean	有效的 String 或数值表达式
CByte	Byte	0～255，舍入小数部分
CChar	Char	有效的 String 表达式（取值范围为 0～65 535）
CDate	Date	有效的日期和时间表示法
CDbl	Double	负值取值范围为−1.797 693 134 862 31E+308～−4.940 6 56 458 412 47E−324。正值取值范围为 4.940 656 458 412 47E−324～1.797 693 134 862 31E+308
CDec	Decimal	无小数位数值范围是+/−79 228 162 514 264 337 593 543 950 335。具有 28 位小数位数值范围是+/−7.9 228 162 514 264 337 593 543 950 335
CInt	Integer	−2 147 483 648～2 147 483 647，舍入小数部分
CLng	Long	−9 223 372 036 854 775 808～9 223 372 036 854 775 807，舍入小数部分

函数名	返回类型	源类型数据范围
CObj	Object	有效的表达式
CShort	Short	–32 768～32 767，含入小数部分
CSng	Single	负值的取值范围为–3.402 823E+38～–1.401 298E–45。正值的取值范围为 1.401 298E–45～3.402 823E+38
CStr	String	有效的表达式
CType	typename	该函数具有 2 个参数，其格式为 Ctype(源类型数据, typename)。typename 可以是任何数据类型

下面对表 1-1-6 中内容进行简要说明。

通常，使用类型转换函数将某些操作的结果强制转换为某一特定数据类型而非默认数据类型。如果源类型数据超出要转换为的数据类型的范围，则将发生错误。例如，在下面的语句中，因为 Byte 类型的范围是 0～225，所示 b=CByte(a)语句将产生错误。

```
Dim a As Integer
Dim b As Byte
a=4000
b=CByte(a)
```

当小数部分恰好为 0.5 时，CInt 和 CLng 函数总是会将其四舍五入为最接近的偶数值。例如，0.5 四舍五入为 0，1.5 四舍五入为 2。

Cdate()函数识别日期文字和时间文字，以及一些在可接受的日期范围内的数字。Cdate()依据系统的区域设置来识别日期的格式。必须以正确的顺序为区域设置提供日、月、年数据，否则可能无法正确解释日期。

使用 Cbool()函数将表达式转换为 Boolean 值时，如果表达式的计算结果为非零值，则 Cbool()函数将返回 True；否则返回 False。下面的语句中，变量 boo1 的值为 True，boo2 的值为 False。

```
Dim a,b As Integer
Dim boo1,boo2 As Boolean
a=100
b=0
boo1=CBool(a)
boo2=CBool(b)
```

使用 Cchar()函数将 String 类型数据转换为 Char 类型数据实，只将字符串的第一个字符转换为 Char 类型。例如，下面的语句中，变量 c 的值为"a"。

```
Dim str As String
Dim c As Char
str="a String"
c=CChar(str)
```

使用 Cdate()函数将字符串转换为 Date 值时，可以使用日期文本和时间文本。例如：

```
Dim strDate, strTime As String
Dim dDate, dTime As Date
strDate="May 10, 2010"
```

```
strTime="13:32:35 PM"
dDate=CDate(strDate)
dTime=CDate(strTime)
```

1.1.7　注释

　　注释语句用来进行程序的说明，该种语句在程序运行中是不执行的，它只是为了帮助阅读程序。注释是程序设计中的常用方法，注释通常有两方面的作用：一方面是作为提示信息，让人可以从注释中了解某段程序的功能或设计思想，在阅读/编写程序时提供参考信息；另一方面是将未完成的或有错误的某个程序块隐藏起来，使其暂时不参与程序的执行，这种方式也适用于程序调试，将调试时编写的调试语句隐藏起来。

　　ASP.NET 中的注释可以分为两类，一类是输出到客户端，用户在查看源文件时可以看见的；另一类是仅在服务器端，供开发者使用，这种注释仅服务器端可见，不会发送到客户端。

1.　输出到浏览器的注释

　　ASP.NET 中输出到浏览器端的注释与 HTML 注释格式相同，前面课程中已经学习过 HTML 的注释，虽然始终可以在文件中加入 HTML 注释，但用户在查看页面源代码时会看到这些注释。例如，对于下面的"显示时间"程序：

```
<!--zhus.aspx-->
<%@ Page Language="VB" ContentType="text/html" ResponseEncoding="gb2312" %>
<html>
<head>
<title>显示时间</title>
</head>
<body>
<!-- 创建 Date 型变量 d，并设置初始值为当前时间-->
<% dim d as date=now()%>
<!-- 下一行通过表达式输出变量 d-->
当前时间为: <%=d%>
</body>
</html>
```

将在浏览器中显示如图 1-1-1 所示结果。

图 1-1-1　显示时间

　　在浏览器中浏览时，可以通过"查看"菜单下的"源文件"命令看到如下 HTML 内容：

```
<!--zhus.aspx-->
```

```
<html>
<head>
<title>显示时间</title>
</head>
<body>
 <!-- 创建 Date 型变量 d，并设置初始值为当前时间-->
 <!-- 下一行通过表达式输出变量 d-->
当前时间为：2012/5/1 12:14:04
</body>
</html>
```

可以看到，这种注释在浏览时是会传送到客户端的，只是浏览器在显示时将其忽略了。

ASP.NET 中输出到浏览器的注释与 HTML 不同的是，它可以进行动态注释，即注释中的文字可以是一个表达式或脚本片段，这样，可以将表达式或脚本片段的执行结果作为注释文字发送到客户端作为注释。例如：

```
<!--zhus1.aspx-->
<%@ Page Language="VB" ContentType="text/html" ResponseEncoding="gb2312" %>
<html>
<head>
<title>隐式显示用户访问时间</title>
</head>
<body>
<!--
<% dim d as date=now()%>
用户访问时间为：<%=d%>
-->
</body>
</html>
```

上面的网页在浏览器中浏览时，页面中将不任何显示内容，但可以通过"查看"菜单下的"源文件"命令看到如下 HTML 内容：

```
<!-- zhus1.aspx-->
<html>
<head>
<title>隐式显示用户访问时间</title>
</head>
<body>
<!--用户访问时间为：2011-4-3 22:21:32-->
</body>
</html>
```

可以看到，被"<!--"和"-->"标记对包括的 ASP.NET 动态代码在服务器端被执行了，但执行结果在发送到客户端时却被解释成 HTML 的注释，所以不能显示到浏览器窗口中。使用这种动态注释方式的最大好处是方便了程序的调试，在不影响网页内容的情况下，开发者可以向浏览器输出调试信息，以利于更好地进行程序开发。

2. 服务器端的 ASP.NET 注释

如果不希望客户端用户看到被注释的语句，而只在服务器端可见，则可以使用 ASP.NET 的服务器端注释，格式如下：

```
<%--  注释语句  --%>
```

隐藏注释中的注释部分是写在 "<%--" 和 "--%>" 标记对之间的，这种注释仅服务器端可见，对于客户端是隐藏的，所以又称隐藏注释。用隐藏注释标记的字符信息会在 ASP.NET 编译时被忽略掉。隐藏注释在开发者希望隐藏或注释 ASP.NET 程序时是很有用的。

ASP.NET 编译器不会对 "<%--" 和 "--%>" 之间的语句进行编译，它不会显示在客户的浏览器中，也不会在源代码中看到 "<%--" 和 "--%>" 标记。例如，将上面例子中的 HTML 注释用隐藏注释取代，程序如下：

```
<!--zhus2.aspx-->
<%@ Page Language="VB" ContentType="text/html" ResponseEncoding="gb2312" %>
<html>
<head>
<title>显示时间</title>
</head>
<body>
<%-- 创建 Date 型变量 d，并设置初始值为当前时间--%>
<% dim d as date=now()%>
<%-- 下一行通过表达式输出变量 d--%>
当前时间为: <%=d%>
</body>
</html>
```

那么，在浏览器端查看源文件时结果如下：

```
<!--zhus2.aspx-->
<html>
<head>
<title>显示时间</title>
</head>
<body>
当前时间为: 2011-4-3 22:25:28
</body>
</html>
```

可以看到注释部分没有在代码中出现，说明隐藏注释起到了对开发者的注释进行保密的作用。服务器端注释最大的用处是对程序段进行隐藏。例如，由于程序功能未完善或调试的原因，某个程序段不希望被执行，也不希望被客户端用户看见，就可以使用隐藏注释。

3. VB.NET 代码段中的注释

另外，还需要提一下的是 VB.NET 代码段中的注释。要在一个 VB.NET 代码段中加入注释，可以使用下面的方法：

（1）以命令 Rem 开头，其后跟着说明的文字，用空格将 Rem 命令和其后的说明文字分开；

（2）以半角单引号 （'，又称撤号）开头，其后跟着说明的文字，可以直接放在一条脚本语句的后边。

例如：

```
<!--这是 HTML 中的注释-->
<%
Rem 这是 VB.NET 代码中的注释
xm="张凯"        ' 给姓名变量 xm 赋值，这也是 VB.NET 代码中的注释方式
%>
```

在这个例子中，Rem 语句可用来在 VB.NET 代码段中建立一条注释语句，半角单引号（'）也可以用于同样的目的。需要注意，这两种注释只能用来注释一行。用 Rem 语句或半角单引号建立的注释在一行语句的末尾结束。

1.1.8　实例

1．实例 1　"教材订单"页面设计

在本实例中，将在网页中显示一张教材订单，如图 1-1-2 所示。在本例实现过程中，将学习在 ASP.NET 中使用 VB.NET 语言实现动态网页开发的基础知识。

创建一个名为 dingdan.aspx 的文件，并打开。在"代码"视图中，输入如下代码：

```
<!--dingdan.aspx-->
<%@ Page Language="VB" ContentType="text/html" ResponseEncoding="gb2312"%>
<html>
<head>
<title> 教材订单</title>
</head>
<body style="font-size:12px">
<!--以下是在程序块通过 VB.NET 语言对订单信息变量进行定义和赋值-->
<%
Dim xm,id,rq,jcmc1,sh1,jcmc2,sh2 As String
```

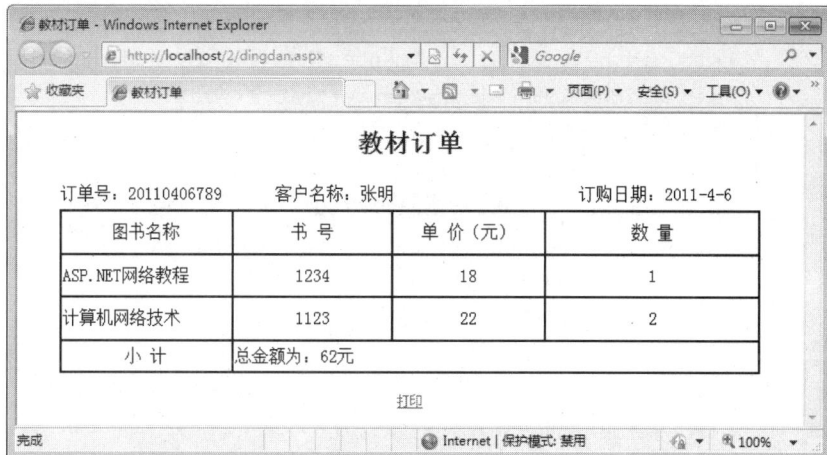

图 1-1-2　教材订单

```
Dim x,num1,dj1,num2,dj2,zje As Integer
xm="张明"
id="20110406789"
rq="2011-4-6"
jcmc1="ASP.NET 网络教程"
sh1="1234"
num1=1
dj1=18
jcmc2="计算机网络技术"
sh2="1123"
num2=2
dj2=22
%>
<h1 align="center"><font size="5">教材订单</font></h1>

<!--下面表格用于对订单、用户信息进行格式控制-->
<table width="660" border="0" align="center" cellspacing="0">
  <tr>
    <td width="200" height="28">订单号: <%=id%></td>
    <td width="284">客户名称: <%=xm%></td>
    <td width="170">订购日期: <%=rq%></td>
  </tr>
</table>
<!--以下是订单表格-->
    <table width="660" height="150" border="1" align="center"  cellspacing=
"0" bordercolor="#000000">
      <!--订单详细信息-->
        <tr>
            <td width="158" height="30" align="center">图书名称</td>
            <td width="146" align="center">书 号</td>
            <td width="140" align="center">单 价（元）</td>
            <td width="198" align="center">数 量</td>
        </tr>
        <tr>
            <td height="30"><%=jcmc1%></td>
            <td align="center"><%=sh1%></td>
            <td align="center"><%=dj1%> </td>
            <td align="center"><%=num1%></td>
        </tr>
        <tr>
            <td height="30"><%=jcmc2%></td>
            <td align="center"><%=sh2%></td>
            <td align="center"><%=dj2%> </td>
```

```
        <td align="center"><%=num2%></td>
    </tr>
    <%
    '计算总金额
    zje=dj1*num1+dj2*num2
    %>
    <tr>
        <td height="22" align="center">小 计</td>
        <td colspan="3" align="left">总金额为: <%=zje%>元</td>
    </tr>
</table>
<!--在链接中通过调用 javascript 语言的 print()方法在客户端进行文档打印-->
<p align="center"><a href="javascript:print()">打印</a></p>
</body>
</html>
```

代码输入完成后，切换到"设计"视图，如图 1-1-3 所示。

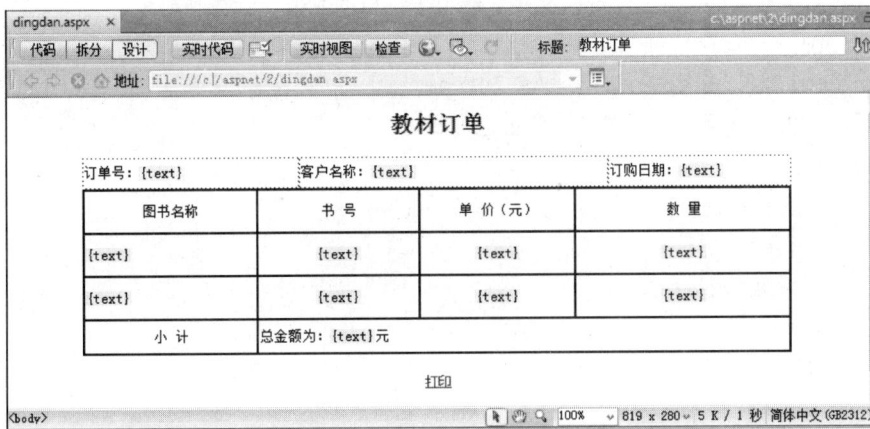

图 1-1-3　图书订购单设计视图

保存文件，按 F12 键进行浏览，效果如图 1-1-2 所示。

从"设计"视图中可以看到，凡是在图中都显示为｛text｝的内容，都是代码中以<%和%>括起来的部分，这些都是嵌入网页中动态显示的内容。由于静态页面内容和动态内容都是各自独立的，因此若要创建动态网页页面，可以利用 Dreamweaver 快速、可视化创建静态网页的能力，先在 Dreamweaver 中创建静态页面，如图 1-1-4 所示。

这些静态页面内容在 ASP.NET 动态页面显示时，通常都会保持原样（嵌入条件语句或循环语句中的内容除外），所以常称为动态网页的"模板"部分。网页中的动态代码可以在静态页面内容创建完成后，在 Dreamweaver 中切换到"代码"视图，再在相应的位置输入用<%和%>包括起来的动态代码。这样，就可以不必去花大量时间输入用于静态页面的 HTML 编码，而只输入动态代码即可，加快了动态网页的开发速度。

上面的代码中，下面的语句用于指明当前网页面的动态代码语言为 VB.NET，文档类型为 text/html，通过 Response 发送到客户页面的内容编码为 gb2312（即常用的简体中文字符集）。

```
<%@ Page Language="VB" ContentType="text/html" ResponseEncoding="gb2312"%>
```

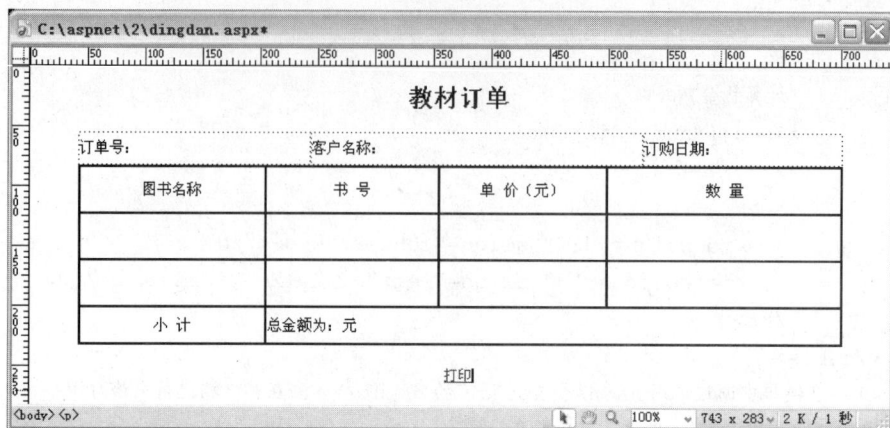

图 1-1-4　静态页面模板

接下来，在如下的动态代码中，先通过 VB.NET 用于定义变量的关键字 Dim 来定义了字符串（String）类型和整型（Integer）变量，这些变量用于订单的赋值、计算与显示。

```
Dim xm,id,rq,jcmc1,sh1,jcmc2,sh2 As String    '定义字符串类型变量
Dim x,num1,dj1,num2,dj2,zje As Integer        '定义整型变量
```

然后通过赋值运算符"="，对各个变量进行赋值。

```
xm="张明"
id="20110206789"
rq="2011-4-6"
jcmc1="ASP.NET 网络教程"
sh1="1234"
num1=1
dj1=18
jcmc2="计算机网络技术"
sh2="1123"
num2=2
dj2=22
```

在对变量赋值后，再通过网页中嵌入的形如<%= ...%>的动态代码将各个变量的值显示到网页中。这些将显示在网页中的内容在 Dreamweaver "设计"视图中以 ｛text｝显示出来。

在代码最后部分有如下语句：

```
zje=dj1*num1+dj2*num2
```

这行代码是通过 VB.NET 的算术运算符*（乘）和+（加）进行计算，并将运算结果得到的总金额赋值给变量 zje。

最后，语句 "<a href="javascript:print()">打印</a>" 定义了一个超链接，在链接中通过调用 javascript 语言的 print()方法打印文档。javascript:print()方法将调用浏览器的打印功能进行打印，当单击该链接时，实质上相当于执行了 IE 浏览器中的"打印"命令。

2. 实例 2　四则运算

在本实例中，将在网页中显示一张进行四则运算的表格，如图 1-1-5 所示。在本实例实现过程中，将学习 VB.NET 中的运算符与表达式的知识，以及数据类型的转换等内容。

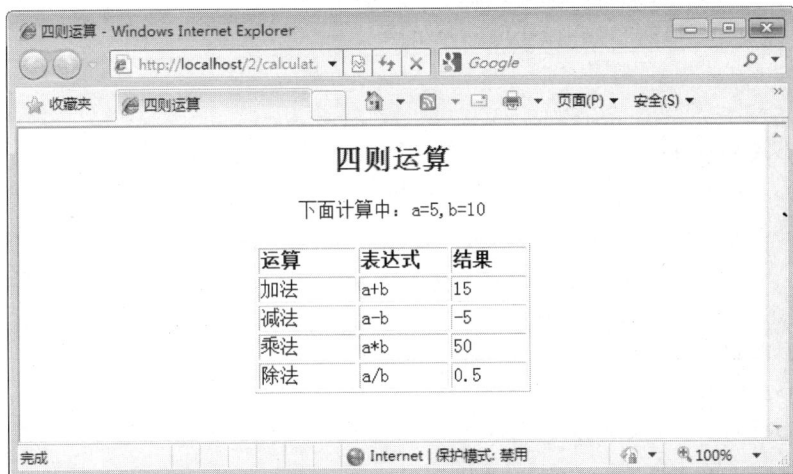

图 1-1-5　四则运算

创建一个名为 calculat.aspx 的文件，并打开。在"代码"视图中，输入如下代码：

```
<!--calculat.aspx-->
<%@ Page Language="VB" ContentType="text/html" ResponseEncoding="gb2312" %>
<html>
<head>
<title>四则运算</title>
<meta http-equiv="Content-Type" content="text/html; charset=gb2312">
</head>
<%
dim a as integer,b as integer
a=5
b=10
%>
<body>
<h2 align="center">四则运算</h2>
<p align="center">下面计算中: a=<%=a%>,b=<%=b%></p>
<table width="38%" border="1" align="center">
  <tr>
    <td><strong>运算</strong></td>
    <td><strong>表达式</strong></td>
    <td><strong>结果</strong></td>
  </tr>
  <tr>
```

```
            <td width="37%">加法</td>
            <%-- 下面语句显示出表达式<%=(a+b)%> --%>
            <td width="34%">a+b</td>
            <%-- 下面语句通过表达式计算并输出 a+b 的结果--%>
            <td width="29%"><%=(a+b)%></td>
        </tr>
        <tr>
            <td>减法</td>
            <td>a-b</td>
            <td><%=(a-b)%></td>
        </tr>
        <tr>
            <td>乘法</td>
            <td>a*b</td>
            <td><%=(a*b)%></td>
        </tr>
        <tr>
            <td>除法</td>
            <td>a/b</td>
            <td><%=(a/b)%></td>
        </tr>
    </table>
    </body>
    </html>
```

代码输入完成后，切换到"设计"视图，如图 1-1-6 所示。

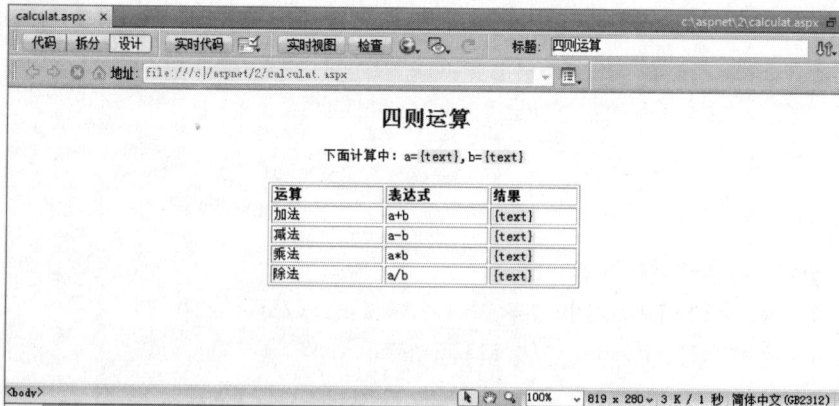

图 1-1-6　四则运算设计视图

保存文件，在 Dreamweaver 中按 F12 键进行浏览，效果如图 1-1-5 所示。

同前面的实例中所讲的相同，这个实例也可以先在 Dreamweaver 的"设计"视图中创建表格格式和其中不变的文字，再切换到"代码"视图，在相应位置嵌入动态 VB.NET 代码。

1.2　常用数据对象

1.2.1　命名空间与类库

1. 命名空间

命名空间是 VB.NET 程序的核心内容之一，它用来把对象组织到逻辑组中，使这些类更易于调用和管理。命名空间不具有任何特别的功能，只是在逻辑上用来存放一个或者多个类、模块、结构等。

VB.NET 语言提供命名空间来管理类名，可以避免同名类发生冲突，使类的管理更清晰，更有条理。命名空间可以嵌套使用，一个命名空间中可以再包含多个命名空间，就像一个文件夹内可以含有多个子文件夹一样。

命名空间实际上是类、模块、结构和接口等的集合，这也体现了 VB.NET 面向对象的封装特性。利用命名空间可以把常用的类或功能相似的类放在一起，就像将文件放在文件夹中一样，使得类的管理更清晰，更有条理。

命名空间是一种松散的类的集合，一般不要求处于同一个命名空间中的类有明确的相互关系，例如继承关系等，但是由于同一命名空间中的类在默认情况下可以互相访问，所以为了方便编程和管理，通常把需要在一起工作的类放在同一个命名空间里。

在使用命名空间时，可以使用符号 "." 来表明命名空间的层次。例如，System.Math 表示 System 命名空间中的 Math 类，Sytem.String 表示 System 命名空间中的 String 类。

如果要在 ASP.NET 页面中导入某个命名空间中的类，可以使用@Import 指令，其格式为：

```
<%@ Import Namespace="命名空间名称"%>
```

在页面中导入命名空间中的类后，就可以在其后的代码中直接使用该类的方法，而不需要使用类名。

例如，对于上面的 Math 类中的求根方法 Sqrt()，使用了下面的语句来进行导入。

```
<%@ Import Namespace="System.Math"%>
...
<%
Dim a AS Integer
a=Sqrt("25")
%>
```

上面的指令即在当前 ASP.NET 页面中导入了 System 命名空间的 Math 类，在当前页面后面的 ASP.NET 代码中即可直接使用 Math 类的相关方法，如上面的 Sqrt()。

注意，@Improt 指令必须位于类声明语句之前，通常是在页面的顶端 page 指令之后。一个 ASP.NET 页面中可以包含任意数量的 Import 指令。

2. VB.NET 类库

VB.NET 语言提供了大量有用的类，这些类通过命名空间有机地组织在一起，形成了 VB.NET 类库。VB.NET 本身声明的类一般是由构造方法、变量和方法 3 个部分组成的。

类的构造方法又称构造函数，是一种特殊的方法。其内的语句用来初始化对象的一些变量。与

VB.NET 中的标准数据类型不同，在应用程序中，当需要使用某个类中的变量或方法时，首先要声明该类的一个对象数据类型的变量，然后使用关键字 New 调用这个变量所属类的构造方法来完成对象的初始化，其格式为：

```
对象变量名=New 类名(参数列表)
```

例如，下面的语句声明一个 String 类的变量 str，并赋初值为"A String"。

```
Dim str As String
str=New String("A String")
```

实际上，String 类型是对象类型中的一种，但是因为字符串类型数据使用频繁，所以其同样具有标准数据类型的初始化方法。

VB.NET 采用完整的构造方法，使得错误处理功能非常全面。并且构造方法可以带有参数，程序员可以在创建类的实例对象的同时初始化对象。

在前面介绍过，属性是类或者对象的状态和特征的总称。它可以是普通数据类型的变量，也可以是其他类对象数据类型的变量。属性有实例变量和共享变量两种形式，这里仅介绍实例变量。

实例变量用来存储某个类对象的属性值。实例变量是依据其对象存在的，在运行程序创建对象的同时，创建了其实例变量；当程序运行完成，对象消失，其实例变量也同时消失。在应用程序中，当需要调用某个类中的实例变量时，首先要声明该类的一个对象数据类型的变量，然后采用下面的格式调用该变量：

```
对象变量名.实例变量名
```

例如，下面的语句表示将 Label 控件对象 lblMsg 的 Text 属性值赋给 String 类的变量 strMsg，其中 lblMsg 是 Label 类的一个对象变量，而 Text 属性是其的一个实例变量。

```
Dim strMsg As String
str=lblMsg.Text
```

除了构造方法外，类中还有许多描述类行为的方法，这些方法中最常用的是实例方法和共享方法两种。

与实例变量一样，实例方法属于每个对象，只能通过类的对象调用。实例方法用来声明某个类的行为，也就是说类的对象所能进行的操作。在应用程序中，当需要调用某个类中的实例方法时，首先要声明该类的一个对象数据类型的变量，然后采用下面的格式调用该方法：

```
对象变量名.实例方法名(参数列表)
```

与共享变量类似，共享方法的本质是属于整个类的，而不属于某个实例对象。因为共享方法属于类本身，所以只要声明了类，它的共享方法就存在。需要调用某个共享方法时，可以使用其所属的类的名称直接调用，也可以用类的某个具体的对象名调用，其形式为：

```
类名.共享方法名(参数)
对象变量名.共享方法名(参数)
```

例如，Math 类中的 Abs()、Sin()、Sqrt()等方法就是共享方法，可以直接用类名进行调用，其使用形式如下：

```
Dim a AS Integer
a=Math.Sqrt("25")
```

Sqrt()方法用于求根，上面的代码执行后，变量 a 的值为 5。

由于本书中主要是学习 ASP.NET，对于 VB.NET 面向对象的程序设计内容，在这里只阐述了它们的基本概念，读者可以参考相关书籍进行学习。

1.2.2　DateTime 型数据及其处理方法

1．日期和时间函数

为了方便对数据进行操作，VB.NET 提供了日期和时间函数。日期和时间函数用于获取、设置时间，以及进行时间的计算。表 1-2-1 给出了常用的日期和时间函数。

在表中，日期参数 D 是任何能够表示为日期的数值型表达式、字符串型表达式或它们的组合。时间参数 T 是任何能够表示为时间的数值型表达式、字符串型表达式或它们的组合。当参数 D 是数值型表达式时，其值表示相对于 1899 年 12 月 30 日前后天数，负数表示 1899 年 12 月 30 日以前的天数，正数表示 1899 年 12 月 30 日以后的天数。

表 1-2-1　日期和时间函数

函　数　名	函数值类型	功　　　　　能
Year(D)	Integer	返回日期 D 的年份。其中，参数为天数时，函数值为相对于 1899 年 12 月 30 日后的指定天数的年号，其取值在 1753～2078 之间
Month(D)	Integer	返回日期 D 的月份，函数值为 1～12 之间的整数
Day(D)	Integer	返回日期 D 的日数，函数值为 1～31 之间的整数
WeekDay(D)	Integer	返回日期 D 是星期几
Hour(T)	Integer	返回时间参数中的小时数，函数值为 0～23 之间的整数
Minute(T)	Integer	返回时间参数中的分钟数，函数值为 0～59 之间的整数
Second(T)	Integer	返回时间参数中的秒数，函数值为 0～59 之间的整数
DateSerial(年,月,日)	Date	相对 1899 年 12 月 30 日（为 0）返回一个天数值。其中的年、月、日参数为数值型表达式
DateDiff(Interval,date1,date2)	Long	返回 date1 和 date2 之间指定的时间间隔数。Interval 为时间间隔单位，其可以是常量也可以是字符串，具体参数见表 1-2-2

表 1-2-2　DateDiff()函数 Interval 参数值

常　　量	字符串	时间间隔单位	常　　量	字符串	时间间隔单位
DateInterval.Day	d	天	DateInterval.Quarter	q	季度
DateInterval.Hour	h	小时	DateInterval.Second	s	秒
DateInterval.Minute	n	分钟	DateInterval.Weekday	w	周
DateInterval.Month	m	月	DateInterval.Year	yyyy	年

星期函数 Weekday(D)的函数值与星期的对应关系如表 1-2-3 所示。

表 1-2-3　星期函数值与星期的对应关系

函数值	星期	函数值	星期	函数值	星期	函数值	星期
1	星期日	3	星期二	5	星期四	7	星期六
2	星期一	4	星期三	6	星期五		

除日期时间函数外，还有几个常用的时间属性，可以用于获取日期时间。

Now 用来返回当前的系统日期和时间，Today 用来返回系统当前的日期，TimeOfDay 用来返回系统当前的时间。这 3 个属性均可在 ASP.NET 中直接使用，其返回值的类型为 Date 类型。TimeString

属性也用于获取当前系统时间，不过返回值是 String 类型。例如：

现在是<%=now%>

今天是<%=Today%>

现在时间是<%=TimeString%>

上面的语句在执行时将返回当前日期与时间，如下所示：

现在是 2012-4-3 23:33:50

今天是 2012-4-3 0:00:00

现在时间是 23:33:50

可以看到，由于 now 与 Today 返回值为 Date 类型，在显示时包含为日期和时间两部分，如果只需要取其中的时间或日期，除了可以通过日期时间函数来进行外，还可以通过 DatetTime 类的方法来获取格式化的日期时间。

2．DateTime 类

为了方便日期时间操作，在 ASP.NET 中，还提供了一个与 Date 数据类型相近的类 DatetTime，DateTime 类中提供了大量的成员属性和方法来方便进行日期时间操作。表 1-2-4 中给出了常用的 DateTime 类成员。

表 1-2-4　DateTime 类常用成员属性和方法

成　　员	说　　明
Date	获取日期部分
Day	获取所表示的日期为该月中的第几天
DayOfWeek	获取所表示的日期是星期几
DayOfYear	获取所表示的日期是该年中的第几天
Hour	获取所表示日期的小时部分
Millisecond	获取所表示日期的毫秒部分
Minute	获取所表示日期的分钟部分
Month	获取所表示日期的月份部分
Now	获取一个 DateTime，它是此计算机上的当前本地日期和时间
Second	获取所表示日期的秒部分
TimeOfDay	获取当天的时间
Today	获取当前日期
Year	获取所表示日期的年份部分
AddDays	将指定的天数加到值上
AddHours	将指定的小时数加到值上
AddMilliseconds	将指定的毫秒数加到值上
AddMinutes	将指定的分钟数加到值上
AddMonths	将指定的月份数加到值上
AddSeconds	将指定的秒数加到值上
AddTicks	将指定的刻度数加到值上
AddYears	将指定的年份数加到值上

续表

成　　　员	说　　　明
Compare	比较两个实 DateTime 值是否相等
DaysInMonth	返回指定年份中指定月份的天数
Equals	返回一个值，该值指示 DateTime 的一个实例是否与指定对象相等
GetDateTimeFormats	将值转换为标准 DateTime 格式说明符支持的所有字符串表示形式
IsLeapYear	返回指定的年份是否为闰年
Parse	将日期和时间的指定字符串表示转换成 DateTime 类数据
Subtract	从中减去指定的时间或持续时间
ToLongDateString	将值转换为其等效的长日期字符串表示形式
ToLongTimeString	将值转换为其等效的长时间字符串表示形式
ToOADate	将值转换为等效的 OLE 自动化日期
ToShortDateString	将值转换为其等效的短日期字符串表示形式
ToShortTimeString	将值转换为其等效的短时间字符串表示形式
ToString	将值转换为其等效的字符串表示

下面的例子是一些常见的 DateTime 类数据用法。

```
<%
    dim d as DateTime
    d=now
%>
现在是<%=d%><br>
今天是<%=d.ToLongDateString()%> <br>
现在时间是<%=d.ToLongTimeString()%><br>
今年是否是闰年? <%=d.IsLeapYear(d.year)%><br>
今天是今年的第<%=d.DayOfYear%>天<br>
100 天后的时间是<%=d.AddDays(100)%><br>
```

上面代码的执行结果如下：

```
现在是 2011-4-4 0:07:00
今天是 2011 年 4 月 4 日
现在时间是 0:07:00
今年是否是闰年? False
今天是今年的第 94 天
100 天后的时间是 2011-7-13 0:07:00
```

1.2.3　String 型数据及其处理

操作字符串类型数据的方法分为两部分：一部分是 Visual Basic 语言一直所使用的字符串函数，另一部分是.NET 框架中 String 类中提供的方法。利用这些方法和函数，可以对字符串类型数据进行计算、截取、改变大小写形式等操作。

1．String 类常用方法

常用的 String 类中的常用方法如下：

（1）Compare(参数 1，参数 2)。用于比较两个字符串。此方法返回一个整数，如果其值为正数，则表示第一个字符串参数大于第二个字符串参数；如果其值为负数，则表示第一个字符串参数小于第二个字符串参数；如果其值为 0，则表示两个字符串参数相等。例如：

```
Dim str1 As String="hello"
Dim str2 As String="Hello World"
Dim result As Integer
result=String.Compare(str1,str2)
```

（2）Concat(参数列表)。用于组合多个字符串，其作用与连接运算符相同。例如：

```
Dim str1 As String="Hello "
Dim str2 As String="World"
dim strMsg As String
strMsg=String.Concat(str1, str2)     'strMsg 的值为"Hello World"
```

（3）Chars(参数)。用于获得字符串中参数所指定位置的字符。此方法的返回值为 Char 类型的数据。字符串中字符的位置编号从 0 开始依次增加 1。例如，下面语句中变量 c 的值为"o"。

```
Dim str As String="Hello"
Dim c As Char
c=str.Chars(4)
```

（4）IndexOf(参数)。用于在字符串中定位某个特定字符或者子字符串，并输出其位置编号（从 0 开始计算）。如果小括号中为只有一个字符的字符串，则返回该字符在字符串中的编号位置。如果小括号中为多个字符组成的字符串，则输出第一个字符在字符串中的编号位置。如果没有找到特定的内容，则输出值为–1。例如，下面语句中变量 I 的值为 2。

```
Dim str As String="abcde"
Dim I As Integer
I=str.IndexOf("c")
```

（5）ToUpper。用于将字符串转换为全部大写的形式。例如：

```
Dim str As String="Hello World"
Dim strNew As String
strNew=str.ToUpper
```

其中，变量 strNew 的值为"HELLO WORLD"，而变量 str 中的值没有改变。

（6）ToLower。用于将字符串转换为全部小写的形式。例如：

```
Dim str As String="Hello World"
Dim strNew As String
strNew=str.ToLower
```

其中，变量 strNew 的值为"hello world"，而变量 str 中的值没有改变，依旧是"Hello World"。

（7）Insert(参数 1,参数 2)。用于在字符串的特定位置插入另一个字符串，返回一个新的字符串。参数 1 是插入字符串的特定位置（从 0 开始计算位置），参数 2 是要插入的字符串。例如：

```
Dim str As String="HelloWld"
Dim strNew As String
strNew=str.Insert (7,"or")
```

其中，变量 strNew 的值为"Hello World"，而变量 str 中的值没有改变，依旧是"Hello Wld"。

（8）Substring(参数 1,参数 2)。用于生成字符串的子字符串。第一个参数表示子字符串开始位置处的字符索引（从 0 开始），第二个参数表示子字符串的长度。参数 2 可以省略，表示获取从指定位置开始到字符串结束的全部字符。例如：

```
Dim str As String="Hello World"
Dim strNew1,StrNew2 As String
strNew1=str.Substring(6,5)
StrNew2=str.Substring(6)
```

执行上面代码后，strNew1 的值为"World"，strNew2 的值也是"World"，而变量 str 中的值没有改变，依旧是"Hello World"。

（9）Replace(参数 1,参数 2)。在字符中查找字符串参数 1，找到后替换为参数 2。例如：

```
Dim str As String="Hello World"
Dim strNew As String
strNew=str.Replace("o","a")
```

执行上面代码后，strNew 的值为"Hella Warld"。

2．常用字符串函数

常用字符串函数如表 1-2-5 所示，表中的 s 表示是字符串表达式，表中的 n 表示是数值表达式。

表 1-2-5　字符串函数

函数名	函数值类型	功　　能	举　　例
Asc(s)	Integer	求字符串中第一个字符的 ASCII 码，s 为空串时会产生错误	Asc("ABC")=65
Chr(n)	String	求以 n 为 ASCII 码的字符	Chr(65)="A"
Str(n)	String	将 n 转换为字符串，如果 n>0，则返回的字符串中有一个前导空格	Str(−12345)= "−12345" Str(12345)= " 12345"
Val(s)	Double	将 s 中的数字字符转换成数值型数据，当遇到第一个不能被其识别为数字的字符时，即停止转换	Val("12345abc")=12345 Val("abc")=0
Len(s)	Long	求字符串 s 中包含的字符个数	Len("Abab 字符串 4")=8
Ucase(s)	String	将字符串 s 中的小写字母转换成大写字母	Ucase("abABab")="ABABAB"
Lcase(s)	String	将字符串 s 中的大写字母转换成小写字母	Lcase("abABab")="ababab"
Space(n)	String	产生 n 个空格组成的字符串	Space(3)= "　　　"
StrDup(n,s)	String	产生 n 个由 s 指定的第一个字符组成的字符串，s 可以是 ASCII 码值	StrDup(6,"ABC")="AAAAAA" StrDup(6,65)="AAAAAA"
Left(s,n)	String	从字符串 s 最左边开始截取 n 个字符	Microsoft.VisualBasic.Left("ABCDE",2)= "AB"
Right(s,n)	String	从字符串 s 右边开始截取 n 个字符	Microsoft.VisualBasic.Right("ABCDE",2)= "DE"
Mid(s,n1[,n2])	String	从字符串 s 中 n1 指定的起始位置处开始，截取 n2 个字符	Mid("ABCDEF",2,3)= "BCD" Mid("ABCDEF",2)="BCDEF"
Ltrim(s)	String	删除字符串 s 中前导空格	Ltrim(" ABC")="ABC"

续表

函数名	函数值 类型	功　　能	举　　例
Rtrim(s)	String	删除字符串 s 中尾部空格	Rtrim(" ABC ")=" ABC"
Trim(s)	String	删除字符串 s 中前导和尾部空格	Ttrim(" ABC ")="ABC"
StrComp(s1,s2 [,n])	Integer	比较字符串 s1 和字符串 s2 的大小，n 是比较类型，取值 0 或 1	StrComp("A","B",1)=0 StrComp("AB","ab",0)=-1 StrComp("ab "," AB ",0)=1
InStr([n1,]s1, s2[,n2])	Integer	在字符串 s1 中，从 n1 开始到 n2 位置，开始找 s2，省略 n1 时从 s1 头开始找，省略 n2 时找到 s1 尾止。找不到时，函数值为 0	InStr(2, "ABCD","C",4)=3 InStr(2, "ABCD","CD")=3 InStr("ABCDEF","CD")=3 InStr("ABCDEF","PQ")=0
Replace(s,s1,s2)	String	在字符串 s 中查找字符串 s1，替换为 s2	Replace("ABC","BC","DE")="ADE"

在函数 Val(s)中，逗号"，"和美元符号"$"都不能被识别；空格、制表符和换行符都将从参数中去掉。

在函数 StrDup(n,s)中，参数 s 可以为任何有效的数值表达式或字符串表达式，如果为数值表达式，则表示组成字符串的字符的 ASCII 码；如果为字符串表达式，则其第一个字符将用于产生字符串。

在函数 Left(s,n)中，参数 n 为数值表达式，其值指出函数值中包含多少个字符，如果其值为 0，则函数值是长度为零的字符串（即空串）；如果其值大于或等于字符串 s 中的字符数，则函数值为整个字符串。在使用 Left()函数时，为了与窗体和控件的 Left 属性区别，需要对其进行完全限定，也就是说要使用 Microsoft.VisualBasic.Left(s,n)。

在函数 Right(s,n)中，参数 n 为数值表达式，其值指出函数值中包含多少个字符。如果其值为 0，则函数值为空串；如果其值大于或等于字符串 s 中的字符个数，则函数值为整个字符串。在使用 Right()函数时，为了与窗体和控件的 Right 属性区别，需要对其进行完全限定，也就是说要使用 Microsoft.VisualBasic.Right(s,n)。

在函数 StrComp(s1,s2[,n])中，参数 n 是指定字符串的比较类型。比较类型可以是 0、1，若比较类型为 0，则执行二进制比较，此时英文字母区分大小写；若比较类型为 1，则执行文本比较，此时英文字母不区分大小写。若省略该参数，则默认比较类型为 0。当字符串 s1 小于字符串 s2 时，函数值为-1；当字符串 s1 等于字符串 s2 时，函数值为 0；当字符串 s1 大于字符串 s2 时，函数值为 1。

Mid()函数和前面介绍的 SubString()方法之间有一个非常重要的差异。Mid()函数采用指示子字符串开始处字符位置的参数，从位置 1 开始。SubString()方法采用字符串中子字符串开始处字符的索引，从位置 0 开始。因此，设有字符串"ABCDE"，当使用 Mid()函数时，将单个字符编号为 1、2、3、4、5；但当使用 SubString()函数时，则将它们编号为 0、1、2、3、4。

1.2.4　Math 类与数学函数

Math 类和数学函数常用于数学计算，如计算余弦值、求根等。

1．Math 类

Math 类是统一编程类中的专门提供数学函数的类，其中的许多方法与 VB 6.0 中的函数是等效的。表 1-2-6 给出了常用的方法，表中的 n 表示是数值表达式，在三角函数中，变量 n 的单位是弧度而不是角度。

表 1-2-6　Math 类常用方法

方　法　名	返回值	功　　　　能
Abs(n)	同 n 的类型	求 n 的绝对值
Sqrt(n)	Double	求 n 的算术平方根，n>=0
Sin(n)	Double	求 n 的正弦值
Cos(n)	Double	求 n 的余弦值
Tan(n)	Double	求 n 的正切值
Atan(n)	Double	求 n 的反正切值
Exp(n)	Double	求自然常数 e（约 2.718 282）的 n 次幂
Log(n)	Double	求 n 的自然对数值，n>0
Sgn(n)	Integer	若 n>0，则其值为 1；若 n=0，则其值为 0；若 n<0，则其值为-1

如果要使用 Math 类中的方法，需要在方法名前面添加 "Math."，这表示该方法来自 Math 类，或者在程序代码的最前面添加 Imports System.Math 语句。该语句表示将 Math 类导入（Imports）程序中，这样就可以在程序中直接使用上述方法。

例如，下面两组语句的作用是一样的，都是求 100 的平方根，变量 gen 的值均为 10。

方法一：

```
<%@ Import Namespace="System.Math"%>
Dim gen As Integer
gen=Sqrt(100)
```

方法二：

```
Dim gen As Integer
gen=Math.Sqrt(100)
```

2．数学函数

除了表 1-2-6 中的 Math 类方法外，还有一些常用的数学函数可用于数值计算。

（1）随机函数 Rnd(n)。随机产生一个 0～1 之间的小数，n>=0，即产生一个包括 0 不包括 1 的随机小数。例如，Rnd*100 表示产生一个 0～100 之间的随机数，不包括 100。

在使用 Rnd() 函数之前必须要添加一条无参数的随机种语句：Randomize()，利用它来初始化随机数发生器。

（2）取整函数 Fix(n) 和 Int(n)。函数 Fix(n) 和 Int(n) 的作用都是返回数字的整数部分。它们的区别在于，如果参数 n 为负数，则函数 Fix(n) 则返回大于或等于 n 的第一个负整数，而函数 Int(n) 则返回小于或等于 n 的第一个负整数。例如，Fix(-4.7)= -4，Int(-4.7)= -5。

综合使用上面 3 个数学函数，可以产生 n～m 范围（包括整数 n 和 m）内的随机整数：

```
Fix(Rnd*(m+1-n))+n
Int(Rnd*(m+1-n))+n
```

例如，产生 1～100 之间的随机整数的语句如下：

```
Dim a As Integer
Randomize()
a=Int(Rnd*100)+1
response.Write(a&"<br>")
```

1.2.5　实例

1. 实例 3　日期时间

本实例将在网页内显示出当前日期与时间，效果如图 1-2-1 所示。在本实例的实现过程中，将学习 ASP.NET 网页中如何通过日期时间函数和 DateTime 类来进行日期时间数据的处理。

图 1-2-1　日期时间

创建一个名为 riqi.aspx 的文件，并打开。在"代码"视图中，输入如下代码：

```
<!-- riqi.aspx-->
<%@ Page Language="VB" ContentType="text/html" ResponseEncoding="gb2312"%>
<html >
<head>
<meta http-equiv="Content-Type" content="text/html; charset=gb2312" />
<title>日期时间</title>
</head>
<body>
 <%
Dim rq as date                  '定义 date 型变量
Dim y,mon,d,h,min as integer    '定义年、月、日、时、分等整型变量
rq=now()                        '获取当前日期时间
y=Year(rq)                      '获取日期中的年份
mon=Month(rq)                   '获取日期中的月份
d=Day(rq)                       '获取日期中的日数
h=hour(rq)                      '获取小时数
min=minute(rq)                  '获取分钟数
%>
<table width="200" align="center" cellpadding="5" cellspacing="5" border="5"
bordercolor="#0000FF">
```

```
<tr>
    <td ><!--输出年份-->
        <p align="center" ><%=y%>年</p>
            <!--输出日期-->
        <p align="center" ><%=mon%>月<%=d%>日</p>
            <!--输出时间-->
    <p align="center" ><%=h%>点<%=min%>分</p></td>
    </tr>
  </table>
</body>
</html>
```

保存文件，在 Dreamweaver 中按 F12 键进行浏览，效果如图 1-2-1 所示。

程序中，首先通过下面的代码，利用日期时间函数来计算当前的日期与时间。

```
<%
Dim rq as date                    '定义 date 型变量
Dim y,mon,d,h,min as integer      '定义年、月、日、时、分等整型变量
rq=now()                          '获取当前日期时间
y=Year(rq)                        '获取日期中的年份
mon=Month(rq)                     '获取日期中的月份
d=Day(rq)                         '获取日期中的日数
h=hour(rq)                        '获取小时数
min=minute(rq)                    '获取分钟数
%>
```

然后，通过下面的语句定义了一个宽度为 200，边框线宽为 5，单元格格间间距为 5，填充间距为 5，居中对齐的蓝色边框表格。最后，再在表格中输出日期时间。

```
<table width="200" align="center" cellpadding="5" cellspacing="5" border="5"
bordercolor="#0000FF">
    <tr>
     <td ><!--输出年份-->
        <p align="center" ><%=y%>年</p>
            <!--输出日期-->
      <p align="center" ><%=mon%>月<%=d%>日</p>
            <!--输出时间-->
      <p align="center" ><%=h%>点<%=min%>分</p></td>
    </tr>
  </table>
```

2．实例 4 字符串运算

字符串的操作在网页设计中使用非常广泛，如字符串的搜索、比较等。本实例中演示了常用的一些字符串运算方法，如图 1-2-2 所示。

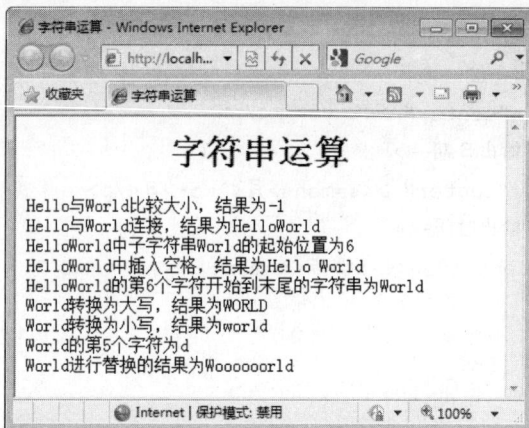

图 1-2-2　字符串操作演示

创建一个名为 String.aspx 的文件，并打开。在"代码"视图中，输入如下代码：

```
<!--String.aspx-->
<%@ Page Language="VB" ContentType="text/html" ResponseEncoding="gb2312" %>
<%@ Import Namespace="System.String"%>
<html>
<head>
<meta http-equiv="Content-Type" content="text/html; charset=gb2312" />
<title>字符串运算</title>
</head>
<body>
<h1 align="center">字符串运算</h1>
<%
Dim s1,s2,str,s as String
Dim r As Integer
s1="Hello"
s2="World"

'通过 String 方法比较字符串大小
r=Compare(s1,s2)
response.Write(s1 & "与" & s2 & "比较大小，结果为" & r & "<br>")

'通过 String 方法连接字符串
str=Concat(s1,s2)
response.Write(s1 & "与" & s2 & "连接，结果为" & str & "<br>")

'通过字符串函数查找子字符串的起始位置
r=InStr(str,s2)
response.Write(str & "中子字符串" & s2 & "的起始位置为" & r & "<br>")

'通过 String 方法在字符串 str 中插入空格
```

```
s=str.Insert(r-1," ")
response.Write(str & "中插入空格,结果为" & s & "<br>")

'通过 String 方法获取指定位置的字符串
s=str.Substring(r-1)
response.Write(str & "的第"& r & "个字符开始到末尾的字符串为" & s & "<br>")

'通过 String 方法将字符串转换为大写
s=s2.ToUpper
response.Write(s2 & "转换为大写,结果为" & s & "<br>")

'通过字符串函数将字符串转换为小写
s=Lcase(s2)
response.Write(s2 & "转换为小写,结果为" & s & "<br>")

'通过 String 方法获取指定位置的字符,从 0 开始计算位置
s=s2.chars(4)
response.Write(s2 & "的第 5 个字符为" & s & "<br>")

'通过 String 方法进行字符串替换
s=s2.replace("o","oooooo")
response.Write(s2 & "进行替换的结果为" & s & "<br>")

%>
</body>
</html>
```

保存文件,在 Dreamweaver 中按 F12 键进行浏览,效果如图 1-2-2 所示。

思考与练习1

1. 填空

(1)变量的声明语句是_____语句。

(2)注释通常有两方面的作用:一方面作为_____;另一方面是将未完成的或有错误的某个程序块隐藏起来,使其暂时不参与程序的执行,这种方式也适用于_____。

(3)_____是由运算符、变量、常量和函数等组成的。

(4)使用数学函数随机产生 1000～2500 之间整数的表达式为_____。

(5)_____属性用来返回当前的系统日期和时间,_____属性用来返回系统当前的日期。

(6)_____函数可用于字符串的替换。

2. 程序设计

(1)参考"实例 1",制作一个商品订单网页。

(2)参考"实例 4",制作一个可以计算当前时间到明天 0 点的时差的网页。

第2章 ASP.NET 语言进阶

2.1 条件控制结构

2.1.1 条件控制结构简介

在 ASP.NET 设计中，很多情况下需要对数据进行判断，例如，判断用户输入的数据是否有效，判断用户是否有足够的权限来访问某个特殊网页等。这时，就会用到条件语句，条件语句的功能都是根据表达式的值是否成立，有条件地执行一组语句。

在 VB.NET 中，能够实现条件判断的语句有 If 语句和 Select Case（多分支开关）语句。

2.1.2 If 语句

If 语句是最常用的条件控制语句，使用非常灵活，可以简要地分为单行 If 语句、If …Else 语句和 If...Then...ElseIf 语句。

1. 单行 If 语句

单行 If 语句格式如下：

```
If 条件 Then 语句序列1 [Else 语句序列2]
```

条件可以是关系表达式或逻辑表达式。当条件成立（即其值为 True）时，执行"语句序列 1"的各条语句；当条件不成立（即其值为 False）时，执行"语句序列 2"的各条语句，如果没有"Else 语句序列 2"选项，则直接执行其后的语句。方括号[...]表示其中的内容为可选。

下面的语句段演示了单行式 If 语句的应用。

```
<%
    A=12
    B=14
    If A>B Then  A=A-B  Else  A=A+B
%>
```

程序中对变量 A 和 B 的值进行比较，当 A 大于 B 时，将 A 赋值为 A-B；否则，赋值为 A+B。上面的代码执行后，A 的值为 26。

If 语句的条件可以是复合条件，即用逻辑运算符连接起来的多个条件。例如：

```
If  y mod 4=0 and y mod 100<>0 or y mod 400=0  Then
```

这里的复合条件表示，y 能被 4 整除但不能被 100 整除；或者能被 400 整除。

2．If...Else 语句

If...Else 语句的使用格式如下：

```
If  条件  Then
      语句序列 1
 [ Else
      语句序列 2 ]
 End If
```

当条件成立时，执行"语句序列 1"的各条语句；当条件不成立时，执行"语句序列 2"的各条语句，如果没有"Else　语句序列 2"选项，则直接执行 End If 后面的语句。

语句序列 1 和语句序列 2 可以由一个语句行或多个语句行组成。在编程的习惯上，常把夹在关键字 If、Then 和 Else 之间的语句序列以缩排的方式排列，这样会使程序更容易阅读理解。下面的程序段将提示用户输入密码，并判断密码是否正确。

```
<%
    a=10
    b=20
    If  a>b   Then
        t=a              '这三行语句可用于交换 a，b 的内容
        a=b
        b=a
    Else
        b=a
 End If
%>
```

在 ASP.NET 中嵌入块语句时，还可以将一个 If 语句拆分到不同的脚本段中，以便在其中嵌入需要选择执行的 HTML 元素。例如：

```
<%
    t=time()          '获取系统时间
    h=hour(t)         '获取小时数
    If  h>12 then     '小时数是否大于 12
%>
        <font size="4" color=" blue" >现在时间是：<%=t%></font>
<%
    Else
%>
        <font size="4" color=" green " >现在时间是：<%=t%></font>
<%
    End If
%>
```

这段代码中，If 被分成 3 个部分，"If h>12 then"、"Else"和"End If"，分别位于 3 个不同的脚本段中，这样的目的是为了让其中的 HTML 语句能够在不同条件下输出，如果 h>12，输出如下 HTML 代码，显示蓝色时间文字。

```
<font size="4" color=" blue" >现在时间是: <%=t%></font>
```

否则，输出如下 HTML 代码，显示绿色时间文字。

```
<font size="4" color=" green " >现在时间是: <%=t%></font>
```

这种将语句拆开以嵌入 HTML 元素的方法在 ASP.NET 设计中使用广泛，包括后边所学的 Select Case、For...Next、While...Wend 等语句均可以这样进行拆分。

3. If...Then...ElseIf 语句

无论是单行式还是区块式的 If...Then...Else 语句，都只有一个条件表达式，只能根据一个条件表达式进行判断，因此最多只能产生两个分支。

当程序需要根据多个条件进行判断，产生多个分支时，可使用 If...Then...ElseIf 语句。

If...Then...ElseIf 语句的使用格式如下：

```
If  条件 1 Then
    语句序列 1
[ElseIf 条件 2  Then
    语句序列 2]
    ...
[Else
    语句序列 n]
End If
```

当条件 1 的值为 True 时，则执行语句序列 1；当条件 1 的值为 False 时，则再判断条件 2 的值，依此类推，直到找到一个值为 True 的条件为止，并执行其后面的语句序列。如果所有条件的值都不是 True，则执行关键字 Else 后面的语句序列 n。无论哪一个语句序列，执行完后都接着执行关键字 End If 后面的语句。

If...Then...ElseIf 语句中的条件和语句序列的要求及功能与 If...Then...Else 语句相同。

2.1.3　Select Case 语句

If...Then.... ElseIf 语句可以包含多个 ElseIf 子语句，这些 ElseIf 子语句中的条件一般情况下是不同的。但当每个 ElseIf 子语句后面的条件都相同，而条件表达式的结果却有多个的时候，再使用 If...Then...ElseIf 语句编写程序就会很烦琐，此时可使用 Select Case 语句。

1. Select Case 语句的结构

Select Case 语句格式如下：

```
Select Case 条件表达式
    [Case 取值列表 1
        语句序列 1]
    [Case 取值列表 2
        语句序列 2]
    ...
    [Case Else
        语句序列 n]
End Select
```

Select Case 语句在执行时,先计算条件表达式的值,再将其值依次与每个 Case 关键字后面的[取值列表]中的数据进行比较（取值列表中可以是一个值，也可以是多个值，各个值间用逗号","分隔），如果相等，就执行该 Case 后面的语句序列；如果都不相等，则执行 Case Else 子语句后面的语句序列 n。无论执行的是哪一个语句序列，执行完后都接着执行关键字 End Select 后面的语句。如果不止一个 Case 后面的取值与表达式相匹配，则只执行第一个与表达式匹配的 Case 后面的语句序列。

Select Case 语句的执行顺序如下：

（1）当执行到 Select Case 语句时，计算表达式的值，然后依次与 Case 语句中的常量比较。

（2）当找到和表达式值相匹配的常量值后，将不再继续查找，开始执行该 Case 语句中的子语句体，然后结束整个 Select Case 语句的执行，跳到其下面的一条语句，继续运行程序。其他所有 Case 子语句体都不会被执行。

如果把 Select Case 语句中的表达式值看作一把钥匙，而每个 Case 语句的常量值代表一个房间的门锁，那么只有当钥匙和门锁吻合时，才能打开门进入该 Case 房间。如果没有吻合的门锁，将直接进入 Case Else 房间。在进入某个 Case 房间后，依次执行房间中的命令，然后走出房间，完成整个 Select Case 语句的执行。

虽然 Case Else 是可选项，但是它可以用来检查预料之外的数值，所以除非编程人员很确切地知道程序将要检查什么数值，否则最好使用 Case Else 子语句。例如，下面的 Select Case 语句部分，其根据字符串型变量 rank 的值来确定赋给字符串变量 s 相应的值。

```
Dim s,rank As String
...
Select Case rank
    Case "A"
        s="产品的质量为一等"
    Case "B"
        s="产品的质量为二等"
    Case "C"
        s="产品的质量为合格"
    Case Else
        s="产品的质量为不合格"
End Select
```

如果不同 Case 语句具有相同的子语句体，则可将这多个 Case 语句合并，合并形式有 3 种。

2. Select Case 的特殊用法

（1）如果 Case 语句中的常量是多个不连续的数值，则使用逗号分开，其格式为：

```
Case 常量 1,...,常量 n
    子语句体
```

例如，下面显示 2011 年某个月份天数的程序中的 Select Case 语句就合并了某些 Case 语句。因为 1、3、5、7、8、10 和 12 月的天数都是 31 天，4、6、9 和 11 月的天数都是 30 天，而 2 月份为 28 天，所以 Select Case 语句简化为如下形式：

```
Select Case month
```

```
        Case 1,3,5,7,8,10,12
            Label1.Text="31 天"
        Case 4,6,9,11
            Label1.Text="30 天"
        Case 2
            Label1.Text="28 天"
    End Select
```

（2）如果 Case 语句中的常量是多个连续的数值，则可以使用关键字 To 将上限和下限连接起来，其格式为：

```
Case 常量 1 To 常量 2
        子语句体
```

其中，常量 1 的值必须小于或等于常量 2 的值。

例如，在下面根据成绩判断总评成绩的程序中，Select Case 语句就合并了某些 Case 语句。变量值 1～59 为不及格；60～74 为及格；75～84 为良好；85～100 为优秀，其他变量值均为无效数字。Select Case 语句代码如下，其中变量 mark 为成绩。

```
Select Case mark
    Case 1 To 59
        Label1.Text="总评成绩为不及格"
    Case 60 To 74
        Label1.Text="总评成绩为及格"
    Case 75 To 84
        Label1.Text="总评成绩为良好"
    Case 85 To 100
        Label1.Text="总评成绩为优秀"
    Case Else
        Label1.Text="无效数字"
End Select
```

（3）在 Case 子语句中，还可以使用关系运算符来确定匹配的范围。

```
Case Is 关系运算符 常量
        子语句体
```

其中，关键字 Is 代表表达式的值，不可以省略。

例如，下面根据购买数量不同来确定折扣的程序中就使用了关系运算符。

```
Select Case count
    Case Is>=1000
        Label1.Text="折扣为 10%"
    Case Is>=500
        Label1.Text="折扣为 5%"
    Case Is>=200
        Label1.Text="折扣为 2%"
    Case Else
        Label1.Text="无折扣"
End Select
```

此外，Case 子语句中可以同时使用上面介绍的各种方法来确定匹配的范围。例如，下面的 Case 子语句是有效的。

```
Case -10 To 4, 12 To 37, 40, Is>=500
```

选择结构语句中的[语句序列]可以是另一个选择结构语句，称为选择结构的嵌套。例如，Select Case 语句中可以嵌套 If 语句，也可以嵌套其他 Select Case 语句，If 语句也可以嵌套 Select Case 语句或其他 If 语句，例如，本节实例 6 中的闰年 2 月天数的计算。

2.1.4 实例

1. 实例 5 变色的时间

本实例将在一天中的不同时间段使用不同的颜色显示出时间。在浏览器中效果如图 2-1-1 所示。在本实例的实现过程中，将学习选择语句 If 的应用。

图 2-1-1 变色的时间

创建一个名为 ifelseif.aspx 的文件，并打开。在"代码"视图中，输入如下代码：

```
<!-- ifelseif.aspx-->
<%@ Page Language="VB" ContentType="text/html" ResponseEncoding="gb2312"%>
<html>
<head>
<title>变色的时间</title>
</head>
<body>
<h1 align="center">变色的时间
  <%
    dim t,h,m,clr
    t=now()          '获取当前时间
    h=Hour(t)        '获取小时数
    m=Minute(t)      '获取分钟数
    if h>=6 and h<12 then
        clr="green"
    elseif h>=12 and h<18 then
        clr="blue"
    elseif h>=18 and h<=23 then
```

```
        clr="black"
    else
        clr="red"
    end if
%>
</h1>
<p align="center"><font size=6 color="<%=clr%>">现在时间是<%=h%>点<%=m%>分
</font></p>
</body>
</html>
```

保存文件，在 Dreamweaver 中按 F12 键进行浏览，效果如图 2-1-1 所示。

2．实例 6　月份天数

本实例将在浏览器中显示当月的天数，浏览效果如图 2-1-2 所示。在本例的实现过程中，将学习多分支选择语句 Select Case 的应用。

图 2-1-2　月份天数

创建一个名为 MonthDay.aspx 的文件，并打开。在"代码"视图中，输入如下代码：

```
<!-- MonthDay.aspx -->
<%@ Page Language="VB" ContentType="text/html" ResponseEncoding="gb2312"%>
<html>
<head>
<title>计算当月天数</title>
</head>
<body>
<%
dim y,mon,maxday as Integer
y=year(now())              '获取当前年份
mon=month(now())           '获取当前月份
select case mon            '对月份进行判断
    case 1,3,5,7,8,10,12    '如果是 1,3,5,7,8,10,12 月
        maxday=31          '设置当月天数为 31
    case 2                 '如果是 2 月
```

```
                    '判断是否闰年,并赋给 2 月的天数
            if y mod 4=0 and y mod 100<>0 or y mod 400=0  then
                    maxday=29
            else
                    maxday=28
        end if
        case else                    '设置其他月份天数
            maxday=30
end select
%>
<table border="5" cellpadding="5" cellspacing="5">
    <tr>
        <td>
            <h1 align="center">现在是<%=y%>年<%=mon%>月</h1>
            <h1 align="center">本月总共有<%=maxday%>天</h1>
        </td>
    </tr>
</table>
</body>
</html>
```

保存文件,在 Dreamweaver 中按 F12 键进行浏览,效果如图 2-1-2 所示。

2.2　循环控制结构

2.2.1　循环结构简介

在程序中时,常常需要重复某些相同的操作,即对某一语句或语句序列重复执行多次,解决此类问题,就要用到循环结构语句。

VB.NET 中提供了 3 种类型的循环语句:For...Next、While...End While 和 Do...Loop。

2.2.2　For...Next 语句

1. For...Next 语句结构

最常使用的循环语句是 For...Next,格式如下:

```
For 循环变量=初始值 To 终止值 [Step 步长值]
循环体语句序列
[Exit For]
Next
```

其中,循环变量是数值型变量,初始值、终止值和步长值都是数值型的常量、变量或表达式。

执行 For 语句时,首先计算初始值、终止值和步长值等各数值型表达式的值,再将初始值赋给循环变量。然后将循环变量的值与终止值进行比较,如果循环变量的值未超出终止值,则执行循环体语句序列的语句,否则执行 Next 下面的语句。执行完循环体语句序列的语句语句后,将循环变量的值与步长值相加，再赋给循环变量，然后将循环变量的值与终止值进行比较，如果循环变量的值未超出终止值，则执行循环体语句序列的语句，并如此循环，直到循环变量的值超出终止值，再执行 Next 下面的语句。

如果需要在循环的过程中退出循环，可以在循环体中加入 Exit For 语句，执行该语句后会强制程序脱离循环，执行 Next 下面的语句。Exit For 语句通常放在选择结构语句之中使用。

例如，下面的程序段利用 For...Nex 语句的特点，计算 1+2+3+…+100 的值。

```
<!-- for.aspx -->
<html>
<head>
<title>累加求和</title>
</head>
<body>
<%
    Dim N, SUM As Integer
    SUM=0                          '给变量 SUM 赋初值 0
    '循环 100 次，每一次循环使变量 N 自动加 1，N 依次取值 1、2......100
    For N=1 To 100
        SUM=SUM+N                  '累加语句，进行变量 N 的累加
    Next
%>
<!--显示计算结果-->
1+2+3+...+100 <%=sum%>
</body>
</html>
```

上面的代码中，N 的值依次为 1、2、3、……、100，循环执行后，SUM 的值等于 1+2+3+…+100=5050。在浏览器中显示效果如图 2-2-1 所示。

图 2-2-1　累加求和

注意，如果没有 Step 步长值，则默认步长值为 1。若步长值为正数，则循环变量的值大于终止值时为超出；若步长值为负数，则循环变量的值小于终止值时为超出。如果出现循环变量的值总不会超出终止值的情况，则会产生死循环。

2．For...Next 语句应用

与 If 语句一样，For...Next 语句也可以拆开到不同脚本段中，以嵌入 HTML 元素。例如，本节实

例 7 中的代码就是利用 For...Next 循环来动态地输出表格。

通过将<tr>标记内的元素进行循环，可以输出多个表格行。同样，如果需要控制表格的列数，只需要对<td>标记进行循环即可。例如：

```
<!--fortr.aspx-->
<%@ Page Language="VB" ContentType="text/html" ResponseEncoding="gb2312"%>
<html>
<head>
<title> For...Next 语句应用</title>
</head>
<body>
<h3 align="center"> For...Next 语句应用</h3>
<table border="1" cellspacing="0">
<%
dim i
for i=1 to 10        '循环控制行数
%>
  <tr>
    <td>第<%=i%>行</td>
    <td width="100"> </td>
    <td width="100"> </td>
    <td width="100"> </td>
  </tr>
<%
next
%>
</table>
</body>
</html>
```

在 Dreamweaver 中按 F12 键进行浏览，上面代码效果如图 2-2-2 所示。

图 2-2-2　For...Next 语句应用

2.2.3 While 语句和 Do...Loop 语句

1. While 语句

While 语句也是 ASP.NET 中常用的循环语句，常用于数据记录的循环浏览，格式如下：

```
While 条件
    循环体语句序列
End While
```

当条件成立时，重复执行循环体语句序列，否则，转去执行 End While 后面的语句。

这里的条件实际上是一个表达式，对它的要求与对 If...Then...Else 语句的要求一样。通常使用的是关系和逻辑表达式。

2. Do...Loop 语句循环

Do...Loop 语句有两种形式，直到型循环和当型循环。

（1）当型 Do...Loop 循环。当型 Do...Loop 语句是先判断条件，再执行循环体语句序列中的语句。格式如下：

```
Do  While 条件
    循环体语句序列
  [Exit Do]
Loop
```

选择关键字 While 时，当条件成立（其值为 True、非零的数或非零的数字符串）时，重复执行循环体语句序列的语句；当条件表达式不成立（其值为 False、0 或"0"）时，转去执行关键字 Loop后面的语句。在循环体语句序列中可以使用 Exit Do 语句，它的作用是退出该循环体，一般用于循环体语句序列中的判断语句。

（2）直到型 Do...Loop 语句。直到型 Do...Loop 语句是先执行循环体语句序列中的语句，再判断条件。格式如下：

```
Do
    [循环体语句序列]
Loop[While|Unitl 条件]
```

2.2.4 循环结构的嵌套

可以把一个循环结构放入另一个循环结构之中，这称为循环结构的嵌套。例如，可以在一个For...Next 语句中嵌套另一个 For...Next 语句，组成嵌套循环，不过在每个循环中的循环控制变量应使用不同的变量名，以避免互相影响。

对于循环嵌套应注意以下几点：

（1）内循环与外循环的循环变量名称不能相同。

（2）外循环必须完全包含内循环，不可以出现交叉现象。

下面是错误使用的循环语句嵌套：

```
 出现交叉循环                内外循环变量名称相同
For A=1 TO 100              For A=1 TO 100
    For B=3 TO 1 Step -1        For A=3 TO 1 Step -1
```

```
        ...                              ...
    Next A                          Next A
Next B                          Next A
```

在退出循环时，在程序中还常使用标志位，通过对标志位的检查来控制循环。下面是具有标志位检查的嵌套循环的演示。

```
<!-- loop.aspx -->
<html>
<head>
<meta http-equiv="Content-Type" content="text/html; charset=gb2312" />
<title>带条件标志的循环</title>
</head>
<body>
<h3 align="center">带条件标志的循环</h3>
<%
Dim Check,i
Check=True                  ' 初始化外层循环标志
Do                          ' 外层循环
  for i=1 to 100            ' 内层循环
%>
    <%=i%> 
<%
    If i=10 Then            ' 如果条件为 True
      ' 将标志值 Check 设置为 False
      Check=False
      Exit For             ' 退出内层循环
    End If
  Next
' 当标志 Check 为 False 时，立即终止外层循环
Loop Until Check=False
%>
</body>
</html>
```

上面的代码在浏览器中显示效果如图 2-2-3 所示。

图 2-2-3　带条件标志的循环

2.2.5　实例

1．实例 7　动态输出表格

本实例将在浏览器中利用 ASP.NET 代码动态地输出表格，浏览效果如图 2-2-4 所示。在本实例的实现过程中，将学习循环语句 For...Next 的应用。

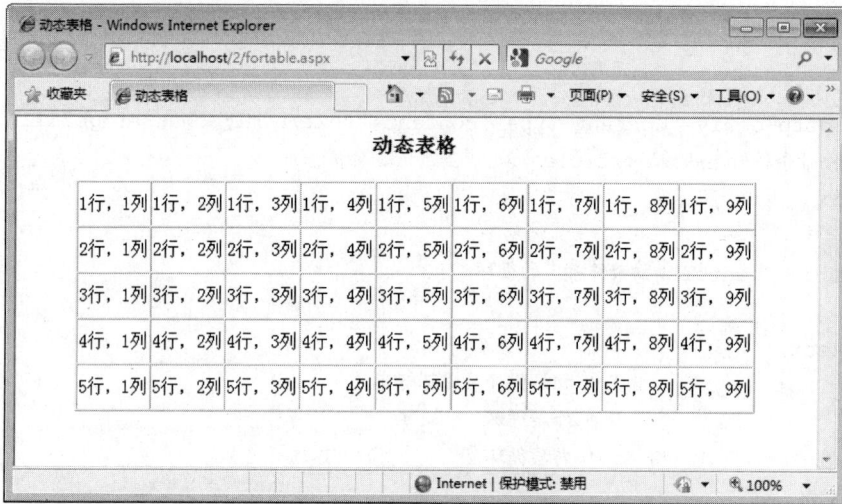

图 2-2-4　动态输出表格

创建一个名为 fortable.aspx 的文件，并打开。在"代码"视图中，输入如下代码：

```
<!--fortable.aspx-->
<%@ Page Language="VB" ContentType="text/html" ResponseEncoding="gb2312"%>
<html>
<head>
<meta http-equiv="Content-Type" content="text/html; charset=gb2312" />
<title>动态表格</title>
</head>
<body>
<h3 align="center">动态表格</h3>
<table border="1" align="center" cellspacing="0"> <!--表格开始-->
<%
dim i,j
for i=1 to 5              '循环控制行数，每次循环输出一行
%>
  <tr>                    <!--行开始-->
<%
    for j=1 to 9          '循环控制列数，每次循环输出一列
%>
    <td height="40" ><%=i%>行，<%=j%>列</td> <!--输出一个表格-->
<%
next                     '列循环结束
```

```
%>
  </tr>                    <!--行开始-->
<%
next                     '行循环结束
%>
</table>                  <!--表格结束-->
</body>
</html>
```

保存文件，在 Dreamweaver 中按 F12 键进行浏览，效果如图 2-2-4 所示。

在学习 HTML 表格时知道，<tr>标记用于控制表格的行，因此，代码中通过将<tr>标记内的元素进行循环，就可以输出多个表格行。

2. 实例 8　菲波那契数列

本实例将在浏览器中利用 ASP.NET 代码输出菲波那契数列，菲波那契数列的序列为 1、1、2、3、5、8、13、21、……，其规律是数列中的后一个数是前两个数之和。实例浏览效果如图 2-2-5 所示。在本例的实现过程中，将学习循环语句 While 语句的应用。

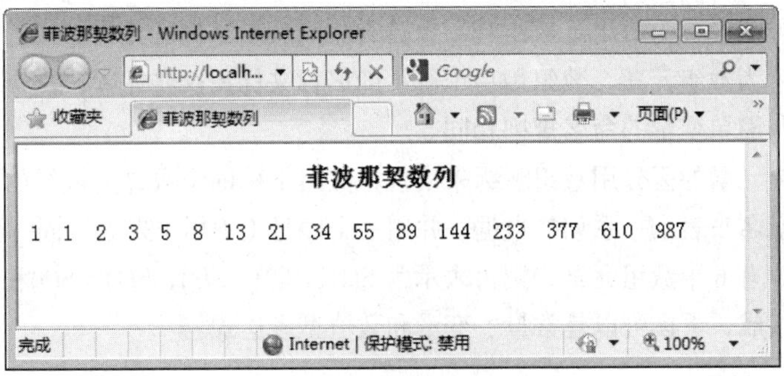

图 2-2-5　菲波那契数列

创建一个名为 Fibonacci.aspx 的文件，并打开。在"代码"视图中，输入如下代码：

```
<!-- Fibonacci.aspx-->
<html>
<head>
<title>菲波那契数列</title>
</head>
<body>
<h3 align="center">菲波那契数列</h3>
<%
dim i,j
i=0
j=1
while j<1000           'j 小于 1000 时循环
%>
<%=j%>            <!-- 输出数列中的一个数 -->
<%
```

```
        t=j
        j=i+j
        i=t
    wend
%>
</body>
</html>
```

上面的代码用于求 1000 以内的菲波那契数列。保存文件，在 Dreamweaver 中按 F12 键进行浏览，效果如图 2-2-5 所示。

2.3　数组与函数

2.3.1　数组

1. 数组简介

在实际应用中，经常需要处理一批相互有联系、有一定顺序、同一类型和具有相同性质的数据。通常把这样的数据或变量称为数组。数组是一组具有相同数据结构的元素组成的有序的数据集合。组成数组的元素统称为数组元素。数组用一个统一的名称来标识这些元素，这个名称就是数组名。数组名的命名规则与简单变量的命名规则相同。

数组中，对数组元素的区分用数组下标来实现，数组下标的个数称为数组的维数。有了数组，就可以用同一个变量名来表示一系列的数据，并用一个序号（下标）来表示同一数组中的不同数组元素。例如，数组 S 有 6 个数组元素，则可表示为 S(1)、S(2)、S(3)、S(4)、S(5) 和 S(6)，它由数组名称和括号内的下标组成，下标可以是常量、变量和数值型表达式。

2. 数组的定义与应用

定义数组语句的格式及功能如下：

```
Dim 数组名(n1 [,n2]...)
```

其中，参数 n1、n2 为整数，它定义了数组各维的大小，维数被省略时创建一个空数组。

Dim 在定义说明数组时将分配数组存储空间，并且对数组进行初始化，数值型数组元素值初始化为 0，字符型数组的元素值初始化为空字符串。

此外，VB.NET 的数组在定义时，默认下标从 0 开始计算。例如：

```
Dim P(10) As Integer
```

该语句定义了一个名称为 P 的数组，它有 11 个元素：P(0)、P(1)、……、P(10)。

```
Dim N(1,2) As Integer
```

该语句定义了一个名称为 S 的二维数组，它有 2×3 个元素：N(0,0)、N(0,1)、N(0,2)、N(1,0)、N(1,1)、N(1,2)。

可以通过在定义时赋初始值来创建一个数组。例如：

```
Dim n() As Integer={1,3,5}
```

上面的语句创建了一个有 3 个元素的数组 n，n(0) 为 1，n(1) 为 3，　n(2) 为 5。

```
Dim n( , ) As Integer={{1,3,5},{2,4,6}}
```

上面的语句创建了一个有 2 行 3 列的二维数组 n（注意，不能省略括号中的逗号），n(0,0)为 1，n(0,1)为 3，　n(0,2)为 5，n(1,0)为 2，n(1,1)为 4，n(1,2)为 6。

　　数组在引用时，通常是对单个数组元素进行逐一引用，对数组元素的引用是通过下标变量来进行的，可以完全像使用简单变量那样对数组元素进行赋值和读取，下标变量的下标可以是常量、变量和数值型表达式（长整型数据）。例如：

```
<%
dim a(3),i As Integer
for i=1 to 3
    a(i)=i*i                    '给数组元素赋值
%>
    a(<%=i%>)=<%=a(i)%>          <!-- 输出数组元素值 -->
<%
next
%>
```

上面代码在浏览器中显示效果如图 2-3-1 所示。

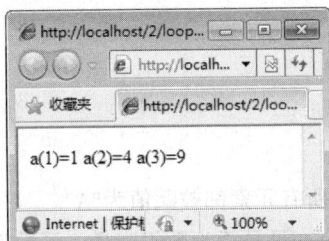

图 2-3-1　数组

　　Dim 语句本身不具备再定义功能，即不能直接使用 Dim 语句对已经定义了的数组进行再定义。如果需要对定义的数组维数进行修改，需要使用 ReDim 语句。

　　ReDim 语句可用于指定或修改动态数组的大小，这些数组已用带有空括号（没有维数下标）的 Dim 语句正式声明过。可以重复使用 ReDim 语句更改数组维数和元素数目。例如：

```
<%
dim a()               '定义数组
...
Redim a(10)           '重定义维数
...
%>
```

3．数组函数

　　VB.NET 提供了几个数组的相关函数和方法，可以使用它们来方便地操作数组。

　　（1）UBound()函数和 LBound()函数分别用于求数组指定维数的下标上界和下界。LBound()用于获取数组指定维数的最小下标，函数返回值为 Long 型数据，使用格式如下：

```
Lbound(数组名[,维数])
```

　　Ubound()函数用于求数组指定维数的最大下标，函数返回值为 Long 型数据，格式如下：

```
Ubound(数组名[,维数])
```

变量参数为数组变量名。维数是可选参数，可以是任何有效的数值表达式，表示求哪一维的下界。1 表示第一维，2 表示第二维，依此类推。如果省略该参数，则默认为 1。例如：

```
<%
Dim n(10, 5),Ln1,Ln2,Un1,Un2
Ln1=LBound(n)
Un1=UBound(n)
Ln2=LBound(n,2)
Un2=UBound(n,2)
%>
```

执行上面语句后，Ln1 为 0，Un1 为 10，Ln2 为 0，Un2 为 5。

通常将 UBound() 函数与 LBound() 函数一起使用，以确定一个数组的大小。例如：

```
<%
Dim a(10),L,U,i
L=LBound(a)
U=UBound(a)

for i=L to U
    a(i)="A"
next
%>
```

执行上面的语句后，数组 a 的所有元素都被赋值为 "A"。

（2）IsArray() 函数用于判断一个变量是否为数组变量，函数返回值为 Boolean 型，格式如下：

```
IsArray(变量名)
```

如果参数是数组变量，则该函数的值为 True，否则为 False。 例如：

```
<%
Dim N(10),a,x,y
x=IsArray(N)
y=IsArray(a)
%>
```

执行上面的代码后，x 值为 True，y 值为 False。

（3）数组的 Length 方法用于计算数组的长度。例如：

```
<%
Dim n(10), x
x=n.Length
%>
```

执行上面的语句后，x 值为 11（数组下标从 0 开始计算）。

（4）String 类的 Split() 函数，可用于将字符串参数转化为下标从 0 开始的数组元素，格式如下：

```
Split([分隔符)
```

其中，表达式中包含了赋给数组元素的子字符串和分隔符，分隔符用于标识子字符串界限的字符。例如：

```
<%
```

```
dim a(10),str As String
str="张三;89;92;76"
a=str.split(";")
%>
 姓名: <%=a(0)%><br>
 大学语文: <%=a(1)%><br>
 英语（一）: <%=a(2)%><br>
 计算机基础: <%=a(3)%><br>
```

上面的代码中，表达式字符串中使用了分号 ";" 来分隔各个子字符串，最后在浏览器中的显示效果如图 2-3-2 所示。

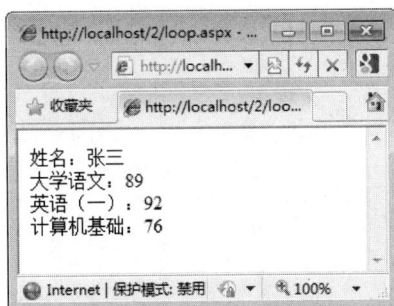

图 2-3-2　Split()函数的应用

4．For Each...Next 语句

For Each...Next 循环语句与 For...Next 循环语句类似，它是对数组或集合中的每一个数组元素重复执行同一组语句序列。如果不知道一个数组中有多少个数组元素，使用 For Each...Next 语句是非常方便的。使用格式如下：

```
For Each 变量 In 数组
        循环体语句序列
Next
```

语句执行时，在循环中变量每次取数组中的一个元素，都重复执行关键字 For Each 和 Next 之间的循环体语句序列。例如：

```
<%
Dim a(10),i,sum,n As Integer

for i=1 to 10
    a(i)=i                  '给数组元素赋值
next
sum=0
for each n in a             '将数组元素值依次赋给 n
    sum=sum+n               '累加 n
next
%>
```

上面代码执行后，将数组 a 的元素进行累加，最后，sum 值为 55。

2.3.2　子过程与函数

1．子过程与函数简介

如果需要在脚本中的多处地方执行同样的一组语句，可以使用子过程或函数过程（简称为函数）。一个子过程/函数过程可以包含 VB.NET 语句的任何集合，在代码中，可以调用同一个子过程/函数过程任意多次。

子过程和函数过程的共同点是都完成某种特定功能的一组程序代码，不同之处是函数过程可以带有返回值，所以函数过程定义时有返回值的类型说明。

2．子过程与函数的定义

在定义中，子过程以关键字 Sub 说明，函数以 Function 说明。

定义子过程的格式如下：

```
Sub 子过程名[(形参表)]
     [语句序列]
     [Exit Sub]
     [语句序列]
End Sub
```

定义函数过程的格式如下：

```
Function 函数过程名([形参表])
     [语句序列]
     [函数名=表达式]
     [Return 表达式]
     [语句序列]
End Function
```

其中，语句序列是 VB.NET 的程序段，程序中可以用[Exit Sub]语句从子过程中退出，使用[Return]语句从函数过程中退出。"函数名=表达式"中，函数名是函数过程的名称，表达式的值是函数过程的返回值，通过赋值号将其值赋给函数名。

形参表指明了传送给过程的变量个数和类型，各变量名之间用逗号分隔。形参表中的形参可以是除定长字符串之外的合法变量，还可以是后面跟括号的数组名（若括号内有数字，则一般表示数组的维数）。

定义子过程和函数过程时，可以没有参数，但定义无参数的函数过程时，必须有括号。

此外，过程命名规则与变量命名规则相同，注意不要与 VB.NET 中的关键字重名，也不能与同一级别的变量重名，过程名在一个程序要具有唯一性。

一般来说，过程会一直运行到执行完其内所有语句指令，然后返回到调用该过程语句的下面继续执行其他语句。然而，有时需要在过程正常结束之前，退出过程继续执行其他语句。提前退出过程的方法有两种：

（1）使用 Exit Sub 语句退出过程，一般与选择结构的语句一起使用。

（2）使用 Return 语句退出过程。在 Sub 过程中，Return 语句的作用与 Exit Sub 语句完全相同。但是，在 Function 过程中一般使用 Return 语句来返回一个数据值。形参表中的参数称为形参，它类似于变量声明，用于接收调用过程时传递过来的值。

需要注意，ASP.NET 函数和子过程只能在代码声明块中定义，例如：

```
<script language="vb" runat="server">
Function fun(a,b)              '定义函数
    ...
end Function

sub fun2()                  ·  '定义子过程
    ...
end sub
</script>
```

3．子过程与函数的调用

过程的调用有多种方法，对于是否具有返回值，可以按如下方法分别进行调用。

由于子过程不能返回一个值，因此，子过程不可以在表达式中调用，调用子过程要使用一个独立的语句。调用方法有两种：

```
子过程名 [实参表]
Call  子过程名(实参表)
```

其中，实参表是传送给子过程的变量或常量的列表，各参数之间应用逗号分割。用数组名称时，其后应有空括号，用来指定数组参数。例如，调用一个名称为 Mysub 的子过程（a 和 b 是实参数），可采用如下两种方式：

```
Mysub  a,b
Call Mysub(a,b)
```

由于函数过程可返回一个值，故函数过程不能作为单独的语句加以调用，被调用的函数必须作为表达式或表达式中的一部分，再配以其他的语法成分构成语句。最简单的情况就是在赋值语句中调用函数过程，其形式为：

```
变量名=函数过程名([实参表])
```

例如，调用一个名称为 Myfun 的子函数（a 和 b 是实参数），并将其返回值赋给变量 N，应用如下方式调用：

```
N=Myfun(a,b)
```

在过程调用时，还应注意如下几点：

（1）实参表中的参数称为实参，实参可由常量、变量和表达式、数组名（其后有括号）组成，实参之间用逗号分隔。它必须与形参保持个数相同，位置与类型一一对应。但是，它们的名字可以不相同。

（2）调用时把实参的值传递给形参称为参数传递，这种传递是按次序一一对应的，实参的值不随形参的值变化而改变。

过程不能嵌套定义，即不允许在一个过程中再定义另外的过程，但可以在一个过程中调用另外的过程，即可以嵌套调用。下面的例子演示了子过程与函数的定义与调用。

```
<script language="vb" runat="server">
Function max(a,b)            '定义函数 max(),用于比较并返回两个参数中的较大值
        if a<b then a=b
        max=a                '返回函数值
```

```
end Function

sub print(a)                    '定义子过程 print 用于输出参数 a
    response.Write(a)           '通过 response.Write 方法输出 a
end sub
</script>
<%
Dim x,y,i,m
    Randomize                   '随机数初始化
    x=rnd                       '将随机数赋给 x
    y=rnd                       '将随机数赋给 y
    m=max(x,y)                  '调用函数
    call print(m)               '调用子过程
%>
```

上面的代码中，将产生两个随机数 x 和 y，然后调用函数 max()对 x 和 y 进行比较，返回较大值，最后，调用子过程 print 打印出较大值。

4. 变量的作用域与生存期

变量都有一定的有效范围，称为作用域。变量的作用域由声明它的位置决定。如果在过程中声明变量，则只有该过程中的代码可以访问或更改变量值，此时变量具有局部作用域并被称为过程级变量。如果在过程之外声明变量，则该变量可以在页面中被所有过程所识别，称为全局变量，具有页面级作用域。在同一作用域内，同名的过程级变量优先于全局变量。

变量存在的时间称为变量的生存期。脚本级变量的生存期从被声明的一刻起，直到脚本运行结束。对于过程级变量，其存活期仅是该过程运行的时间，该过程结束后，变量随之消失。在执行过程时，局部变量是理想的临时存储空间。可以在不同过程中使用同名的局部变量，这是因为每个局部变量只被声明它的过程识别。下面是一个变量作用域和生存期的示例。

```
<html>
<head>
<meta http-equiv="Content-Type" content="text/html; charset=gb2312" />
<title>变量的作用域</title>
</head>
<body>
<script language="vb" runat="server">
Dim x,y,i,m,n,t                 '定义页面级变量
Function max(a,b)               '定义函数 max()，用于比较并返回两个参数中的较大值
    dim t                       '定义局部变量 t
    if a<b then
        t=b
    else
        t=a
    end if
    n=t                         '赋值给脚本级变量 n
```

```
        max=t                '返回函数值
end Function
</script>
<%
        Randomize            '随机数初始化
        x=rnd                '将随机数赋给 x
        y=rnd                '将随机数赋给 y
        m=max(x,y)           '调用函数
%>
第 1 次输出<%=t%>        <br>
第 2 次输出<%=n%>        <br>
</body>
</html>
```

上面的代码在浏览器中的显示效果如图 2-3-3 所示。

图 2-3-3 变量的作用域

从图中可以看到<%=t%>语句中的 t 为空值。这是因为函数 max()中的 t 是局部变量，它优先于页面级变量 t，因此在函数 max()中运行的变量 t 是局部变量 t。局部变量 t 在退出函数 max()时消失。<%=t%>语句中的 t 是全局变量 t，因此输出为空。而<%=n%>语句中的 n 是页面级变量，因此可以显示出来。

还有一点需要注意，最好将网页中所有的一般代码放在网页的<head>部分中，以使所有代码集中放置。这样可以确保在<body>部分调用代码之前所有代码都被读取。

5．排序算法

所谓排序是指将一组无序的数据元素调整为一个从小到大或者从大到小排列的有序序列。排序算法是程序设计中的常用算法。

在实际工作中，经常要将数据进行比较、排序，以便对已排序的数据进行检索。例如，学生的高考成绩需要排序后，才能进行录取工作。

数字排序是计算机语言编程的一个经典问题，不论使用哪种排序方法编写 VB.NET 程序，其最根本的操作都是变量的数值交换。下面简要介绍简单的冒泡排序法。

（1）冒泡排序法的排序原理。首先，将一组无序的数字排列成一排。然后，从左端开始相邻两个数字进行比较，如果左边的数字比右边的数字大，则交换其位置。一轮比较完成后，最大的数字会在数列最后的位置上"冒出"。重复比较和交换剩下未排序的数字，直到全部数字"冒出"。例如，将一组数字 5、3、6、9、4、7、2 从小到大排序，如图 2-3-4 所示。

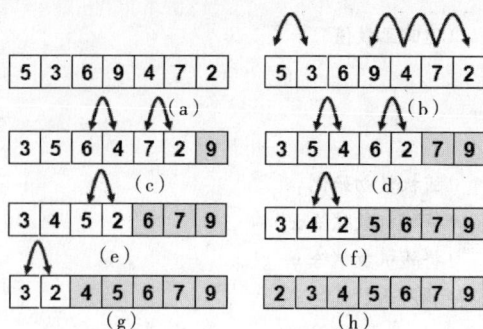

图 2-3-4　冒泡排序法示意图

（2）在 VB.NET 语言中实现冒泡排序。在 VB.NET 语言中实现冒泡排序的程序代码如下：

```
Dim a, b, temp As Integer
For a=n.Length-1 To 1 Step -1
    For b=0 To a-1
        If n(b)>n(b+1) Then
            temp=n(b)
            n(b)=n(b+1)
            n(b+1)=temp
        End If
    Next b
Next a
```

其中，数组 n 用来保存要进行排序的一组数值，变量 temp 用于数值交换。

在上面的代码中，内层 For...Next 循环进行数字的比较和交换。外层 For...Next 循环代表未排序的数据，从数组的最后一个元素开始，一直到数组的第 2 个元素为止。

假设数组 n 保存的是 5、3、6、9、4、7、2，下面以排序过程中的第 4 次循环为列，详细讲解双重循环语句的执行方法。

当外层循环变量 a=4 时，数组 n 中的元素排列为 3、5、4、6、2、7、9。其中 7、9 为已排序的元素，3、5、4、6、2 为未排序的元素。

◎ 内层 For...Next 语句第一次循环。变量 b=0，n(0)=3，n(1)=5。因为 3 < 5，所以不交换两个元素的位置。

◎ 内层 For...Next 语句第二次循环。变量 b=1，n(1)=5，n(2)=4。因为 5 > 4，所以交换两个元素的位置，即 n(1)=4，n(2)=5。

◎ 内层 For...Next 语句第三次循环。变量 b=2，n(2)=5，n(3)=6。因为 5 < 6，所以不交换两个元素的位置。

◎ 内层 For...Next 语句第四次循环。变量 b=3，n(3)=6，n(4)=2。因为 6 > 2，所以交换两个元素的位置，即 n(3)=2，n(4)=6。

◎ 当变量 b=4 时，内层 For...Next 循环结束。此时，数组 n 中的元素排列为 3、4、5、2、6、7、9。其中 6、7、9 为已排序的元素，3、4、5、2 为未排序的元素。

依此类推，直到全部数组元素排序完成，退出循环。

2.3.3　实例

1. 实例 9 "文章列表" 页面

本实例将通过 ASP.NET 代码来动态地显示文章列表，在浏览器中效果如图 2-3-5 所示。在本实例的实现过程中，将学习数组的应用。

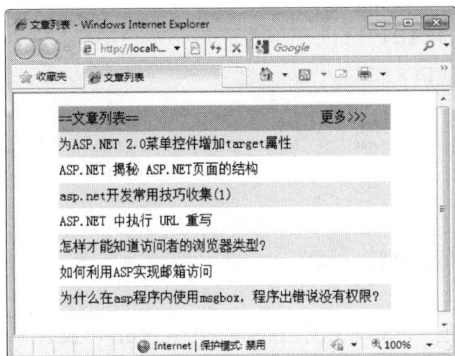

图 2-3-5　文章列表

创建一个名为 articlelist.aspx 的文件，并打开。在"代码"视图中，输入如下代码：

```
<!-- articlelist.aspx-->
<%@ Page Language="VB" ContentType="text/html" ResponseEncoding="gb2312" Debug=true%>
<html>
<head>
<title>文章列表</title>
</head>
<body>
<table width="400" align="center" cellspacing="0" >      <!-- 表格开始 -->
    <tr>    <!-- 第一行表格 -->
        <td width="180" height="30" bgcolor="#FF9900" align="left"> ==文章列
        表==</td>
        <td width="160" align="right" bgcolor="#FF9900">更多&gt;&gt;&gt;</td>
    </tr>

<%
dim art(7) As String   '定义数组
dim i As Integer
dim color As String

'将文章标题赋给数组元素
art(1)="为ASP.NET 2.0菜单控件增加target属性"
art(2)="ASP.NET 揭秘 ASP.NET 页面的结构"
art(3)="asp.net 开发常用技巧收集(1)"
art(4)="ASP.NET 中执行 URL 重写"
art(5)="怎样才能知道访问者的浏览器类型？"
```

```
        art(6)="如何利用 ASP 实现邮箱访问"
        art(7)="为什么在 asp 程序内使用 msgbox，程序出错说没有权限？"

        i=1
        while (i<=Ubound(art))                  '利用循环输出表格行和标题
            '交换设置表格背景颜色参数 color
            if color="#E4E4E4" then
                color="#FFFFFF"
            else
                color="#E4E4E4"
            end if
        %>
            <!-- 循环输出的表格行 -->
            <tr>
                <td height="30" colspan="2" align="left" bgcolor="<%=color%>">
                    <%=art(i)%>        <!--输出数组中存储的标题条目-->
                </td>
            </tr>
        <%
            i=i+1                      '数组下标增加
        end while
        %>
</table>
    <!-- 表格结束 -->
</body>
</html>
```

保存文件，在 Dreamweaver 中按 F12 键进行浏览，效果如图 2-3-5 所示。

上面的代码中，先通过下面的代码输出表格标签头和表格的第一行。

```
<table width="400" align="center" cellspacing="0" >      <!-- 表格开始 -->
    <tr>    <!-- 第一行表格 -->
        <td width="180" height="30" bgcolor="#FF9900" align="left"> ==文章列
        表==</td>
        <td width="160" align="right" bgcolor="#FF9900">更多&gt;&gt;&gt;</td>
    </tr>
```

然后在脚本中通过下面的代码，对数组 art 的各个元素赋值，将新闻条目存储到数组中。

```
art(1)="为 ASP.NET 2.0 菜单控件增加 target 属性"
art(2)="ASP.NET 揭秘 ASP.NET 页面的结构"
art(3)="asp.net 开发常用技巧收集(1)"
art(4)="ASP.NET 中执行 URL 重写"
art(5)="怎样才能知道访问者的浏览器类型？"
art(6)="如何利用 ASP 实现邮箱访问"
art(7)="为什么在 asp 程序内使用 msgbox，程序出错说没有权限？"
```

在下面的代码中，再通过 While 循环输出各个表格行和数组中的新闻目录，对相邻的表格行使用不同的颜色进行区别。

```
i=1
while (i<=Ubound(art))                   '利用循环输出表格行和标题
    '交换设置表格背景颜色参数color
    if color="#E4E4E4" then
        color="#FFFFFF"
    else
        color="#E4E4E4"
    end if
%>
    <!-- 循环输出的表格行 -->
    <tr>
        <td height="30" colspan="2" align="left" bgcolor="<%=color%>">
            <%=art(i)%>        <!--输出数组中存储的标题条目-->
        </td>
    </tr>
<%
    i=i+1                     '数组下标增加
end while
%>
```

最后，输出表格结束标记</table>，完成表格。

2. 实例 10 "文章列表"排序

本实例将在浏览器中利用用户定义的排序函数对实例 9 中的文章标题进行排序，浏览效果如图 2-3-6 所示。在本例的实现过程中，将学习函数及过程在网页中的应用。

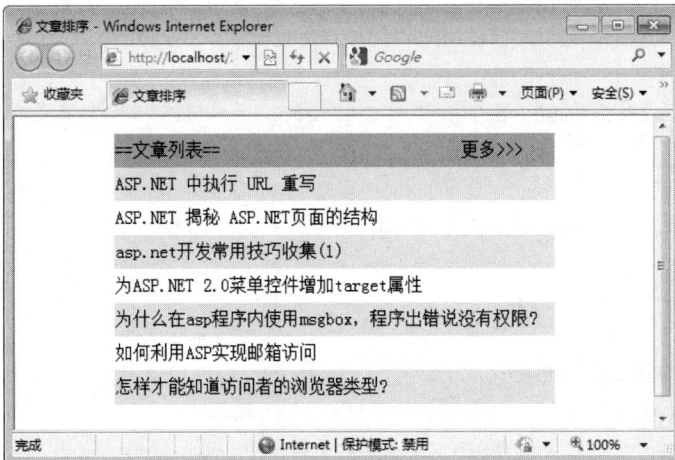

图 2-3-6　文章排序

创建一个名为 artsort.aspx 的文件，并打开。在"代码"视图中，输入如下代码：

```
<!--artsort.aspx-->
<%@ Page Language="VB" ContentType="text/html" ResponseEncoding="gb2312" %>
```

```
<html >
<head>
<title>文章排序</title>
</head>
<body>
<script language="vb" runat="server">
'定义字符串排序函数
Function sorts(s() As String)
Dim i, j As Integer
Dim temp As String
'下面语句通过冒泡排序法进行数组排序
For i=s.Length-1 To 1 Step -1
    For j=0 To i-1
        If s(j)>s(j+1) Then
            temp=s(j)
            s(j)=s(j+1)
            s(j+1)=temp
        End If
    Next
Next
'返回字符串排序的结果
return s
end Function
</script>
<table width="400" align="center" cellspacing="0" >      <!-- 表格开始 -->
    <tr>    <!-- 第一行表格 -->
        <td width="180" height="30" bgcolor="#FF9900" align="left"> ==文章列
        表==</td>
        <td width="160" align="right" bgcolor="#FF9900">更多&gt;&gt;&gt;</td>
    </tr>
    <%
    dim art(7) As String   '定义数组
    dim i As Integer
    dim color As String

    '将文章标题赋给数组元素
    art(1)="为 ASP.NET 2.0 菜单控件增加 target 属性"
    art(2)="ASP.NET 揭秘 ASP.NET 页面的结构"
    art(3)="asp.net 开发常用技巧收集(1)"
    art(4)="ASP.NET 中执行 URL 重写"
    art(5)="怎样才能知道访问者的浏览器类型？"
    art(6)="如何利用 ASP 实现邮箱访问"
    art(7)="为什么在 asp 程序内使用 msgbox，程序出错说没有权限？"
```

```
    '调用函数进行字符串排序
    art=sorts(art)
    i=1
    while (i<=Ubound(art))                    '利用循环输出表格行和标题
        '交换设置表格背景颜色参数color
        if color="#E4E4E4" then
            color="#FFFFFF"
        else
            color="#E4E4E4"
        end if
%>
        <!-- 循环输出的表格行 -->
        <tr>
            <td height="30" colspan="2" align="left" bgcolor="<%=color%>">
                <%=art(i)%>      <!--输出数组中存储的标题条目-->
            </td>
        </tr>
    <%
        i=i+1                      '数组下标增加
    end while
    %>
</table>
<p>
  <!-- 表格结束 -->
</body>
</html>
```

保存文件，在 Dreamweaver 中按 F12 键进行浏览，效果如图 2-3-6 所示。

思考与练习 2

1．填空

（1）在 VB.NET 中，能够实现条件判断的语句有_____语句和_____语句。

（2）If 语句中的条件可以是_____或逻辑表达式。

（3）VB.NET 中提供了 3 种类型的循环语句：_____、_____和_____。

（4）如果需要在 For 循环中退出循环，可在循环体语句中加入_____语句。

（5）_____是一组具有相同数据结构的元素组成的有序的数据集合。

（6）如果需要对定义的数组维数进行修改，需要使用_____语句。

（7）String 类的_____函数，可用于将字符串转化为下标从 0 开始的数组元素。

（8）_____语句用于数组或集合中的每一个数组元素重复执行同一组语句序列。

（9）变量都有一定的有效范围，称为_____。

（10）子过程和函数过程的共同点是都完成某种特定功能的一组程序代码，不同之处是_____可以带有返回值。

2．程序设计

（1）参考"实例 6"，制作一个可以进行成绩分类为优、良、合格、不合格的网页程序。

（2）参考"实例 7"，制作一个动态输出表格，表格的行列数由随机数来指定。

（3）参考"实例 10"，制作一个对成绩进行排序输出的页面。

第 3 章　WebForm 与控件基础

3.1　WebForm 基础

3.1.1　WebForm 的基本概念

在 ASP.NET 应用程序开发中，WebForm 是一个非常重要的对象。WebForm 就像是一个容纳各种控件的容器，页面中的各种控件都必须直接或者间接的和它有依存关系。

在早期的 ASP 版本中，都是使用 HTML 的 Form 表单控件来获取用户的输入数据。在 ASP.NET 中，对很多 HTML 服务器控件的功能进行了扩展，使得 HTML 服务器控件的功能大大提高，用户使用起来更加方便；其次，ASP.NET 还提供了大量 Web 服务器控件用于实现对用户请求的响应。

对于 WebForm 的 Form 而言，与 HTML 中的表单很相似，在 HTML 的<Form>标记中加入 Runat="Server"就构成了 WebForm 的 Form，如下所示：

```
<Form runat="server">
```

语句 runat="server"表示该表单是在服务器端运行，而不是在客户端。同样，在控件标签中添加 runat="server"，控件也就相应地成为了 ASP.NET 服务器端运行的控件对象。

可以看到，WebForm 在 ASP.NET 中不完全是 HTML 中所学过的 Form 表单。从 ASP.NET 的角度，将 WebForm 看成是 Web 页面更为合适一些。从使用上来看，WebForm 实际上是一个"对象"（Object）。在前面的学习中可以了解到，在.NET 框架中"对象"是一个非常重要的概念，所有的控件都是对象，甚至数据类型都成了对象，每种数据类型都有自己特有的属性和方法。WebForm 也是一个对象，它具有自己的属性、方法和事件等内容。此外，与 HTML 表单不同，一个网页可以有多个<Form>表单，而一个 Web Form 只能有一个<Form　runat="server">标签。

当 ASPX 页面被客户端请求时，页面的服务器端代码被执行，执行结果被送回到浏览器端。这一点和 ASP 并没有太大的不同。但是，ASP.NET 的架构还做了许多别的事情。例如，它会自动处理浏览器的表单提交，把各个表单域的输入值变成对象的属性，使得设计者可以像访问对象属性那样访问客户的输入，还可将客户的操作映射到不同的服务器端事件。

ASP.NET 的 WebForm 是可以在服务器上用于动态生成 Web 页的可缩放公共语言运行库编程模型。作为 ASP 的升级扩展，ASP.NET WebForm 被特别设计为弥补 ASP 中若干主要的不足之处。具体说来，它提供了如下好处：

（1）创建和使用可封装常用功能的可重用 UI（用户界面）控件，并由此减少页面开发人员必须编写的代码量，为生成动态 Web 用户界面提供了一个容易实现且功能强大的方法。

（2）开发人员以有序的形式——面向事件驱动方式清晰地构造页面逻辑。

（3）精简、直观且一致的面向对象模型，让设计者可以方便地操纵控件对象，而不需要考虑与

HTML 进行转换的细节。

（4）WebForm 会自动进行状态管理，处理窗体和控件的维护工作。

可以使用 WebForm 来创建可编程的 Web 页，这些 Web 页用作 Web 应用程序的用户界面。WebForm 在任何浏览器或客户端设备中向用户提供信息，并使用服务器端代码来实现应用程序逻辑。WebForm 能够输出几乎可以包含任何支持 HTTP 的语言（包括 HTML、XML、WML、JScript 和 JavaScript 等）。

含有 WebForm 的 ASP.NET 的文件扩展名为 ASPX，当一个浏览器第一次请求一个 ASPX 文件时，WebForm 页面将被 CLR（Common Language Runtime，公共语言运行库，是.NET 平台的基础）编译器编译。此后，当再有用户访问此页面的时候，由于 ASPX 页面已经被编译过，所以，CLR 会直接执行编译过的代码。这和 ASP 的情况完全不同，ASP 只支持 VBScript 和 JavaScript 这样的解释性的脚本语言，所以 ASP 页面是解释执行的。当用户发出请求后，无论是第一次，还是第一千次，ASP 的页面都将被动态解释执行。而 ASP.NET 支持可编译的语言，包括 VB.NET、C#、JScript.NET 等。所以，而 ASP.NET 页面可以一次编译，多次执行。（因此，微软建议将所有的文件都保存为 ASPX 文件，这样可以加快页面的访问效率。）

为了简化程序员的工作，ASPX 页面不需要手工编译，而是在页面被调用的时候，由 CLR 自行决定是否编译。

一般来说，在两种情况下，ASPX 会被重新编译：一是 ASPX 页面第一次被浏览器请求；二是 ASPX 页面的内容被修改。由于 ASPX 页面可以被编译，所以 ASPX 页面具有组件一样的性能，这就使得 ASPX 页面至少比实现同样功能的 ASP 页面快 2～3 倍。

3.1.2　WebForm 网页模型

在 WebForm 网页中，网页内容被分割成两个部分：可视化的组件与用户接口逻辑。

可视化的组件部分（包括 HTML 元素、服务器控件和静态文本）可以以"所见即所得"方式来创建。例如，按钮、文本框和标签可以在 Dreamweaver 的"设计"视图中通过"插入"工具栏来插入。而用户接口逻辑即程序功能代码部分（包括声明、类定义、事件处理程序等）可以在"代码视图"中进行代码编辑。这样，将可视化的组件与实现功能的程序代码分开，有利于网页的开发。WebForm 网页模型如图 3-1-1 所示。

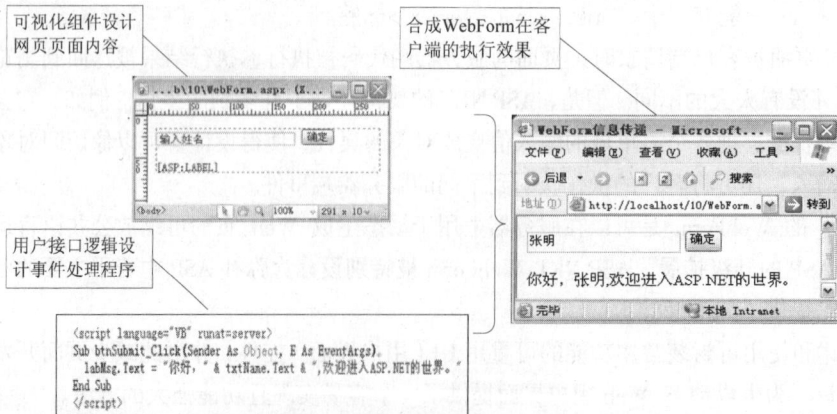

图 3-1-1　WebForm 网页模型

3.1.3　ASP.NET 服务器控件

在 ASP.NET 中，一切内容都可以看作是对象，WebForm 本身就是一个对象，同时也是一个一个对象的容器。在网页设计中，可以在 WebForm 中插入 ASP.NET 提供的服务器控件。

简单地说，控件就是一个可重用的组件或者对象，这个组件不但有自己的外观，还有自己的属性和方法，大部分组件还可以响应事件。通过 Dreamweaver 网页设计环境，可以方便地把控件插入到 WebForm 中。

这些控件之所以称为服务器控件是因为它们都是在服务器端存在的。在 WebForm 中，虽然大多数的事件都是由客户端产生（如单击事件 Click），但却是在服务器端得到处理。

例如：

```
<asp:TextBox ID="txtName" Text="输入姓名" runat="server" />
<asp:Button ID="btnSubmit" runat="server" Text="确定" OnClick="btnSubmit_Click" />
<asp:Label ID="labMsg" runat="server" />
```

上面的 3 行语句分别用到了文本框控件 TextBox，按钮控件 Button 和标签控件 Label。可以看到 3 个控件都有相同的 Runat 属性：

```
runat="Sevrer"
```

所有的服务器端控件都有这样的属性。这个属性标志了一个控件是在 Server 端进行处理的。

当在客户端浏览器中浏览时，服务器端控件的外观由 HTML 代码来表现。例如，对于本节"实例 11"中的服务器端控件，在浏览器浏览时，单击 IE 浏览器"查看"菜单下的"源文件"命令，可以看到如图 3-1-2 所示的内容。

图 3-1-2　浏览器端显示的源文件

可以看到，设计时的服务器端控件在发往浏览器端时，都被转换成相应的 HTML 标签：
<form runat="server">被转换为<form name="_ctl0" method="post" action="WebForm.aspx" id="_ctl0">；
文本框 <asp:TextBox ID="txtName" Text=" 输入姓名 " runat="server" /> 被转换为 <input

name="txtName" type="text" value="输入姓名" id="txtName" />；

　　按钮<asp:Button ID="btnSubmit" runat="server" Text="确定" OnClick="btnSubmit_Click" />被转换为<input type="submit" name="btnSubmit" value="确定" id="btnSubmit" />；

　　标签<asp:Label ID="labMsg" runat="server" />被转换为<span id="labMsg"></span>。

　　如上所示，服务器控件在初始化时，会根据客户的浏览器版本，自动生成适合浏览器的 HTML 代码，而以前在制作网页或者 ASP 程序时候，必须考虑到浏览器的不同版本对 HTML 的支持有所不同，比如 Netscape 和 IE 对 DHTML 的支持就有所不同。

　　以前，解决浏览器版本兼容问题的最有效方法，就是在不同版本的浏览器中作测试。现在，由于服务器控件能够自动适应不同的浏览器版本，也就是自动兼容不同版本的浏览器，网页设计的工作量得到了很大的减轻。

3.1.4　ASP.NET 服务器控件的分类

　　ASP.NET 提供的服务器控件包括 HTML 服务器控件和 Web 服务器控件两大类。

1. HTML 服务器控件

　　HTML 服务器控件是对应的 HTML 元素在服务器端的体现，HTML 服务器控件就像 HTML 元素的服务器翻版；但在某些功能上，HTML 服务器控件则完全超越了 HTML 元素的功能。

　　大多数的 HTML 元素都有对应的 HTML 服务器控件，HTML 服务器控件实现只需要在 HTML 标签内添加 runat="server" 和 id 属性值就可以完成。

　　HTML 服务器控件比 HTML 标签多了 ID 以及 Runat 这两种属性。ID 属性表示该对象的名称，程序是通过 ID 来实现对对象的控制的（倘若该对象在程序执行时不需要被程序控制，则可以忽略 ID 属性），所以任何对象的 ID 属性不可重复，不管它们是否为同一种类的控件。而 Runat 属性表示这个对象是在 Server 端执行，所有 HTML 服务器控件都必须加上该属性值。

　　HTML 服务器控件是 HTML 元素的服务器端表示，任何包含在 ASPX 页面中，且具有 runat="server"属性的 HTML 元素都将成为服务器端的 HTML 服务器控件。这些控件都源于命名空间 System.Web.UI.htmlControls。

　　如果使用的 HTML 元素的功能不能用任何具有服务器端功能的控件所表示，如 div 或 span，就把它表示成普通的 HTML 服务器控件案例。

　　设计 HTML 服务器控件时，把它们都和 HTML 元素直接对应，这意味着可以很容易地把传统的 ASP 应用程序转换成 ASP.NET 应用程序，只需更改 HTML 元素，添加上 runat="server"属性和 ID 属性，然后把文件扩展名从 ASP 改为 ASPX，这样就能转换为服务器端控件。

　　如上所述，HTML 服务器控件是在服务器端运行以便可以根据它们编程的 HTML 元素。Html 服务器控件是开放的对象模型，该模型非常密切地映射到它们呈现的 HTML 元素。表 3-1-1 列出了 HTML 服务器控件与 HTML 标签的对应关系。

表 3-1-1　HTML 服务器控件与 HTML 标签

HTML 标签	对应的 HTML 服务器控件	说　　　明
<TextArea>	htmlTextArea	用于显示或编辑多行文字的文本域控件
<A>	htmlAnchor	显示一个超链接

续表

Html 标签	对应的 Html 服务器控件	说　　明
	htmlInputButton	显示一个按钮，可用于提交 Form 中的信息
	htmlInpitCheckBox	用于可同时选择的复选按钮
	htmlInputRadioButton	用于不可同时选择的单选按钮
<Input>	htmlInputFile	用来将指定文件上传至服务器
	htmlInputHidden	用来记录不在网页上显示的隐藏信息
	htmlInputImage	与 htmlInputButton 作用相同，不过它显示的是一张图片
	htmlInputText	用于显示和编辑单行文字
<Form>	htmlForm	用来将包含的组件传递给服务器
<Img>	htmlImage	用于显示图像
<Table>	htmlTable	用于创建一个表格
<Tr>	htmlTableRow	用于创建一个 htmlTable 中的表格行
<Td>	htmlTableCell	用于创建一个包含在 TableRow 中的一个表格单元
<Select>	htmlSelect	用于创建下拉菜单列表

　　HTML 服务器控件的使用和 HTML 元素使用的方法差不多，只要在使用的时候加上 ID 以及 Runat 这两个属性即可。可以选择下列两种格式来使用 HTML 服务器控件，一种格式是有起始和结束标签的 HTML 服务器控件：

```
<标签 Id="控件名称" Runat="Server" 属性1="值" 属性2...>
    所要显示的文字
</标签>
```

例如：

```
<textarea id="txtmsg" cols="40" rows="5" runat="server">
HTML 控件展示
这是一个文本域控件
</textarea>
```

　　上面的代码将在页面中显示一个可显示/编辑多行文字的文本域 htmlTextArea 控件，控件宽度为 40 个字符，高度为 5 行字符，如图 3-1-3 所示。

图 3-1-3　htmlTextArea 控件

　　另一种格式是单独一个标签的 HMTL 控件：

```
<标签 Id="控件名称" Runat="Server" 属性1="值" 属性2.../>
```

例如：

```
<input type="text" id="inputtext" runat="server" />
```

　　在上面的程序代码中，使用 HTML 服务器控件中的 htmlInputText 控件在网页上建立一个文本输入框。

2．Web 服务器控件

相对 HTML 服务器控件而言，Web 服务器控件是一种更为强大而完善的控件对象。HTML 控件是将 HTML 标签对象化，让设计者的程序代码比较容易控制以及管理这些控件；不过基本上它还是转成相对应的 Html 标签。而 Web 控件的功能比较强，它会依客户端的状况产生一个或多个适当的 HTML 控件，它可以自动侦测客户端浏览器的种类，并自动调整成适合浏览器的输出。Web 控件还拥有一个非常重要的功能，那就是支持数据系结（Data Binding），这种能力可以和资料源连接，用来显示或修改数据源的数据。

微软已经将 Web 服务器控件打包得很完整，并以面向对象概念来设计，且又加入了许多控件的属性、方法及事件，所以 Web 服务器控件组件的整体功能变得十分强大，使得 ASP.NET 程序开发者在利用 Web 服务器控件设计 Web 程序时更加容易，而且有效率。

使用 Web 服务器控件进行开发，就如同是在使用可视化的程序开发软件（如 VB、Delphi 等）设计 GUI（图形用户界面）的应用程序一样，可以快速、便捷地完成 ASP.NET 程序的开发。例如：

```
labMsg. Visible =True
```

上面的语句利用控件的 Visible 属性在程序执行时让控件显示（Visible=True）。

在实例 11 中可以看到，网页中的按钮、文本框和标签都是以 Web 服务器控件形式插入到 WebForm 中。

ASP.NET 在标准控件的基础上还提供了大量功能强大的实用控件，如 AdRotator（广告轮显控件）、Calendar（月历控件）、DataGrid（数据表格控件）等。这样，用 Web 服务器控件来设计一个动态的 Web 网页，就变得非常容易。

Web 服务器控件源于命名空间 System.Web.UI.WebControls，表 3–1–2 列出了常用的 Web 服务器控件。

表 3-1-2　常用 Web 服务器控件

控 件 名 称	说　明	控 件 名 称	说　明
AdRotator	广告轮显示控件	Label	标签
Button	按钮控件	LinkButton	链接按钮控件
Calendar	月历控件	ListBox	列表框控件
CheckBox	复选框控件	RadioButton	单选按钮控件
CheckBoxList	复选框列表控件	RadioButtonList	单选按钮列表控件
CompareValidator	数据比较验证控件	RangeValidator	范围验证控件
CustomValidator	用户自定义验证控件	RegularExpressionValidator	模式匹配控件
DataGrid	数据表格控件	RequiredFieldValidator	必须输入验证控件
DataList	数据列表控件	Table	表格控件
DropDownList	下拉列表控件	TableCell	表格单元控件
HyperLink	超链接控件	TableRow	表格行控件
Image	图像控件	TextBox	文本框控件
ImageButton	图像按钮控件		

Web 服务器控件的使用格式如下：

```
<asp:控件名称 ID="控件案例名" runat="server" 属性1=...属性2 =...>
```

例如，实例 11 中使用下面的 3 行语句来创建文本框控件 TextBox，按钮控件 Button 和标签控件 Label。

```
<asp:TextBox ID="txtName" Text="输入姓名" runat="server" />
<asp:Button ID="btnSubmit" runat="server" Text="确定" OnClick="btnSubmit_Click" />
<asp:Label ID="labMsg" runat="server" />
```

上面 3 行语句创建了一个文本框（TextBox）控件（ID 为 txtName，其中显示的文本内容 Text 为"输入姓名"）、一个按钮（Button）控件（ID 为 btnSubmit，按钮上显示的文字 Text 为"确定"，其单击事件 OnClick 对应的事件处理过程名为 btnSubmit_Click）和一个标签（Label）控件（ID 为 labMsg）。控件创建完成后，就可以在页面中通过事件处理过程对控件进行操作。

3.1.5　ASP.NET 的事件驱动机制

每个 ASP.NET 服务器控件都能具有自己的属性、方法和事件。ASP.NET 开发人员可以使用这些属性、方法和事件来进行页面的修改并与页面进行交互。

ASP.NET 的一个重要特征就是以事件驱动的方式进行程序设计。众所周知，Windows 系统本身就是一个事件驱动的环境，也就是说，在 Windows 中，除非发生了一个事件，才会执行相应的处理；否则什么也不会发生。在 Windows 中运行的很多应用程序也是采用事件驱动的方式编写的。例如，如果用户双击了桌面上的图标，就会激活相应的应用程序；如果用户单击了任务栏的"开始"按钮，就会弹出开始菜单。在 ASP.NET 中也是这样，WebForm 通过事件来触发过程或者函数中程序代码的执行。在客户端技术中也可以实现这样的事件驱动，方法是执行在浏览器端使用 VBScript 或 JavaScript 编写的脚本代码，而在 ASP.NET 中采用的是回送的技术，所有的信息都将送到服务器端进行处理，包括用户提交的内容、文本框中输入的信息等，这些都不是在客户端处理的。同时，这也决定了 ASP.NET 不能处理类似 MouseMove（鼠标移动）这样的事件，因为这类事件发生得太频繁，要在客户端和服务器间往返传送数据，会引起服务器及网络传输性能的极大下降。事件驱动的方法不仅有上面提到的优点，它还会让程序更加模块化，使得程序易于开发和维护。

前面已经学习过 WebForm 页面由可视化组件和事件驱动程序代码（又称用户接口逻辑）构成，这两个看似独立的部分经过事件驱动就构成了完整的 ASP.NET 程序。其处理流程如图 3-1-4 所示。

上面的示例说明了 ASP.NET 页面开发人员可以如何处理来自<asp:button runat="server"> 按钮控件的 OnClick 事件以操作 <asp:label runat="server"> 标签控件的 Text 属性。

在页面中，过程 btnSubmit_Click 通过下面语句定义的按钮的 OnClick 事件进行了绑定。

```
<asp:Button ID="btnSubmit" runat="server" Text="确定" OnClick="btnSubmit_Click" />
```

事件处理程序可以使用 ASP.NET 的语法来设计，并将它们与事件相绑定，在实例 11 中，下面的代码即为事件处理程序：

```
Sub btnSubmit_Click(Sender As Object, E As EventArgs)
    labMsg.Text="你好, " & txtName.Text & ",欢迎进入 ASP.NET 的世界。"
End Sub
```

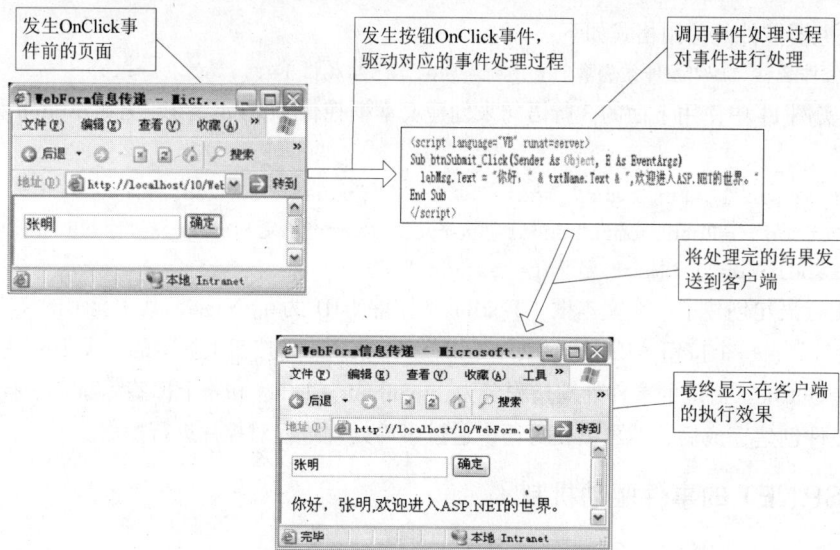

图 3-1-4　事件驱动处理流程

从上面的例子可以看出，要进行事件处理，需要按如下步骤进行：

（1）在服务器控件元素中，将事件处理程序的名称(如 btnSubmit_Click)指定给事件(如 OnClick)。如下所示：

```
<asp:Button ID="btnSubmit" runat="server" Text="确定" OnClick="btnSubmit_Click" />
```

（2）在网页中声明一个事件处理过程，该过程与上面所指定的事件处理程序名称相同（ 如 btnSubmit_Click ），该事件处理过程具有如下的格式：

```
[Private] Sub 事件处理过程名(ByVal Sender As Object, ByVal E As EventArgs)
    事件处理程序代码
End Sub
```

事件处理过程的第一个参数 Sender 指发生事件的对象，事件处理过程的第二个参数类型由具体的控件所决定。

3.1.6　ASP.NET 中文字符乱码问题的解决

默认情况下，在 ASP.NET 页面传递中文信息都将会显示为乱码，这个问题的解决方法有两种。一种方法如同本节"实例 11"所示，在页面的 Page 指令中设置属性 responseencoding="utf-8"，如下所示：

```
<%@ Page Language="VB" ContentType="text/html" responseencoding="utf-8"%>
```

这样，当前页面的信息传递就不会出现乱码。

对于中文网站的开发者而言，这样逐个页面去进行设置比较麻烦，还有一种更为简便的方法——在网站配置文件 config.web 中进行设置。打开网站根目录下的 config.web 文件（如果没有该文件，则创建一个），将如下内容添加到 config.web 文件中。

```
<configuration>
<globalization  fileEncoding="utf-8"/>
</configuration>
```

对于笔者的机器而言，原来的 Config.Web 文件内容如下：

```
<configuration>
```

```
    <appSettings>
      <add key="MM_CONNECTION_HANDLER_aspnet" value="sqlserver.htm" />
      ...
    </appSettings>
</configuration>
```

修改后文件内容如下：

```
<configuration>
    <appSettings>
      <add key="MM_CONNECTION_HANDLER_aspnet" value="sqlserver.htm" />
      ...
      <globalization  fileEncoding="utf-8"/>
    </appSettings>
</configuration>
```

进行这样的设置后，网站中文乱码问题就能得到解决。

3.1.7　页面信息处理

1．Page 类

传统的 ASP 和 ASP.NET 之间的主要差别之一在于各自技术的编程模型。ASP 页面是用程序上的脚本来解释每个页面的访问。而 ASP.NET 完全是面向对象的编程技术。所有 ASP.NET 网页都是带有属性、方法和事件的类。所有网页直接或间接地派生自 System.Web.UI 命名空间中的 Page 类，Page 类包含了 ASP.NET 网页的基本功能。

Page 表示从 ASP.NET Web 应用程序的服务器请求的 ASPX 文件，这些文件在运行时编译为 Page 对象，并缓存在服务器内存中。

Page 类位于 System.Web.UI 命名空间，它提供很多在 ASP.NET 页上可以使用的有用的属性和方法。例如，Request 属性和 Response 属性可以帮助实现用户页面的重定向、输出数据、搜集用户输入等功能。

2．页面指令

在创建页面的时候，可以用页面指令来声明页面的属性，如前面使用过的@ Page、@ Import 指令等。下面介绍几种常用的页面指令。

（1）@ Page 指令。@ Page 指令用于指定服务器对 WebForm 页面进行分析和编译时所使用的页面属性，并以此来控制页面的实现过程。@Page 指令只能在 Web 窗体页中使用，每个 ASPX 文件只能包含一条@ Page 指令，通常需要写在页面的最开始的位置，在执行其他的 ASP.NET 程序之前。

在前面已经使用过@ Page 的 Language、ContentType 和 ResponseEncoding 等属性， Page 指令的常用属性如表 3-1-3 所示。要定义指令的多个属性，请使用以空格分隔的列表（注意，不要在特定属性的等号两侧使用空格，如在 trace="true" 中）。

表 3-1-3 Page 指令常用属性

属　性	说　明
AutoEventWireup	指示页的事件是否自动连网。如果启用事件自动连网，则为 true；否则为 false。默认值为 true
Buffer	确定是否启用 HTTP 响应缓冲。如果启用页面缓冲，则为 true；否则为 false。默认值为 true
ContentType	将响应的 HTTP 内容类型定义为标准的 MIME 类型。支持任何有效的 HTTP 内容类型字符串，如 text/html
Debug	指示是否应使用调试符号编译该页。如果应使用调试符号编译该页，则为 true；否则为 false
Description	提供该页的文本说明。ASP.NET 分析器会忽略该值
EnableSessionState	定义页的会话状态要求。如果启用会话状态，则为 true；如果可以读取但不能更改会话状态，则为 ReadOnly；否则，为 false。默认为 true
EnableViewState	指示是否为所有页请求维护视图状态。如果维护视图状态，则为 true；否则为 false。默认值为 true
ErrorPage	定义在出现未处理的页面异常时用于重定向的目标 URL
Explicit	确定是否使用 Visual Basic Option Explicit 模式来编译页。如果值为 true，则表明启用了 Visual Basic 显式编译选项，且所有变量必须是用 Dim、Private、Public 或 ReDim 语句来声明的；否则为 false。默认值为 false
Inherits	定义供页继承的代码隐藏类。可以是从 Page 类派生的任何类
Language	指定在对页中所有内联呈现（<% %> 和 <%= %>）和代码声明块进行编译时使用的语言。值可表示任何 .NET 支持的语言，包括 Visual Basic、C# 或 JScript .NET
ResponseEncoding	指定页内容的响应编码。如 GB2312、UTF-8 等
Src	指定在请求页时动态编译的代码隐藏类的源文件名称。可以选择将页的编程逻辑包含在代码隐藏类中或 ASPX 文件的代码声明块中
ValidateRequest	指示是否应发生请求验证。如果为 true，请求验证将根据具有潜在危险的值的硬编码列表检查所有输入数据。如果出现匹配情况，将引发 Request 检验异常。默认值为 true

下面是常用的@ Page 指令形式举例：

```
<%@ Page Language="VB" ContentType="text/html" ResponseEncoding="gb2312" %
Buffer="True" ErrorPage ="ErrorPage.aspx">
```

上面的指令说明当前 ASP.NET 页面的程序语言为 Visual Basic.NET，响应的 HTTP 内容类型为 text/html，指定页面内容的响应编码为 gb2312，页面缓冲 Buffer 设置为启用状态，当页面出现未处理的异常时，转到 ErrorPage.aspx 页面进行处理。

（2）@ Import 指令。@Import 指令用于在 ASP.NET 页面中导入某个命名空间中的类。格式如下：

```
<%@ Import Namespace="命名空间名称"%>
```

使用@ Import 指令导入命名空间之后，就可以在 ASP.NET 页面中使用这个命名空间中定义的类。这个命名空间可以是一个.NET Formework 命名空间，也可以是用户创建的命名空间。

需要特别说明的是，一条@ Import 指令只能导入一个命名空间，如果需要导入多个命名空间，需要写多条@ Import 指令语句。

通常情况下，在使用.NET Formework 的命名空间的时候，不需要显式地使用@ Import 指令进行命名空间的导入，这是因为.NET 会自动导入它的一部分常用的命名空间。这些常用的命名空间包括：System、System.Collections、System.Collections.Specialized、System.IO、System.Configuration、System.Text、System.Text.RegularExpressions 、 System.web 、 System.Web.Caching 、 System.Web.Security 、 System. Web.SessionState、System.Web.UI、System.Web.UI.htmlControls、System.Web.UI.WebControls 等。

（3）@ Implements 指令。@ Implements 指令用于指定当前页或用户控件实现指定的 .NET Framework 接口。使用格式如下：

```
<%@ Implements interface="ValidInterfaceName" %>
```

其中，ValidInterfaceName 表示要在页或用户控件中实现的接口。

@ Implements 指令对于用户自定义控件的使用十分重要。当在 WebForm 中实现接口时，可以在代码声明块中 <script> 元素的开始标记和结束标记之间声明其事件、方法和属性。

（4）@ Register 指令。如果用户编写了自定义的控件或类，就需要告诉编译器有关这个控件的内容、位置等信息。如果不能给编译器足够的信息，那么就会导致编译错误，这时需要使用@ Register 指令。

@ Register 指令用于在程序中声明控件或类的案例，以便使用用户自定义的服务器控件或类。@ Register 指令的使用格式如下：

```
<%@ Register tagprefix="tagprefix" Namespace="namespace" Assembly="assembly" %>
<%@ Register tagprefix="tagprefix" Tagname="tagname" Src="pathname" %>
```

其中，tagprefix 表示用户自定义服务器控件或类的名称字符串，tagname 用于识别在页面中引用控件案例的名称，namespace 表示与 tagprefix 关联的类命名空间，pathname 表示 tagname 声明中的用户控件文件（通常是一个.ascx 文件）的存储位置，Assembly 表示与 tagprefix 关联的类命名空间所驻留的程序集（通常包含在一个 DLL 或 EXE 文件中）。例如：

```
<%@ Register TagPrefix="MM" Namespace="DreamweaverCtrls" Assembly="DreamweaverCtrls,
version=1.0.0.0,publicKeyToken=836f606ede05d46a,culture=neutral" %>
```

上面的@ Register 指令出现在 Dreamweaver 所生成的数据库处理页面中，MM 表示与命名空间 DreamweaverCtrls（Dreamweaver 所定义的类命名空间）关联的案例名称，所在的程序集为 "DreamweaverCtrls,version=1.0.0.0,publicKeyToken=836f606ede05d46a,culture=neutral"。

（5）@ Assembly 指令。@ Assembly 指令用于引用一个 DLL 或者 EXE 文件中的控件或程序集，在 ASP.NET 页面程序可以使用这个控件或程序集中定义的接口和类。

@Assembly 指令的格式如下：

```
<%@ Assembly Name="assemblyName" %>
<%@ Assembly Src="pathName" %>
```

其中，pathName 用于可以指明控件文件所在的位置，assemblyName 表示程序集名称。

（6）@ Reference 指令。@ Reference 指令用于指定在当前页面在运行期间所引用的、动态编译和链接的页面或者控件，@ Reference 指令可以在当前页面中对另一个用户控件或页面文件进行动态编译和链接。

```
<%@ Reference page | control="pathtofile" %>
```

其中，Page 表示所引用的 Web 窗体页，ASP.NET 在运行时根据它动态编译和链接当前页；Control 表示引用的用户控件，ASP.NET 在运行时根据它动态编译和链接当前页。

3．页面状态

WebForm 与 HTML 表单的一个最重要的区别就是 WebForm 中可以保存很多的状态信息，例如在 WebForm 中可以保存前一个提交的表单控件的状态。由于所有操作的核心仍然是无状态的 HTTP

协议，因此要实现这个功能 Web 服务器需要做更多的工作。但是在 ASP.NET 中，使用 Page 类的 ViewState 属性解决了这个问题，还保证了 Web 服务器不会为了保存各个控件的状态而浪费大量的资源。

　　所有的页面都会在两次请求之间保存自己的 ViewState。ViewState 中包含了页面中所有控件的状态。为了更好地理解这个问题，下面来看一个简单的例子。例子的代码很简单，就是在一个 WebForm 中定义了一个文本输入控件和一个按钮控件，它的代码如下：

```
<!-- page.aspx -->
<%@ Page Language="VB" ContentType="text/html" ResponseEncoding="gb2312" %>
<html >
<body>
<form runat="server">
  <asp:TextBox ID="TextBox1" runat="server" />
  <asp:Button ID="Button1" runat="server"  text="确定" />
</form>
</body>
</html>
```

上面网页在浏览器中浏览时效果如图 3-1-5 所示。

图 3-1-5　示例页面

　　单击 IE 浏览器"查看"菜单下的"源文件"命令，可以看到如图 3-1-6 所示的 HTML 源代码。

　　可以看出，新的代码与原来的代码有一些不同。除了将 Web 控件转换为 HTML 表单元素，并为各个控件增加了系统给出的名字，以及为表单补足了 action 和 method 属性之外，代码中还增加了一个隐藏字段（图中框起来的部分），它的名称为"_VIEWSTATE"，值（Value）为"/wEPDwUJNjk3ODAzNzMzZGRudfd4tIKeXSBlgz0CY2naMVcDcw=="，作为普通的用户，当然看不出"/wEPDwUJNjk3ODAzNzMzZGRudfd4tIKeXSBlgz0CY2naMVcDcw=="表示什么意思；但是 WebForm 处理程序可以理解它的含义，并在提交控件之后可以通过该值来恢复服务器控件的值，以此来存储页面状态。

　　当然，既然要保存页面的状态，那么服务器在处理页面状态的时候就需要花费时间，这样会导致效率的降低。如果在程序编制过程中认为页面的状态不重要，相比较而言需要更高的效率时，就可以在页面的最开始位置使用下面的指令，这样可以关闭保存 ViewState 的功能。

```
<%@Page EnableViewState="False"%>
```

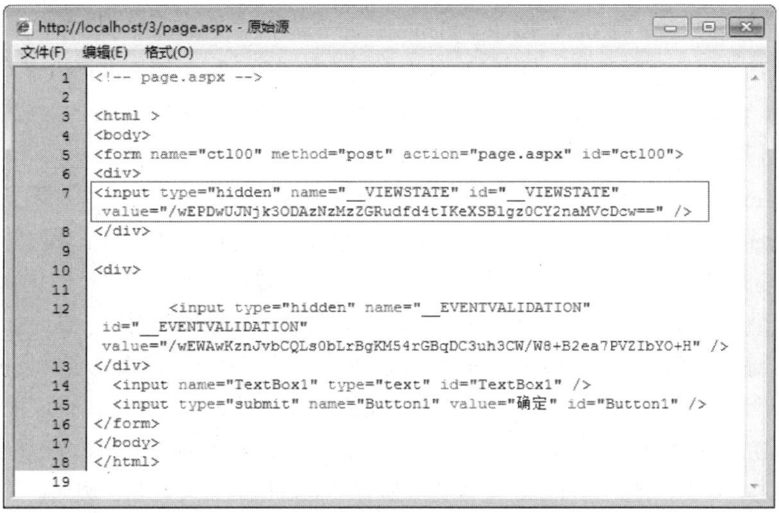


```
<!-- page.aspx -->

<html >
<body>
<form name="ctl00" method="post" action="page.aspx" id="ctl00">
<div>
<input type="hidden" name="__VIEWSTATE" id="__VIEWSTATE"
 value="/wEPDwUJNjk3ODAzNzMzZGRudfd4tIKeXSBlgz0CY2naMVcDcw==" />
</div>

<div>

        <input type="hidden" name="__EVENTVALIDATION"
 id="__EVENTVALIDATION"
 value="/wEWAwKznJvbCQLs0bLrBgKM54rGBqDC3uh3CW/W8+B2ea7PVZIbYO+H" />
</div>
  <input name="TextBox1" type="text" id="TextBox1" />
  <input type="submit" name="Button1" value="确定" id="Button1" />
</form>
</body>
</html>
```

图 3-1-6 客户端 HTML 源文件代码

4. 页面事件

在 WebForm 页面执行过程中会发生某些事件，例如，网页在被加载时会先触发 Page_Load 事件，此时就可以利用这个事件进行对象的初始化，以及绑定数据等工作。在 ASP.NET 中，可以把所有的事情都归结为对象的形式进行处理。可以认为，每个 Web 窗体都是一个 Page 类，在这个 Page 类中有很多固有的事件。下面按事件发生的先后顺来介绍常用的页面事件。

（1）Page_Init 事件。在进行页面初始化的时候触发这个事件。通常使用这个事件为页面中的各个控件进行初始化设置。Page_Init 事件的使用格式如下：

```
Sub Page_Init(sender As Object, e As EventArgs)
    ...
End Sub
```

页面的 Page_Init 事件使得有机会更新控件状态，从而准确反映客户端相应的 HTML 元素的状态。例如，服务器的 TextBox 控件对应的 HTML 元素是 <input type=text>。在回发数据阶段，TextBox 控件将检索 <input> 标记的当前值，并使用该值来刷新自己内部的状态。每个控件都要从回发的数据中提取值并更新自己的部分属性。TextBox 控件将更新它的 Text 属性，而 CheckBox 控件将刷新它的 Checked 属性。服务器控件和 HTML 元素的对应关系可以通过二者的 ID 找到。在处理 Page_Init 事件后，页面中的所有控件的状态都将使用客户端输入的更改来更新前一状态。

（2）Page_Load 事件。当整个页面被浏览器读入的时候，在服务器控件加载到 Page 对象中时触发 Page_Load 事件。通常也使用这个事件对页面中的各个控件进行初始化、数据绑定等操作。Page_Load 事件的使用格式如下：

```
Sub Page_Load(Src As Object, E As EventArgs)
    ...
End Sub
```

在 Page_Load 事件中，通常会对页面的 IsPostBack 属性进行检查，以确定是否第一次发送该页面到客户端。

IsPostBack 属性用于指示当前页面是否正为响应客户端回发而加载，或者它是否是第一次发送。如果是第一次发送页面到客户端，则 IsPostBack 值为 False，如果页面已经发送到客户端，只是为响应客户端操作而重新加载，则 IsPostBack 为 True。

在实例 12 中，就是利用在 Page_Load 事件中对页面的 IsPostBack 属性进行检查，来确定是否为第一次加载，如果是，则记录下加载时间；否则，就将当前时间与前面记录下的加载时间进行运算，以此来达到统计用户浏览时间的目的。

（3）Page_ PreRender 事件。处理完 Page_Load 事件之后，ASP.NET 页面就可以显示了。这个阶段的标志是 Page_ PreRender 事件。Page_ PreRender 事件在保存视图状态和呈现控件之前发生。控件可以利用这段时间来执行那些需要在保存视图状态和显示输出的前一刻执行的更新操作。

（4）控件事件。一旦页面被浏览器加载，所有的控件就可以发挥作用了。这时如果用户进行了某些操作，就会触发预先定义好的事件。例如，如果用户单击了按钮，那么就会触发按钮的 OnClick 事件；这时如果程序定义了按钮的 OnClick 事件的处理程序，那么就会转去执行该程序。

（5）Page_ Unload 事件。页面生命中的最后一个标志是 Page_Unload 事件，在显示完当前页面，页面对象消除之前发生。在此事件中，应该释放所有可能占用的关键资源，例如，关闭文件、图形对象、数据库连接等。Page_ Unload 事件使用格式如下：

```
Sub Page_UnLoad(Sender As Object, E As EventArgs)
    ...
End Sub
```

需要注意，Page_ Unload 事件是在页面显示完成的时候发生，而不是在页面被切换到其他页面的时候发生。

3.1.8　实例

1. 实例 11　网页信息提交

本实例中，将演示在页面中通过 WebForm 中的文本框控件输入信息，并通过标签控件显示信息。实例效果如图 3-1-7 所示。图 3-1-7（a）是打开网页时的页面，图 3-1-7（b）是在文本框内输入文字"李军"并单击"确定"按钮后的页面。在本实例的实现过程中，将学习 ASP.NET 的重要内容——WebForm，了解在 ASP.NET 中如何通过 WebForm 和控件对象来输入和处理数据。

（a）　　　　　　　　　　（b）

图 3-1-7　提交网页信息

创建一个名为 WebForm .aspx 的文件，并打开，切换到"代码"视图，输入代码如下所示：

```
<%@ Page Language="VB" ContentType="text/html" ResponseEncoding="utf-8" %>
<!DOCTYPE html PUBLIC "-//W3C//DTD XHtml 1.0 Transitional//EN" "http://www.w3.
org/TR/xhtml1/DTD/xhtml1-transitional.dtd">
```

```
<html xmlns="http://www.w3.org/1999/xhtml">
<head>
<meta http-equiv="Content-Type" content="text/html; charset=gb2312" />
<title>在 WebForm 中提交信息</title>
</head>
<script language="VB" runat=server>
Sub btnSubmit_Click(Sender As Object, E As EventArgs)
    labMsg.Text="你好，" & txtName.Text & ",欢迎进入 ASP.NET 的世界。"
End Sub
</script>
<body>
<form runat="server">
  <p>
    <asp:TextBox ID="txtName" Text="输入姓名" runat="server" />
    <asp:Button ID="btnSubmit" runat="server" Text="确定" OnClick="btnSubmit_
    Click" />
  </p>
  <p><asp:Label ID="labMsg" runat="server" /> </p>
</form>
</body>
</html>
```

其中，关键部分的事件代码如下：

```
<script language="VB" runat=server>
Sub btnSubmit_Click(Sender As Object, E As EventArgs)
    labMsg.Text="你好，" & txtName.Text & ",欢迎进入 ASP.NET 的世界。"
End Sub
</script>
```

这部分代码声明了一个名为 btnSubmit_Click 的事件过程，该过程对应于 ASP 按钮 btnSubmit 的 OnClick 事件，事件调用在下面的 ASP 按钮标签中：

```
<asp:Button ID="btnSubmit" runat="server" Text="确定" OnClick="btnSubmit_Click
" />
```

从上面的语句可以看出，btnSubmit_Click 过程用于响应按钮 btnSubmit 的单击（OnClick）事件，在按钮 btnSubmit 被单击时，在标签 labMsg 中显示文本框 txtName 中的文字内容和原有字符串"你好，"与"，欢迎进入 ASP.NET 的世界。"所构成的新字符串。

到这里，实例设计完成，保存网页文件，按 F12 键在浏览器中浏览，效果如图 3-1-7 所示。

2. 实例 12　查询

本实例可用于查询用户浏览当前页面的时间，执行效果如图 3-1-8 所示。在本实例的实现过程中，将学习 ASP.NET 页面事件的处理流程。

图 3-1-8 查询浏览时间

创建一个名为 QryTime.aspx 的文件，并打开。切换到"代码"视图，输入如下所示的网页代码。

```vbnet
<!--QryTime.aspx-->
<%@ Page Language="VB" ContentType="text/html" ResponseEncoding="gb2312" %>
<!DOCTYPE html PUBLIC "-//W3C//DTD XHtml 1.0 Transitional//EN" "http://www.w3.
org/TR/xhtml1/DTD/xhtml1-transitional.dtd">
<html xmlns="http://www.w3.org/1999/xhtml">
<head>
<meta http-equiv="Content-Type" content="text/html; charset=gb2312" />
<title>浏览时间查询</title>
</head>
<script runat="server">
Sub Page_Load(Src As Object, E As EventArgs)
'判断是否首次加载本页面，如果是，则执行其中的代码
If Not IsPostBack Then
    labMsg.text="欢迎进入我的网站。"
    labOldTime.Text=now            '记录页面加载时间
    labOldTime.Visible=False       '设置标签为不可见
End If
End Sub


Sub btnTime_Click(Sender As Object, E As EventArgs)
    Dim n as Integer
    Dim d as Date
    d=CDate(labOldtime.text)       '将标签中的时间字符串转换为 Date 型数据
    n=DateDiff("s",d,now)          '计算浏览时间
    labMsg.Text="你已浏览本页面" & n &"秒钟。"
End Sub
</script>
<body>
  <h2 align="center">时间查询</h2>
  <form runat="server">
  <p align="center">
```

```
    <asp:Label ID="labMsg" runat="server" />
      <asp:Label ID="labOldTime" runat="server"/>    </p>
  <p align="center">
    <asp:Button ID="btnTime" runat="server" Text="查询浏览时间" OnClick= "btn
Time_Click" />  </p>
    </form>
</body>
</html>
```

上面的代码中，位于</head>和<body>标签之间的代码声明了两个事件处理过程 Page_Load 和 btnTime_Click，如下所示。

```
<script runat="server">
Sub Page_Load(Src As Object, E As EventArgs)
    If Not IsPostBack Then
        labMsg.text="欢迎进入我的网站。"
        labOldTime.Text=now              '记录页面加载时间
        labOldTime.Visible=False         '设置标签为不可见
    End If
End Sub
Sub btnTime_Click(Sender As Object, E As EventArgs)
    Dim n as Integer
    Dim d as Date
    d=CDate(labOldTime.text) '将标签中的时间字符串转换为 Date 型数据
    n=DateDiff("s",d,now)        '计算浏览时间
    labMsg.Text="你已浏览本页面" & n &"秒钟。"
End Sub
</script>
```

Page_Load 响应页面加载事件，当页面在浏览器中载入时执行。其中，IsPostBack 为 Page 的属性，用于判断页面是否第一次加载，如果是第一次加载，则 IsPostBack 值为 False；如果是响应客户端回发而再次进入这一页面，则 IsPostBack 为 True。

Page_Load 中的代码将在页面第一次载入时，设置标签 labMsg 显示的文字为"欢迎进入我的网站。"，设置标签 labOldTime 的文字为当前的系统时间 now，再通过将标签 labOldTime 的 Visible 属性设置为 False 来使其不可见。

btnTime_Click 为按钮 btnTime 的 OnClick 事件绑定的事件处理过程，当单击按钮 btnTime 进执行这一过程。执行时，先通过下面的语句，利用类型转换函数 CDate 将 labOldTime 标签中记录的页面加载时间文字转换为 Date 型数据赋给 Date 型变量 d。

```
d=CDate(labOldTime.text)
```

再通过下面的语句，利用 DateDiff 函数计算页面加载时间 d 与当前时间 now 之间所经过的秒数，并赋值给变量 n。

```
n=DateDiff("s",d,now)
```

最后通过下面的语句，在标签 labMsg 中显示出用户浏览当前页面的时间。

```
labMsg.Text="你已浏览本页面" & n &"秒钟。"
```

3.2　HTML 服务器控件

3.2.1　HTML 服务器控件简介

HTML 控件是被 ASP.NET 服务器化的 HTML 元素，HTML 控件在服务器端是可见的。当 ASP.NET 网页执行时，会检查 HTML 标签有无 Runat 属性。如果标签没有设置这个属性，那么该标签就会被视为字符串形式的 HTML 元素，并被送到字符串流等待送到客户端的浏览器进行解释。如果标签有设置 Runat="Server" 属性，那么就会依照该标签所对应的 HTML 控件来产生对象，所以 ASP.NET 对象的产生是由 Runat 属性值所决定的。

当程序在执行时解析到有指定 Runat="Server" 属性的标签时，Page 对象会将该控件从 .NET 共享类别库加载并列入控制架构中，表示这个控件可以被程序所控制。等到程序执行完毕后，再将 HTML 控件的执行结果转换成 HTML 标签，然后送到字符串流和一般标签一起下载至客户端的浏览器进行解译。

服务器端的 HTML 控件的功能都可以用简单的 HTML 元素来实现，但是在 asp.net 中依然提供了对它们的实现。以 HTML 语言书写和以服务器端控件的实现在思维方式上已经有了很大的不同，对于 HTML 元素而言，只是一种标识；而对服务器端 HTML 控件而言，却已演变成为一段程序，一个对象。两者的区别在于，HTML 元素依赖于客户端对标识的解释执行，HTML 控件却可以被编译执行，两者在效率上的差异不言而喻。

3.2.2　HTML 控件常用属性

与 HTML 元素相比，HTML 控件有一些不同的属性，这里先来介绍常在许多 HTML 控件中共有的属性。

1. InnerHtml 属性和 InnerText 属性

InnerHtml 和 InnerText 这两个属性主要是用来设置控件所要显示的文字。InnerHtml 属性将文字中的 HTML 元素进行解释后现显示，而 InnerText 则将文字内容按原样显示，不管其中是否还含有 HTML 元素。例如：

```
<!-- Innerhtml.aspx -->
<%@ Page Language="VB" %>
<html>
<head>
<title>Innerhtml 与 InnerText</title>
</head>
<Script Language="VB" Runat="Server">
    Sub Page_Load(Sender As Object, e As EventArgs)
        Sp1.Innerhtml="InnerHtml 测试"
        Sp2.InnerText="InnerText 测试"
        Button1.InnerText="请按此处"
    End Sub
    Sub Button1_Click(Sender As Object, e As EventArgs)
```

```
            Sp1.InnerHtml="<b>测试</b>"
            Sp2.InnerText="<b>测试</b>"
        End Sub
</Script>
<body>
    <Form Runat="Server">
    <Button Id="Button1" Runat="Server" OnServerClick="Button1_Click"/><P>
    <Span Id="Sp1" Runat="Server"/> <br>
    <Span Id="Sp2" Runat="Server"/>
    </Form>
</body>
</html>
```

上面网页程序浏览效果如图 3-2-1（a）所示。当单击"请按此处"按钮后，结果如图 3-2-1（b）所示。

（a）　　　　　　　　　　　　（b）

图 3-2-1　InnerHtml 与 InnerText

网页中，两个控件的属性都设置为"<b>测试</b>"，对于 InnerHtml 属性而言会将其中的 <b> 标签加以解译，所以显示出粗体的文字；而对于 InnerText 属性而言不会将其中的 <b> 标签加以解释，所以会将"<b>测试</b>"按原样显示出来。

2．Disabled 属性

Disabled 属性用于设置控件是否可用。该属性允许将一个对象的功能关闭，让对象暂时无法执行工作。所以如果将对象的 Disabled 属性设为 True，则该对象会显示为灰色并且停止工作；如果将 Disabled 属性设回 False，则该控件即可正常工作。

3．Visible 属性

Visible 属性可以将对象隐藏起来让用户看不到。

4．Attributes 属性

有两种方法可以指定对象的属性，第一种是前面常用的"对象.属性"，而另外一种就是"对象.Attributes("属性名称")"。例如：

```
<html>
```

```
<Script Language="VB" Runat="Server">
Sub Page_Load(Sender As Object, E As Eventargs)
    Anchor1.Attributes("Href")="http://msdn.microsoft.com"
    End Sub
</SCRIPT>
<body>
<A Id="Anchor1" Runat="Server">按这里</A>
</body>
</html>
```

5．Style 属性

本属性可以用来设置控件的样式。

3.2.3　常用 HTML 服务器控件

1．htmlButton 控件

htmlButton 服务器控件就像 HTML 4.0 中的\<button>标记一样，而与常用的\<Input type="button"> 是不一样的。htmlButton 控件最主要的作用是让用户通过按钮执行命令或动作，所以最重要的就是 OnServerClick 事件。OnServerClick 事件当用户按下按钮时便会触发。要指定发生 OnServerClick 事件时所要执行的程序，设定 OnServerClick 属性即可。例如，指定 OnServerClick="Button1_Click" 时，即表示用户按下按钮触发事件时，会调用 Button1_Click 这个事件程序，就可以在 Button1_Click 事件内编写所要执行的程序代码。

此外，htmlButton 控件必须写在窗体控件 \<Form Runat="Server">\</Form> 之内，这是因为 htmlButton 控件可以决定数据的上传，而只有被 \<Form Runat="Server"> 控件所包围起来的数据输入控件，其数据才会被上传。htmlButton 控件语法格式如下：

```
<Button
Id="控件名称"
Runat="Server"
OnServerClick="事件处理程序名" >
按钮上的文字、图形或控件
</Button>
```

htmlButton 控件示例如下：

```
<!-- htmlButton.aspx-->
<%@ Page Language="VB" %>
<html>
<head>
<title>htmlButton</title>
</head>
<Script Language="VB" Runat="Server">
        Sub Button1_OnClick(sender As Object, e As EventArgs)
                Span1.Innerhtml="你点击了按钮 1"
        End Sub
        Sub Button2_OnClick(sender As Object, e As EventArgs)
```

```
                Span1.Innerhtml="你点击了按钮 2"
            End Sub
</Script>
<body>
    <Form Runat="Server">
        <center>
            <button id="Button1" onServerClick="Button1_OnClick" style="font: 8pt
verdana;background-color:lightgreen;border-color:black;height=64;width:80"
runat="server">
                <img src="MARK714.GIF"> Click me!
            </button>
                   
            <button id=Button2 onServerClick="Button2_OnClick"  style="font: 8pt
verdana;background-color:lightgreen;border-color:black;height=30;width:100"
            onmouseover="this.style.backgroundColor='yellow'"
            onmouseout="this.style.backgroundColor='lightgreen'" runat="server">
            Click me too!
            </button>
        </center>       <p>
        <span id=Span1 runat=server />
    </Form>
</body>
</html>
```

上面的程序浏览效果如图 3-2-2 所示。

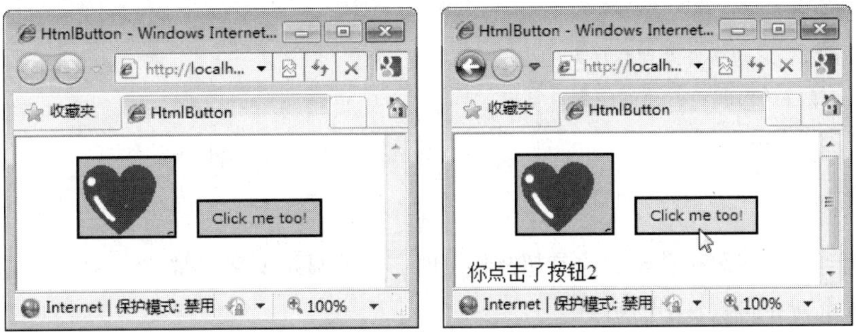

图 3-2-2　htmlButton 控件示例

2. htmlForm 控件

htmlForm（窗体）控件是设计动态网页一个相当重要的组件，它可以将客户端的数据传送至服务器端进行处理。在窗体内的确认按钮被按下去后，只要被 Form 控件所包起来的数据输入控件，都会被一并送到服务器端，这个动作称为回送（Post Back）。服务器端收到这些数据及 OnServerClick 事件后会执行指定的事件程序，并且将执行结果重新下载到客户端浏览器。htmlForm 控件使用格式如下：

```
<Form Id="控件名称"  Runat="Server"  Method="Post | Get"  Action="要执行程序的地
址" >
```

其他控件

```
</Form>
```

htmlForm 控件有两个主要的属性：Method（传递数据的方法）和 Action（传递的目标的网址 URL），如果 Method 属性为 Post（默认值）则表示由服务器端在 htmlForm 来获取数据，如为 Get 则表示由浏览器主动上传数据至服务器端。其中的差别为：Get 是立即传送，其执行效率较快，不过所传送的数据不能太大；而 Post 则表示等待 Server 来抓取数据，数据的传送虽然不是那么立即，不过可传送的数据量则没什么限制。而 Action 属性则表示数据要送至哪个网址，默认是传递给当前文件。

3. htmlImage 控件

htmlImage 控件对应于 HTML 元素中的 <Img> 元素，用于显示图片于网页上的控件。它的使用方法和 HTML 的 <Img> 标注很类似，只是在 ASP.NET 里变为一个可以随程序来动态改变其属性的 HTML 控件。其使用语法如下：

```
<Img  Id="控件名称"  Runat="Server"  Alt="无法显示图形时所显示的文字提示"
Align="Top | Middle | Bottom | Left | Right"  Border="边框宽度"  Height="图像高
度"  Src="图像所在的地址"  Width="图像宽度" />
```

4. htmlAnchor 控件

htmlAnchor 控件可以用来指定超链接，其使用格式如下：

```
<A
Id="控件名称"
Runat="Server"
Href="链接的 URL 地址"
Name="前往的地址名称"
OnServerClick="事件处理程序名"
Target="链接的内容所打开的框架或窗口"
Title="文字提示" >
超链接文字
</A>
```

下面范例当用户将鼠标移至"这是超链接"时，会应显示文字"微软"；按下"这是超链接"时，会将网页重新导向微软的网站。

```
<html>
<Script Language="VB" Runat="Server">
Sub Page_Load(Sender As Object, e As Eventargs)
    Anchor1.Href="http://www.microsoft.com"
    Anchor1.Target="_blank"
    Anchor1.Title="微软"
End Sub
</Script>
<body>
<A Id="Anchor1" Runat="Server">这是超链接</A>
```

```
    </body>
    </html>
```

5．htmlInput 控件

要让用户输入数据，就可以使用 htmlInput 控件。如果需要让程序获取这些数据，还必须利用 htmlForm 控件将 htmlInput 控件包围起来。

htmlInput 控件会因为 Type 属性的设定而产生不同种类的控件，下面一一进行介绍。

（1）htmlInputButton 按钮控件。htmlInputButton 按钮最主要的功能是执行一个指令或动作。对于窗体来说是将填好的数据传送出去。它的 Type 属性有 3 种型态：当为 Submit 时是传送数据，等于 Button 时可以用来触发事件程序，而 Reset 是用来重置窗体成为初始状态。指定 Type="Reset" 时，并不需要指定任何程序代码就可以重设窗体内的输入控件。在 ASP.NET 里大多使用 Type=Button，因为这样就可以利用 OnServerClick 事件，在事件处理程序中编写所要执行的程序代码。htmlInputButton 按钮使用格式如下：

```
<Input  Id=" 控件名称 "  Runat="Server"  Type="Button | Submit | Reset"
OnServerClick="事件处理程序名" />
```

（2）htmlInputText 文本框。文本框就是让用户输入数据的地方。它有两种型态：当为 Text 时是输入的一般数据，所输入的字符串会显示在文本框内；而 Password 是密码输入的文本框，输入的字符会以"*"来显示。其使用语法为：

```
<Input  Id="控件名称"  Runat="Server"  Type="Text | Password"  MaxLength="可接受
的字符串长度"  Size="文本框的宽度"  Value="显示在文本框的默认值" />
```

例如，下面的程序利用文本取得用户的身分验证信息，用户可以单击"确定"按钮或"执行"按钮来确定资料的输入，"重置"按钮则可以重设文本框的内容。

```
<!-- InputText.aspx -->
<%@ Page Language="VB" ContentType="text/html%>
<html>
<head>
<meta http-equiv="Content-Type" content="text/html; charset=gb2312" />
<title>htmlInput</title>
</head>
<Script Language="VB" Runat="Server">
    Sub Button1_Click(Sender As Object, e As EventArgs)
        IDPWDchk()
    End Sub
    Sub Submit1_Click(Sender As Object, e As EventArgs)
        IDPWDchk()
    End Sub
    Sub IDPWDchk()
        If Text1.Value="Admin" And Text2.Value="Pass" Then
            Response.Write(Text1.Value+",你好!")
    Else
            Response.Write("用户名称及密码错误，请重新输入!")
```

```
            Text1.Value=""
            Text2.Value=""
        End If
    End Sub
</Script>
<body>
    <Form Runat="Server">
        <p>姓名：
        <Input Type="Text" Id="Text1" Runat="Server">
        </p>
        <p>
        密码：
        <Input Type="Password" Id="Text2" Runat="Server">
        </p>
        <p>
        <Input Type="Button" Id="Button1" Runat="Server"
        OnServerClick="Button1_Click" Value="执行">
        <Input Type="Submit" Id="Submit1" Runat="Server"
        OnServerClick="Submit1_Click" Value="确定">
        <Input Type="Reset" Runat="Server" Value="重置">
        </p>
    </Form>
</body>
</html>
```

上面代码的浏览效果如图 3-2-3 所示。

图 3-2-3　检查用户名和密码

　　用户在文本框中所输入的数据会被存在 Value 属性里面，用户输入完数据后，按下 Button 或是 Submit 则会触发相对应的 OnServerClick 事件程序。在 OnServerClick 事件的处理程序中检查用户名称及密码是否正确的子程序为 IDPWDchk()，如果用户输入正确的用户名称及密码，则会出现欢迎信息；倘若输入错误的用户名称或密码，则会显示输入错误，并将用户所输入的用户名称及密码清除。

　　（3）htmlInputRadio 单选按钮控件。当需要限制用户的选择为单选，并只能够在所提供的项目中选择一个答案时，可以使用 htmlInputRadio。以输入用户性别数据为例，可以提供"男"或"女"

的选项让用户选择，利用单选按钮可以限制用户只能选择一个选项。

htmlInputRadio 单选按钮控件使用语法为：

```
<Input
Id="控件名称"
Runat="Server"
Type="Radio"
Checked="True | False"
Name="按钮所属群组" >
```

下列程序代码利用单选按钮取得用户的性别信息，用户可以选择"男"或是选择"女"，按下按钮后可以显示用户所选择的内容：

```
<!-- rdo.aspx -->
<html>
<head>
<script language="VB" runat="server">
    Sub Button1_Click(Sender As Object, e As EventArgs)
        Dim strMsg As String="你的性别为: "
        IF Radio1.Checked=True Then
            strMsg+="男"
        Else
            strMsg+="女"
        End If
        Sp1.InnerText=strMsg
    End Sub
</script>
</head>
<body>
    <h3><font face="Verdana">性别选择</font></h3>
    <form runat="server">
        <Input Type="Radio" Id="Radio1" Name="G1" Runat="Server"
        Checked="True">男<br>
        <Input Type="Radio" Id="Radio2" Name="G1" Runat="Server">女<br>
        <Input Type="Button" ID="Button1" Runat="Server"
        OnServerClick="Button1_Click" Value="确定">
    </form>
    <Span ID="Sp1" Runat="Server"/>
</body>
</html>
```

上面代码的浏览效果如图 3-2-4 所示。

（4）htmlInputCheckBox 复选框控件。当需要让用户可以复选多个项目，不过只能够在所提供的项目中选择答案时，可以使用 htmlInputCheckBox。如果复选框被用户选取，则其 Checked 属性为 True，如果没有被选取，则其 Checked 属性为 False。htmlInputCheckBox 复选框控件使用语法如下：

```
<Input  Id="控件名称"  Runat="Server"  Type="CheckBox"  Checked="True | False" />
```

图 3-2-4　单选按钮

（5）htmlInputHidden 隐藏输入控件。当需要在用户传送所输入的数据时，顺便传送不需要用户输入的数据时，可以使用隐藏输入控件。可以用隐藏输入控件来处理一些要传送而又不想在页面上显示出来的信息。例如，在电子商务网站中，向银行网关接口传送订单信息，就可以用隐藏输入控件来处理。

其使用语法为：

```
<Input Id="控件名称" Runat="Server" Type="Hidden" Value="所要传送的数据" />
```

6．htmlTextArea 控件

如同在 HTML 中的一样，在 ASP.NET 中的 TextArea 也是一个多行输入框。TextArea 的宽度由 Cols 属性决定，长度由 Rows 属性决定。

htmlTextArea 控件的功能和前面的 htmlInputText 文本框对象类似，只是 htmlTextArea 控件可以设定长度和高度，可以用来输入一小段文字。网站上讨论区的内容大多都是利用 htmlTextArea 来输入的，用户输入的内容会存在 Value 属性中。htmlTextArea 的写法和 Input 对象不同，必须要加上</TextArea> 结束结构或以 <TextArea .../> 的风格来撰写，以下是 htmlTextArea 控件的使用语法：

```
<TextArea Id="控件名称" Runat="Server" Cols="单行的长度" Rows="文字输入区的列数">
文字区内容

</TextArea>
```

可以通过 htmlTextArea 控件的 Value 取得输入的值。

7．htmlSelect 控件

htmlSelect 控件就是下拉列表。htmlSelect 控件有两种风格，一种是下拉式选单，另一种是列表框。选项的风格是选单还是列表由 Size 属性决定。倘若有指定 Size 属性，则出现固定大小的列表框；若没有指定 Size 属性，则为下拉列表。另外，选项可以动态地加入项目，只要利用 Items 集合的 Add 方法即可；如果要取得用户选择的项目，可以使用 Value 属性传回。htmlSelect 控件语法格式如下：

```
<Select
Id="控件名称"
Runat="Server"
Items="选项集合"
Size="列表长度">
```

```
<Option>选项</Option>
<Option>选项...</Option>
</Select>
```

以下示例中设置了两个 htmlSelect 控件，分别为 Select1 和 Select2。Select1 利用指定 Option 标签的方式将项目配置好，注意 Select1 的结束结构 </Select>；而 Select2 则是利用 Items 集合的 Add 方法在 Page_Load 事件中动态地加入项目。为了不让项目重复被加入，需要检查 Page 对象的 IsPostBack 属性是否为 False 只在第一次加载才加入项目，这样才不会加入重复的选项。

```
<!-- Select.aspx -->
<html>
<head>
<script language="VB" runat="server">
    Sub Page_Load(Sender As Object, e As EventArgs)
        If Page.IsPostBack=False then
            Select2.Items.Add("男")
            Select2.Items.Add("女")
        End If
    End Sub
    Sub Button1_Click(Sender As Object, e As EventArgs)
        Sp1.InnerText= "你的血型是: " & Select1.Value & _
        ", 性别是: " & Select2.Value
    End Sub
</script>
</head>
<body>
    <h3><font face="Verdana">血型与性别选择</font></h3>
    <form runat="server">
        血型:<Select ID="Select1" Runat="Server">
        <Option>A</Option>
        <Option>B</Option>
        <Option>O</Option>
        <Option>AB</Option>
        </Select>
        性别:<Select ID="Select2" Runat="Server" Size="2"/>
        <Input Type="button" ID="Button1" Runat="Server"
        OnServerClick="Button1_Click" Value="确定">
    </form>
    <Span ID="Sp1" Runat="Server"/>
</body>
</html>
```

上面代码的效果如图 3-2-5 所示。

图 3-2-5　血型与性别选择

8. htmlTable、htmlTableRow 和 htmlTableCell 控件

htmlTable 服务器控件能让设计者轻松地创建表格，也可以按照程序的方式动态生成表格。htmlTable 控件可以配合 htmlTableRow 以及 htmlTableCell 控件来动态地产生表格。其关系如图 3-2-6 所示。

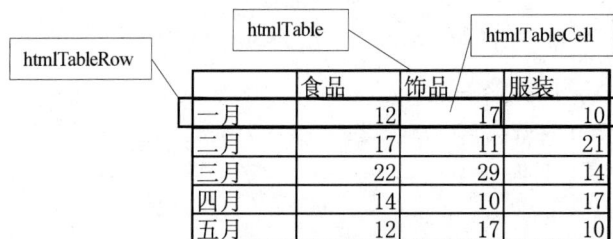

图 3-2-6　表格控件的关系

htmlTable 控件是由许多行（Row）所组成，而每一列中是由许多单元格（Cell）所组成。所以，htmlTable 控件中有 Rows 集合，htmlTableRow 控件中有 Cells 集合。可以利用 htmlTableRow 中 Cells 集合的 Add 方法，将 htmlTableCell 控件串成一行（Row）后，再将这一列加到 htmlTable 的 Rows 集合中，这样就创建了表格。这些组成表格的控件都可以设定一些外观属性。htmlTableCell 控件的语法格式如下：

```
<Td 或 Th
Id="控件名称"
Runat="Server"
Align="Left | Center | Right"
BGColor="背景色"
BorderClolr="边框颜色"
ColSpan="跨栏数"
Hight="表格高度"
NoWarp="True | False"
RowSpan="跨列数"
Valign="垂直对齐方式"
Width="表格宽度"
>单元格内容
```

</Td 或 /Th>

一般来说，通常都会利用程序来产生 htmlTableCell 对象，设定好属性之后，再加入到 htmlTableRow 对象中的 Cells 集合中。

htmlTableRow 控件的语法格式如下：

```
<Tr
Id="控件名称"
Runat="Server"
Align="Left | Center | Right"
BGColor="背景色"
BorderClolr="边框颜色"
Hight="表格高度"
Cells="Cell 集合"
Valign="垂直对齐方式"
>
<Td>单元格内容</Td>
<Td>单元格内容</Td>
</Tr>
```

利用程序来产生 htmlTableCell 对象后，再加入 htmlTableRow 对象中的 Cells 集合中。等表格的一行定义好之后，再利用 htmlTable 对象的 Rows 集合，将表格的列加入集合中。htmlTable 控件的语法如下：

```
<Table
Id="控件名称"
Runat="Server"
Align="Left | Center | Right"
BGColor="背景色"
BorderClolr="边框颜色"
CellPadding="像素"
CellSpacing="像素"
Hight="表格高度"
Rows="Row 集合"
Width="表格宽度"
>
<Tr><Td>…<Td/>…</Tr>
<Tr><Td>…</Td>…</Tr>
...
</Table>
```

本节后面的实例演示了利用表格控件动态创建表格。

3.2.4　实例

1. 实例 13　设置用户背景色

本实例中，将通过 HTML 服务器控件实现用户个性化背景色的设置。效果如图 3-2-7 所示。

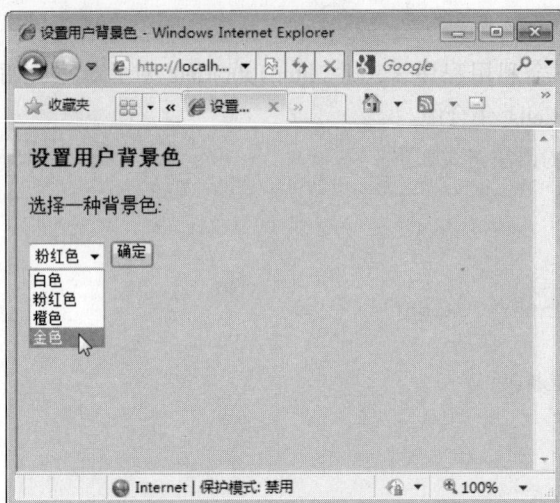

图 3-2-7　设置用户背景色

创建一个名为 SelColor.aspx 的文件，并打开，设置网页标题为"设置用户背景色"。切换到"代码"视图，编辑代码如下所示：

```
<!-- SelColor.aspx -->
<%@ Page Language="VB" %>
<html>
<head>
<title>设置用户背景色</title>
</head>
<script language="VB" runat="server">
    Sub SubmitBtn_Click(sender As Object, e As EventArgs)
        Body.Attributes("bgcolor")=ColorSelect.Value
    End Sub
</script>
<body id=Body runat=server>
    <h3>设置用户背景色</h3>
    <form runat=server>
      <p>
      选择一种背景色： <p>
      <select id="ColorSelect" runat="server">
          <option value="White">白色</option>
          <option value="Pink">粉红色</option>
          <option value="Orange">橙色</option>
          <option value="Gold">金色</option>
      </select>
      <input  type="submit"  runat="server"  Value=" 确 定 "  OnServerClick=
"SubmitBtn_Click">
    </form>
</body>
```

```html
</html>
```
保存文件，网页浏览效果如图 3-2-7 所示。

2. 实例 14　动态创建的表格

本实例是使用 HTML 服务器控件中的表格控件来实现动态表格的创建，如图 3-2-8 所示。

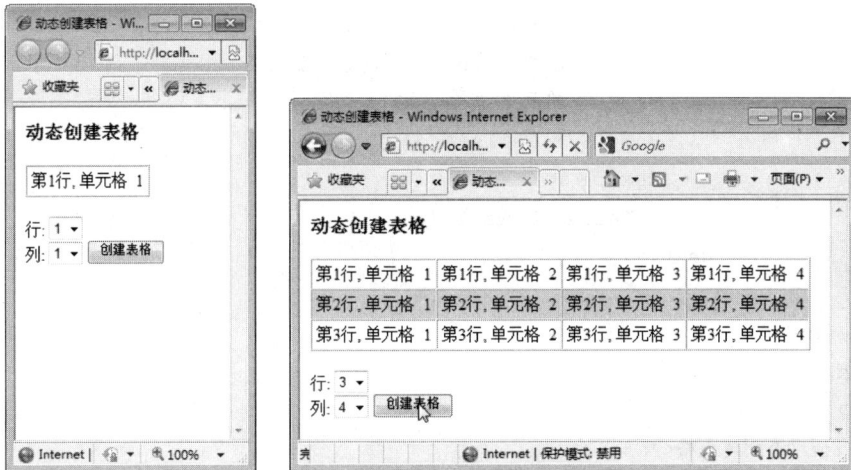

图 3-2-8　动态创建的表格

创建一个名为 Dtable.aspx 的文件，并打开，设置网页标题为"动态创建表格"。切换到"代码"视图，编辑代码如下所示：

```html
<!-- DTable.aspx -->
<%@ Page Language="VB" ContentType="text/html"%>
<html>
<head>
<meta http-equiv="Content-Type" content="text/html; charset=gb2312" />
<title>动态创建表格</title>
    <script language="VB" runat="server">
      Sub Page_Load(sender As Object, e As EventArgs)
            Dim numrows As Integer
            Dim numcells As Integer
            Dim i As Integer=0
            Dim j As Integer=0
            Dim Row As Integer=0
            Dim r As HtmlTableRow
            Dim c As HtmlTableCell

            ' 产生表格
            numrows=CInt(Select1.Value)
            numcells=CInt(Select2.Value)
            For j=0 To numrows-1
                r=new HtmlTableRow()
```

```
                        If (row Mod 2<>0) Then
                                r.BgColor="Gainsboro"
                        End If
                        row+=1
                    For i=0 To numcells-1
                            c=new HtmlTableCell()
                            c.Controls.Add(new LiteralControl("第" & j+1 & "行,
                    单元格 " & i+1))
                            r.Cells.Add(c)
                    Next i
                        Table1.Rows.Add(r)
                Next j
        End Sub
    </script>
</head>
<body>
    <h3>动态创建表格</h3>
    <form runat=server>
        <p>
        <table id="Table1" CellPadding=4 CellSpacing=0 Border="1" runat="server" />
        <p>
        行:
        <select id="Select1" runat="server">
            <option Value="1">1</option>
            <option Value="2">2</option>
            <option Value="3">3</option>
            <option Value="4">4</option>
        </select>
        <br>
        列:
        <select id="Select2" runat="server">
            <option Value="1">1</option>
            <option Value="2">2</option>
            <option Value="3">3</option>
            <option Value="4">4</option>
        </select>
        <input type="submit" value="创建表格" runat="server">
    </form>
</body>
</html>
```

网页执行效果如图 3-2-8 所示。

思考与练习 3

1．填空

（1）控件的_____属性，表示该控件是在服务器端运行，而不是在客户端。

（2）ASP.NET 提供的服务器控件包括_____和_____两大类。

（3）_____是对应的 HTML 元素在服务器端的体现。

（4）每个 ASP.NET 服务器控件都能具有自己的_____、_____和_____。

（5）_____属性用于指示当前页面是否正为响应客户端回发而加载。

（6）ASP.NET 的一个重要特征就是以_____的方式进行程序设计。

（7）_____指令用于在 ASP.NET 页面中导入某个命名空间中的类。

（8）当整个页面被浏览器读入的时候，在服务器控件加载到 Page 对象中时触发_____事件。

（9）将 HTML 标签加上_____属性，就成为了 HTML 服务器控件。

2．程序设计

（1）参考"实例 11"创建一个用户登录网页，网页中有两个文本框，两个标签和一个按钮。文本框用于输入用户名和密码，当单击按钮后，对文本框内的用户名和密码进行验证，如果用户名为"Admin"，并且密码为"9999"，则在标签中显示"登录正确！"，否则显示"用户名或密码错误，请重新输入！"。

（2）参考"实例 12"创建一个网页，页面中有一个按钮和一个标签，当浏览器首次载入页面时在标签中显示当前时间。如果用户在 30 秒后按下按钮，则在标签中显示"连接超时！"。

（3）参考"实例 13"和"实例 14"，制作一个个性化的网络日记网页，在网页中加入表格，表格中显示当前日期和时间。

第**4**章 Web 服务器控件

4.1　Web 服务器控件基础

4.1.1　Web 服务器控件的基本属性

ASP.NET 提供了大量的 Web 服务器控件来帮助 WebForm 页面的设计，这些 Web 服务器控件都有一些通用的基本属性，所谓基本属性就是所有的 Web 控件共同具有的属性。表 4-1-1 列出了常用的基本属性。

表 4-1-1　Web 控件基本属性

属　　　性	说　　　明	属　　　性	说　　　明
AccessKey	快捷键	Font-Bold	字体是否为粗体
BackColor	背景色	Font-Italic	字体是否为斜体
BorderWidth	边框宽度	Font-Name	字体名称
BorderColor	边框颜色	Font-Names	字体名称
BorderStyle	边框风格	Font-Overline	字体是否有顶画线
CSSClass	CSS 样式表类名	Font-Size	字体大小
CSSStyle	CSS 样式表风格	Font-Strikeout	字体是否有删除线
Enabled	设置控件是否可用	Font-Underline	字体是否有下画线
Visible	设置控件是否可见	ForeColor	前景色（字体颜色）
Height	控件高度	TabIndex	Tab 键索引
Width	控件宽度	ToolTip	工具提示

1. AccessKey 属性

AccessKey 属性可以用来指定键盘的快捷键。可以指定这个属性的内容为数字或英文字母，当用户按下键盘上的 Alt 键再加上所指定的字符时，表示选择该控件。例如，下面示例中指定按钮控件 Button1 的 AccessKey 属性为 "A"，当用户按下 Alt+A 组合键时，即表示按下了该按钮。

```
<Form Id="Form1" Runat="Server">
<ASP:Button Id="Button1" Text="请单击我" Runat="Server" AccessKey="A"
OnClick="Button1_Click"/>
或是按Alt+A 键
</Form>
<ASP:Label Id="Label1" Runat="Server"/>
<Script Runat="Server" ID=Script1>
```

```
Sub Button1_Click(Sender As Object, e As EventArgs)
Label1.Text="Button1 被单击。"
End Sub
</Script>
```

上面的程序无论是直接单击按钮还是按下 Alt+A 组合键，都会触发 Button1_Click 事件。

2．BackColor 属性与 ForeColor 属性

BackColor 属性和 ForeColor 属性分别用于设置对象的背景色和前景色（通常指字体颜色），这两个属性在控件声明时的设置值为颜色名称，也可以是#RRGGBB 的格式。下列程序代码设置了标签控件 Label1 的背景色为灰色，前景色为红色（red）。

```
<ASP:Label Id="Label1" Text="Label" BackColor="#E0E0E0" ForeColor="red" Runat=
"Server" />
```

如果是在过程代码中通过程序来设置颜色，则不能使用上述方法。此时，可以导入 System.Drawing.Color 命名空间，调用该命名空间中定义的颜色常量或设置颜色的方法来进行颜色的设置。如实例 15 中所示，下面的语句用于导入 System.Drawing.Color 命名空间。

```
<%@ import namespace="System.Drawing.Color" %>
```

下面的语句用于通过程序代码来设置背景色。

```
labText.BackColor=yellow
```

上面的语句设置背景色为黄色，yellow 在 System.Drawing.Color 中定义。

System.Drawing.Color 命名空间中将一些最常用的颜色值以成员常量的形式给出。表 4-1-2 中给出了其中的一些常用颜色。

表 4-1-2　颜 色 常 量

常　　量	颜　　色	常　　量	颜　　色	常　　量	颜　　色
Black	黑色	Green	绿色	Magenta	洋红
White	白色	Blue	蓝色	Pink	粉红
Gray	灰色	Yellow	黄色	Azure	天蓝
Gold	金色	Indigo	靛青	LightBlue	浅蓝
DarkGray	深灰色	Cyan	青色	Brown	棕色
Red	红色	Orange	橙色	DarkBlue	深蓝

Color 的 FromArgb 方法可用于创建用户指定的特殊颜色，它从 4 个 ARGB 分量（alpha、红色、绿色和蓝色）值创建 Color 结构，其中 alpha 代表不透明度，取值范围为 0～255，0 表示完全透明，255 表示完全不透明。可以用 FromArgb 方法来创建具有透明度的颜色，下面的代码就创建了一个不透明度为 70 的蓝色和一个不透明度为 100 的自定义颜色，该颜色 RGB 值为 (100,100,0)。

```
Color.FromArgb(70,Color.Blue)
Color.FromArgb(100,100,100,0)
```

3．BorderColor、BorderWidth 和 BorderStyle 属性

BorderColor、BorderWidth 和 BorderStyle 属性都用于控件的边框设置，BorderWidth 设置边框宽度，BorderColor 设置边框颜色，BorderStyle 设置边框风格。

例如，下面的语句声明一个标签，其边框风格为双线（double），边框宽度为 5，边框颜色为红

色（Red）。

```
<ASP:Label  Id="Label1"  Text="Label"  BorderStyle="double"  BorderWidth=5
BorderColor="Red" Runat="Server" />
```

BorderWidth 以像素为单位来设置 Web 控件的边框宽度。Bordercolor 设置边框颜色的方法与前面 BackColor 相同。BorderStyle 用于设置边框风格，可用的边框风格共有 10 种，如表 4-1-3 所示。

表4-1-3 边 框 风 格

设 　 置 　 值	说 　 　 明
Notset	默认值，未设置边框
None	没有边框
Dotted	边框为点画线
Dashed	边框为虚线
Solid	边框为实线
Double	边框为双线，在某些控件中为实线，但厚度是 Solid 的两倍
Groove	边对象四周出现 3D 凹陷式的外框
Ridge	边对象四周出现 3D 突起式的外框
Inset	控件呈陷入状
Outset	控件成突起状

下面的程序代码显示了不同边框风格的按钮。

```
<!-- BorderStyle.aspx -->
<%@ Page Language="VB" ContentType="text/html%>
<html>
<head>
<meta http-equiv="Content-Type" content="text/html; charset=gb2312" />
<title>边框风格</title>
</head>
<body>
<form runat="server">
  <p>
    <ASP:Button Id="B1" Text="Notset" Runat="Server"/>
    <ASP:Button Id="B2" Text="None" Borderstyle="None" Runat="Server"/>
    <ASP:Button Id="B3" Text="Dotted" Borderstyle="Dotted" Runat="Server"/>
    <ASP:Button Id="B4" Text="Dashed" Borderstyle="Dashed" Runat="Server"/>
    <ASP:Button Id="B5" Text="Solid" Borderstyle="Solid" Runat="Server"/> </p>
  <p>
    <ASP:Button Id="B6" Text="Double" Borderstyle="Double" Runat="Server"/>
    <ASP:Button Id="B7" Text="Groove" Borderstyle="Groove" Runat="Server"/>
    <ASP:Button Id="B8" Text="Ridge" Borderstyle="Ridge" Runat="Server"/>
    <ASP:Button Id="B9" Text="Inset" Borderstyle="Inset" Runat="Server"/>
    <ASP:Button Id="B10" Text="Outset" Borderstyle="Outset" Runat="Server"/>
</p>
</form>
</body>
```

```
</html>
```
上面网页的浏览效果如图 4-1-1 所示。

图 4-1-1　边框风格

注意，上面的网页边框风格是在 Windows 2000 中浏览的结果，如果是在 Windows XP/2003/Vista/7 中，需要将"显示"属性中的"主题"风格设置为"Windows 经典"，否则，不会产生图 4-1-1 所示的效果。

4. Height 属性和 Width 属性

这两个属性用来设置 Web 控件的高和宽，单位是 pixel（像素）。下面的程序演示了控件大小的设置。

```
<html>
<head>
<meta http-equiv="Content-Type" content="text/html; charset=gb2312" />
<title>控件大小</title>
</head>
<body>
<form runat="server">
<p align="center"><ASP:Button Id="B1" Text="默认大小" Runat="Server" /></p>
<p align="center">
<ASP:Button Id="B2" Text="设置大小" Height="50" Width="120" Runat="Server"/>
</p>
</form>
</body>
</html>
```
上面网页的浏览效果如图 4-1-2 所示。

图 4-1-2　设置控件大小

5. Font 属性

ASP.NET 提供了多种属性性来设置字体的样式，其属性以及设置值如表 4-1-4 所示。

表 4-1-4　字 体 属 性

属　　性	描　　　　述
Font–Bold	设置为 True 则会变成粗体
Font–Italic	设置为 True 则会变成斜体
Font–Names	设置字体，如宋体、黑体、楷体_gb2312、隶书等
Font–Size	设置字体大小，共有 9 种大小可供选择：Smaller、Larger、XX–Small、X–Small、Small、Medium、Large、X–Large、XX–Large
Font–Strikeout	设置为 True 则会出现删除线
Font–Underline	设置为 True 则会出现下画线
Font–Overline	字体是否有顶画线

下列示例演示了字体属性的设置。

```
<!--Font.aspx-->
<html>
<head>
<meta http-equiv="Content-Type" content="text/html; charset=gb2312" />
<title>字体设置</title>
</head>
<body>
<form runat="server">
<ASP:Label Id="Label1" Runat="Server" Font-Bold="True" Text="粗体"/>
<ASP:Label Id="Label2" Runat="Server" Font-Italic="True" Text="斜体"/>
<ASP:Label Id="Label3" Runat="Server" Font-Names="隶书" Text="隶书"/>
<ASP:Label Id="Label4" Runat="Server" Font-Strikeout="True" Text="删除线"/>
<ASP:Label Id="Label5" Runat="Server" Font-Underline="True" Text="下划线"/>
<ASP:Label Id="Label6" Runat="Server" Font-Overline="True" Text="顶划线"/>
<ASP:Label Id="Label7" Runat="Server" Font-Size="XX-Large" Text="大字体"/>
</form>
</body>
</html>
```

上面网页的浏览结果如图 4-1-3 所示。

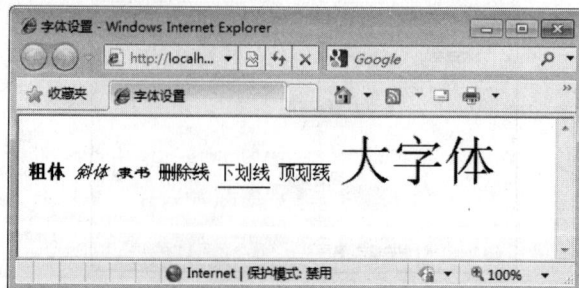

图 4-1-3　字体属性演示

　　如果要在程序中动态地设置字体属性，需要通过控件的 Font 属性来设置。特别是在设置文字大小时，还需要通过 FontUnit 结构的相关成员来进行设置。FontUnit 源于命名空间 System.Web.UI.WebControls，主要用于字体大小的设置，其成员除了有 Large、Larger、Medium、Small、Smaller、XLarge、XSmall、XXLarge、XXSmall 枚举型的大小外，还可以通过方法 Point() 来实现指定的任意大小（参考实例 15 的相关内容）。

6. Enabled 属性和 Visible 属性

　　Enabled 属性用于决定控件是否正常工作，默认值是 True。如要让控件失去作用，只要将控件的 Enabled 属性值设为 False 将它禁用即可。

　　Visible 属性决定了控件的显示，默认值是 True。设置本属性为 False 时，控件将不可见。

　　下面是一个 Enabled 属性和 Visible 属性的示例。

```
<!--Enable.aspx-->
<html>
<head>
<meta http-equiv="Content-Type" content="text/html; charset=gb2312" />
<title>Enable 与 Visible</title>
</head>
<body>
<form runat="server">
<ASP:Button Id="B1" Text="不能使用的按钮" Enabled="False" Runat="Server" />
<ASP:Button Id="B2" Text="可使用的按钮" Runat="Server" /><p>
<ASP:Button Id="B3" Text="没隐藏的按钮" Runat="Server"/>
<ASP:Button Id="B4" Text="隐藏的按钮" Visible="False" Runat="Server"/>
</form>
</body>
</html>
```

上面网页的浏览效果如图 4-1-4 所示。

图 4-1-4　Enabled 属性和 Visible 属性示例

　　从图中可以看到，第一个按钮是灰色不可用状态，第 4 个按钮由于设置为 Visible="False"，因此在页面中看不到该按钮。

7. CssStyle、CssClass 和 Style 属性

CssStyle 为一个 CSS 集合对象，表示当前控件的样式集合，可使用此属性添加、移除和循环访

问为控件声明的样式。

　　CssClass 属性用于获取或设置由 Web 服务器控件在客户端呈现的级联样式表（CSS） 类。使用 CssClass 属性指定要在客户端为 Web 服务器控件呈现的 CSS 类。此属性将在浏览器上为所有控件呈现，无论使用哪种浏览器，它始终呈现为类属性。例如，假设有下列 Web 服务器控件声明：

```
<asp:TextBox id="TextBox1" ForeColor="Red" CssClass="class1" />
```

对于前面的 Web 服务器控件声明，在客户端上呈现下列 HTML：

```
<input type=text class="class1" style="ForeColor:red">
```

下面是一个 CssClass 的示例。

```
<!--CssClass.aspx-->
<%@ Page Language="VB" %>
 <html>
 <head>
 <title>CssClass 的应用</title>
 <!--定义 CSS 样式表类 CssStyle1 和 CssStyle2 -->
   <style>
       .CssStyle1
       {
           font: 15pt 宋体;
           font-weight:700;
           color:orange;
       }
       .CssStyle2
       {
           font: 25pt 隶书;
           font-weight:250;
           color:blue;
       }
   </style>
   <script language="VB" runat="server">
     Sub Button1_Click(sender As Object, e As EventArgs)
           '当单击按钮时对标签的样式表类进行切换
       If Label1.CssClass="CssStyle1" Then
           Label1.CssClass="CssStyle2"
       Else
           Label1.CssClass="CssStyle1"
       End If
End Sub
</script>
   </head>
 <body>
   <h3 align="center">CssClass 的应用</h3>
   <form runat="server">
```

```
<p align="center">
   <asp:Label  id="Label1"  CssClass="spanstyle"  Text="演示文本"  runat=
"server"/>
 </p>
   <p align="center">
   <asp:Button id="Button1" Text="改变样式"  OnClick="Button1_Click" runat=
"server"/>
 </form>
 </body>
 </html>
```

上面网页的演示效果如图 4-1-5 所示。

图 4-1-5　CssClass 的应用

Style 属性可以用来设置控件的样式。以 Button 控件为例，标准 Button 控件的底色为灰色，而文字为黑色。如果只使用 HTML 标签，除非配合 CSS 使用，否则无法更改按钮的颜色。为了让开发人员可以方便地在程序中通过代码设置对象样式，ASP.NET 为控件设计了 Style 属性。表 4-1-5 列出了 Style 属性可以设置的样式。

表 4-1-5　Style 样 式

样 式 名 称	说 明	设　　置　　值
Background-Color	背景色	RGB 值或指定颜色
Color	前景色	RGB 值或指定颜色
Font-Family	字形	标楷体
Font-Size	字体大小	20pt
Font-Style	斜体	Italic（斜体）或 Normal（一般）
Font-Weight	粗体	Bold（粗体）或 Normal（一般）
Text-Decoration	效果	Underline（底线）、Strikethrough（穿越线）、Overline（顶线）或是 None（无）
Text-Transform	转大小写	Uppercase（全转大写）、Lowercase（全转小写）、Initial Cap（前缀大写）或是 None（无）

下列的示例演示了如何在程序代码中动态地改变标签控件的样式。

```
<!--Style.aspx-->
```

```
<%@ Page Language="VB"  %>
<html>
<head>
<title>Style 的应用</title>
    <Script Language="VB" Runat="Server">
        Sub Button1_Click(Sender As Object, e As EventArgs)
            Label1.Style("Background-Color")="#FFFF00" '以 RGB 设置颜色
            Label1.Style("Color")="Blue"
            Label1.Style("Font-Family")="楷体_gb2312" '设置字形
            Label1.Style("Font-Size")="20pt" '设置字体大小
            Label1.Style("Font-Style")="italic" '设置为斜体字
            Label1.Style("Font-Weight")="bold" '设置为粗体字
            Label1.Style("Text-Decoration")="Underline" '设置为底线字
            Label1.Style("Text-Transform")="UpperCase" '小写转大写
        End Sub
    </Script>
</head>
<body>
<h3 align="center">Style 的应用</h3>
<form runat="server">
<p align="center">
<asp:Label id="Label1" CssClass="spanstyle" Text="演示文本 This is a test."
runat="server"/>
</p>
<p align="center">
<asp:Button id="Button1" Text="改变样式"  OnClick="Button1_Click" runat=
"server"/>
</p>
</form>
</body>
</html>
```

上面网页的演示效果如图 4-1-6 所示。

图 4-1-6 Style 的应用

8．TabIndex 属性

TabIndex 属性用来设置当用户按下 Tab 键时页面中的 Web 控件接收焦点的顺序，如果这个属性没有设置，则是默认值 0。如果 Web 控件的 TabIndex 属性值一样，则是以 Web 控件在 ASP.NET 网页中被配置的顺序来决定。下列示例指定了 Button 控件的 TabIndex 属性，由于 B3 的 TabIndex 值最小，所以打开网页的时候焦点停留在 B3 上。

```
<ASP:Button Id="B1" Text="TabIndex=3" TabIndex="3" Runat="Server"/>
<ASP:Button Id="B2" Text="TabIndex=2" TabIndex="2" Runat="Server"/>
<ASP:Button Id="B3" Text="TabIndex=1" TabIndex="1" Runat="Server"/>
```

9．ToolTip 属性

ToolTip 属性就是工具提示。设置 ToolTi 属性后，当用户停留在 Web 控件上时就会出现提示的文字。例如：

```
<ASP:Button Id="B1" Text="我有小提示" ToolTip="这就是小提示" Runat="Server"/>
```

4.1.2　Label 控件

Label 控件是最简单的格式控件，它的主要作用是用来显示文字。Label 控件的使用格式有两种。一种是单标签，如下所示：

```
<ASP:Label
Id="控件名称"
Runat="Server"
Text="所要显示的文字" />
```

另一种是起止标签格式，如下所示：

```
<ASP:Label
Id="控件名称"
Runat="Server" >
所要显示的文字
</ASP:Label>
```

当需要使用程序来改变标签中显示的文字时，只要改变它的 Text 属性即可。

下面的示例显示了一个 Label Web 控件，并在 Page_Load 事件程序中进行初始化，将其 Text 属性设置为"这是一个 Label 控件"。

```
<html>
<%@ Page Language="VB" %>
 <html>
 <head>
 <title>Style 的应用</title>
    <Script Language="VB" Runat="Server">
        Sub Page_Load(Sender As Object,e As Eventargs)
            Label1.Text="这是一个 Label 控件"
        End Sub
    </Script>
 </head>
```

```
<body>
    <asp:Label id="Label1" Runat="Server"/>
</body>
</html>
```

4.1.3　TextBox 控件

TextBox 控件表示一个文本框，它和<Input Type="Text">、<Input Type="Password">以及<TextArea>这 3 个 HTML 元素一样，都是用来接收键盘键入的数据，TextBox 可以用来取代上述 3 种 HTML 元素。其使用语法为：

```
<ASP:TextBox
Id="控件名称"
Runat="Server"
AutoPostBack="True | False"
Columns="字符数目"
MaxLength="字符数目"
Rows="列数"
Text="字符串"
TextMode="SingleLine | Multuline | Password"
Wrap="True | False"
OnTextChanged="事件处理程序名称" />
```

TextBox 控件的属性说明如表 4-1-6 所示。

表 4-1-6　TextBox 属 性

属　　性	说　　　　　　　明
AutoPostBack	设置当按 Enter 键或是 Tab 键离开文本框时，是否要自动触发 OnTextChanged 事件
Columns	设置 TextBox 的长度，单位为字符数
MaxLength	设置 TextBox 可以接收的最大字符数目
Rows	设置 TextBox 的高度为多少列，本属性在 TextMode 属性设为 MultiLine 才生效
Text	用于设置 TextBox 中所显示的内容，或是取得用户的输入
TextMode	共有 3 种设置值：SingleLine，单行文本框（即 <Input Type="Text">）；PassWord，密码框，输入的字符以*代替（即 <Input Type="Password">）；MultiLine，多行文本框，可进行多行输入（即 <TextArea>）
Wrap	设置是否自动换行。本属性在 TextMode 属性设为 MultiLine 才生效

由上表可知，TextBox 的形态是由 TextMode 属性来决定的，若没有设置 TextMode 属性，则默认为 SingleLine。下列示例演示了 3 种形态的 TextBox。

```
<!--TextBox.aspx-->
<html>
 <head>
 <title>TextBox 样式</title>
 </head>
 <body>
   <h3 align="center">TextBox 样式</h3>
```

```
<form runat="server">
    <p align="center">
    这是单行文本框:
    <ASP:TextBox Id="T1" TextMode="SingleLine" Text="单行文本框" Runat=
    "Server"/>
    </p>
    <p align="center">
    这是密码输入框:
    <ASP:TextBox Id="T2" TextMode="Password"  Runat="Server"/>
    </p>
    <p align="center">
    这是多行文本框:
<ASP:TextBox Id="T3" TextMode="Multiline" Rows="5" Text="多行文本框"
Runat="Server"/>
    </p>
</form>
</body>
</html>
```

上面的网页在浏览器中浏览时，在密码输入框中输入文字后效果如图 4-1-7 所示。

图 4-1-7　TextBox 样式

TextBox 最重要的事件是 OnTextChanged 事件。与 VB 不同，这个事件并不是在输入字符导致 TextBox 内容改变时发生，而是当焦点离开文本框后，TextBox 内的文字传至服务器端时，服务器端发现文字的内容和上次的值不同时发生。

下面的示例演示了 OnTextChanged 事件的处理。

```
<%@ Page Language="VB" %>
<html>
<head>
<title>OnTextChange 事件</title>
```

```
    <Script Language="VB" Runat="Server">
        Sub Page_Load(Sender As Object,e As Eventargs)
            Label1.Text="文字的内容没有被改变"
        End Sub
        Sub T1_Changed(Sender As Object,e As Eventargs)
            Label1.Text="文字的内容已经被改变"
        End Sub
    </Script>
<body>
<Form Id="Form1" Runat="Server">
  <h3 align="center">OnTextChange事件 </h3>
  <p><ASP:Textbox  Id="T1"  AutoPostBack="True"  OnTextChanged="T1_Changed"
Runat= "server" /></p>
<p><ASP:Label Id="Label1" Runat="Server" /></p>
</Form>
</body>
</html>
```

上面的网页在浏览器中效果如图 4-1-8 所示。

（a）　　　　　　　　　　（b）

图 4-1-8　OnTextChange 事件

从上面的图中可以看到，在文本框内输入文字时，没有发生 OnTextChange 事件，标签的内容未改变，如图 4-1-8（a）所示；当在按下 Tab 键或 Enter 键后，焦点移出文本框，此时发生 OnTextChange 事件，标签显示文字的内容已经被改变的信息，如图 4-1-8（b）所示。

4.1.4　Button 控件

Button Web 控件是网页设计相当重要的 Web 控件。它的主要作用在于接收用户的 Click 事件，并执行相对应的事件程序来完成程序的处理。其使用格式为：

```
<ASP:Button
Id="控件名称"
Runat="Server"
Text="按钮上的文字"
Command="命令名称"
```

```
CommandArgument="命令参数"
OnClick="事件处理程序名" />
```

要使用 Button 控件的 Click 事件，除了要指定 Onclick="事件名称" 外，还必须将对象放在窗体标签<Form>中才会动作，不然将会没有作用。Command 和 CommandArgument 属性可以用来和 DataList 等控件配合使用，这里先不讨论。

下面是 Button 控件的示例。

```
<html>
<head>
<title>Button 按钮</title>
</head>
<Script Language="VB" Runat="Server">
    Sub B1_Click(Sender As Object,e As Eventargs)
        L1.Text="改变后的 Label 控件"
    End Sub
</Script>
<body>
<Form Id="Form1" Runat="Server">
<ASP:Button Id="B1" Text="请按我" OnClick="B1_Click"
Runat="Server"/><p>
<ASP:Label Id="L1" Text="Label 控件" Runat="Server" />
</Form>
</body>
</html>
```

当按下 Button 控件后，便触发 OnClick 事件，并在程序中改变 Label 控件的 Text 属性。

按钮控件的用途是使用户对页面的内容作出判断，当按下按钮后，页面会对用户的选择作出一定的反应，达到与用户交互的目的。

按钮控件的使用虽然很简单，但是按钮控件却是最常用的服务器控件之一，值得重点学习。对按钮控件的使用要注意它的 3 个事件（OnClick、OnMouseOver 和 OnMouseOut）与一个属性 Text。

1．OnClick 事件

用户按下按钮以后，即发生 OnClick 事件。通常在编程中利用此事件，完成对用户选择的确认、对用户表单的提交、对用户输入数据的修改等。

2．OnMouseOver 事件

当用户的光标进入按钮范围时触发 OnMouseOver 事件。为了使页面有更生动的显示，可以利用此事件完成，当光标移入按钮范围时，使按钮发生某种显示上的改变，用以提示用户可以进行选择了。

3．OnMouseOut 事件

当用户光标离开按钮范围时触发 OnMouseOut 事件。同样，为使页面生动，当光标脱离按钮范

围时，也可以发生某种改变，如恢复原状，用以提示用户脱离了按钮选择范围。

4．Text 属性

按钮上显示的文字，用以提示用户该按钮的功能。

4.1.5　LinkButton 控件

LinkButton 控件的功能和 Button 控件一样，只不过它显示在页面中的是类似超链接的文字，而不是按钮。其使用格式如下：

```
<ASP:LinkButton
Id="控件名称"
Runat="Server"
Text="按钮上的文字"
Command="命令名称"
CommandArgument="命令参数"
OnClick="事件处理程序名" />
```

也可以用下面的格式：

```
<ASP:LinkButton
Id="控件名称"
Runat="Server"
Command="命令名称"
CommandArgument="命令参数"
OnClick="事件处理程序名" />
"按钮上的文字"
</ASP:LinkButton>
```

LinkButton 必须写在 <Form> 和 </Form> 之间，也要指定 OnClick 属性才会动作。下面的程序代码将上例中的 Button 的范例换成用 LinkButton，执行结果完全相同。

```
<html>
<head>
 <title> LinkButton 按钮</title>
 </head>
<Script Language="VB" Runat="Server">
    Sub B1_Click(Sender As Object,e As Eventargs)
        L1.Text="改变后的 Label 控件"
    End Sub
</Script>
<body>
    <Form Id="Form1" Runat="Server">
        <ASP:LinkButton Id="B1" Text="请按我" OnClick="B1_Click" Runat="Server"/>
<p>
        <ASP:Label Id="L1" Text="Label 控件" Runat="Server" />
    </Form>
```

```
</body>
</html>
```

4.1.6　ImageButton 控件

ImageButton 控件的作用和上述两个控件一样，不过这个控件是用图片来作为按钮。其使用格式如下：

```
<ASP:ImageButton
Id="控件名称"
Runat="Server"
Command="命令名称"
CommandArgument="命令参数"
OnClick="事件处理程序名" />
```

这里要特别注意事件程序的参数接收。ImageButton 控件在触发 OnClick 事件时，会传递用户在图形的哪个位置上按下鼠标按钮，所以参数 e 的类型要更改为 ImageClickEventArgs，若还是维持原先的 EventArgs 将发生错误。下面是 ImageButton 控件的示例。

```
<!--imgButton.aspx-->
<%@ Page Language="VB" %>
<html>
<head>
<title>图像按钮</title>
</head>
<Script Language="VB" Runat="Server">
    Sub Button1_Click(Sender As Object,e As ImageClickEventArgs)
        Label1.Text="在图像的 (" & e.x.ToString & ", " & e.y.ToString & ")位置
        按下了鼠标"
    End Sub
</Script>
<body>
    <Form Id="Form1" Runat="Server">
        <p align="center">
        <ASP:Label Id="Label1" Text="点击按钮" Runat="Server" />
        </p>
        <p align="center">
        <ASP:ImageButton Id="Button1" ImageUrl="/image/MARK714.GIF" Onclick=
        "Button1_Click" Runat="Server" />
        </p>
    </Form>
</body>
</html>
```

上面示例在用户按下 ImageButton 控件时，显示鼠标在哪个位置上按下按钮。效果如图 4-1-9 所示。

图 4-1-9　图像按钮演示

4.1.7　Image 控件

Image 控件用于在网页中显示图片。其使用语法为：

```
<ASP:Image
Id="控件名称"
Runat="Server"
ImageUrl="图片所在地址"
AlternateText="图形未加载时的替代的文字"
ImageAlign="NotSet | AbsBottom | AbsMiddle | BaseLine | Bottom | Left |
Middle | Right | TextTop | Top" />
```

Image 控件最重要的属性是 ImageUrl，这个属性指明图形文件所在的目录或是网址。如网页文件和图像文件存放在同一个目录下，则可以省略目录直接指定文件名即可。下面语句将利用 Image Web 控件在窗口中显示名为 MARK714.GIF 的图像。

```
<ASP:Image Id="Image1" ImageUrl="/image/MARK714.GIF" Runat="Server"/>
```

4.1.8　HyperLink 控件

HyperLink 控件用于在网页中设置超链接，相当于 HTML 元素的 <a> 标签。格式如下：

```
<ASP:Hyperlink
Id="控件名称"
Runat="Server"
Text="超链接文字或提示文字"
ImageUrl="图片所在地址"
Target="超链接所要显示的窗口"
/>
```

也可以使用下面的格式：

```
<ASP:Hyperlink
Id="控件名称"
Runat="Server"
ImageUrl="图片所在地址"
Target="超链接所要显示的窗口"
/>
```

超链接文字

```
</ASP:Hyperlink>
```

只要设置 NavigateUrl 属性为欲浏览的地址，在用户按下此超链接时即可打开指定的地址。而 Target 属性可以在有设框架（Frame）的网页上，决定此链接要开启在哪个框架或另外开启新的窗口，设置为 Target="_blank"时表示开启一个新窗口。设置 ImageUrl 属性则可以产生一个图形超链接，在图形模式的 HyperLink 控件如果有设置 Text 属性，则鼠标移到图形上时会出工具提示。下面是 HyperLink 控件的示例。

```
<!--HyperLink.aspx-->
<html>
 <head>
 <title>Hyperlink 控件</title>
 </head>
<body>
    <Form Id="Form1" Runat="Server">
        <asp:Hyperlink Id="hl1" Navigateurl="http://www.sina.com.cn"  Text=
    "新浪网"  Target="_blank" Runat="server" />
        <asp:Hyperlink Id="hl2" Navigateurl="Style.aspx" Text="同一目录下的
        Style.aspx 文件"
        ImageUrl="/image/MARK714.GIF" Target="_blank" Runat="Server"/>
        <asp:Hyperlink Id="hl3" Navigateurl="http://www.google.com.hk" Text="Google"
    ImageUrl="http://www.google.com.hk/logos/Logo_25wht.gif" Target="_blank"
    Runat="Server"/>    </Form>
</body>
</html>
```

上面网页的浏览效果如图 4-1-10 所示。

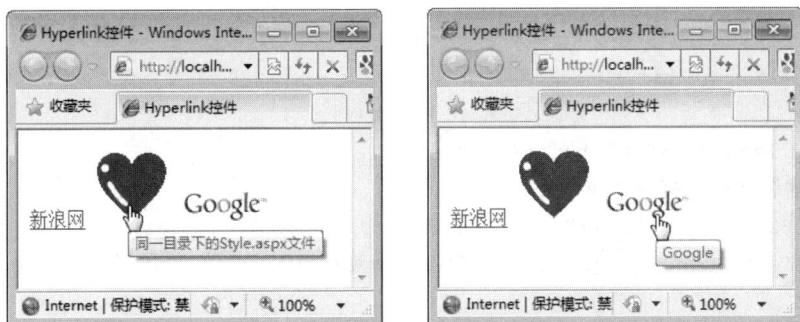

图 4-1-10　HyperLink 控件示例

程序将在页面中出现 3 个不同的超链接，点击文字超链接"新浪网"后，将在新窗口打开网址为 http://www.sina.com.cn 的新浪网页；点击心形图形超链接后，将在新窗口打开与当前网页同一目录下的 Style.aspx 网页；点击 Google 图标超链接后，将在新窗口打开网址为 http://www.google.com.hk 的 Google 网页。

4.1.9　实例

1．实例 15　动态文字

本实例中将演示如何通过 ASP.NET 程序在网页中动态地设置文本的颜色、大小和字体等属性，如图 4-1-11 所示。在本例的学习过程中，将学习 ASP.NET Web 服务器控件的常用基本属性，以及 Label 标签控件和 TextBox 文本框控件。

图 4-1-11　动态文字

创建一个名为 setFont .aspx 的文件，并打开。切换到"代码"视图，输入如下代码：

```
<%@ Page Language="VB" ContentType="text/html %>
<%@ import namespace="System.Drawing.Color" %>
<!DOCTYPE   html   PUBLIC   "-//W3C//DTD   XHTML   1.0   Transitional//EN"
"http://www.w3.org/TR/xhtml1/DTD/xhtml1-transitional.dtd">
<html xmlns="http://www.w3.org/1999/xhtml>
<head>
<meta http-equiv="Content-Type" content="text/html; charset=gb2312" />
<title>动态文字</title>
</head>
<script language="vb" runat="server">
'响应"背景颜色"按钮单击事件
Sub btnBackColor_Click(Sender As Object, E As EventArgs)
    labText.BackColor=yellow '设置背景色为黄色，yellow 在 System.Drawing.Color 中定义
End Sub
'响应"文字颜色"按钮单击事件
Sub btnFontColor_Click(Sender As Object, E As EventArgs)
    labText.ForeColor=blue   '设置前景色为蓝色，blue 在 System.Drawing.Color 中定义
End Sub
'响应"字体"按钮单击事件
Sub btnFontName_Click(Sender As Object, E As EventArgs)
    labText.Font.Name=txtFontName.text    '设置字体名称
End Sub
```

```
'响应 "字号" 按钮单击事件
Sub btnFontsize_Click(Sender As Object, E As EventArgs)
    Dim n As Integer
    n=val(txtFontsize.text)          '获取输入的数值
    if n>0 then
        labText.Font.Size=FontUnit.Point(n) '设置字号
    else
        txtFontsize.text="请输入一个整数"
    end if
End Sub
</script>
<body>
<form runat="server">
  <p align="center">
    <asp:Label BorderStyle="double" Font-Names="宋体" Font-Size="20" ID=
    "labText" runat="server" Text="动态文字" />  </p>
  <p align="center">
    <asp:TextBox ID="txtFontsize" ToolTip="设置文字字体大小" runat="server" />
    <asp:Button ID="btnFontsize" Text="字号" ToolTip="设置文字大小" AccessKey="S"
    runat="server" OnClick="btnFontsize_Click"/></p>
  <p align="center">
    <asp:TextBox ID="txtFontName" ToolTip="设置字体" runat="server" />
    <asp:Button ID="btnFontName" Text="字体" ToolTip="设置字体" AccessKey="N"
    runat="server" OnClick="btnFontName_Click"/>      </p>
  <p align="center">
    <asp:Button AccessKey="F" ID="btnFontColor" runat="server" Text="文字颜色
    " ToolTip="设置文字颜色" OnClick="btnFontColor_Click" />
    <asp:Button ID="btnBackColor" Text="背景颜色" ToolTip="设置背景颜色"
    AccessKey="B" runat="server" OnClick="btnBackColor_Click" /></p>
</form>
</body>
</html>
```

对上面的代码解析如下：

在第二行指令语句将在页面中引入 System.Drawing.Color 命名空间，以便在后面的代码中设置在该命名空间中定义的颜色。

在</head>和<body>标记对之间插入的代码将对 4 个按钮对应的单击事件进行响应，在事件中分别设置标签 labText 的文字颜色、背景颜色、字体和字号等属性。

下面的语句声明了一个标签（Label），标签的边框（BorderStyle）风格为双线（Double），标签文字字体（Font-Names）为"宋体"，大小（Font-Size）为 20，标签 ID 为"labText"，标签所显示的文字内容为"动态文字"。

```
<asp:Label BorderStyle="double" Font-Names="宋体" Font-Size="20" ID="labText"
runat= "server" Text="动态文字" />
```

下面的语句声明了一个文本框（TextBox），文本框的 ID 为 txtFontsize，工具提示（ToolTip）为"设置文字字体大小"。

```
<asp:TextBox ID="txtFontsize" ToolTip="设置文字字体大小" runat="server" />
```

同样，下面的语句也声明了一个文本框，ID 为 txtFontName，工具提示为"设置字体"。

```
<asp:TextBox ID="txtFontName" ToolTip="设置字体" runat="server" />
```

下面的语句声明了一个按钮（Button），按钮 ID 为 btnFontsize，按钮上显示的文字（Text）为"字号"，工具提示（ToolTip）为"设置文字大小"，按钮对应的快捷键（AccessKey）为 Alt+S，按钮将对单击（OnClick）事件进行响应，对应的事件处理过程名为"btnFontsize_Click"。

```
<asp:Button ID="btnFontsize" Text="字号" ToolTip="设置文字大小" AccessKey="S"
runat="server" OnClick="btnFontsize_Click"/>
```

其他几个按钮的设置都与这个按钮相似，不再一一说明。

2. 实例 16　动态按钮

本实例中将在网页上显示 3 个不同的按钮，如图 4-1-12（a）所示。当鼠标经过某个按钮时，按钮将会动态变化，如图 4-1-12（b）所示。在本实例的实现过程中，将学习使用 Button 控件、LinkButton 控件和 ImageButton 控件的使用。

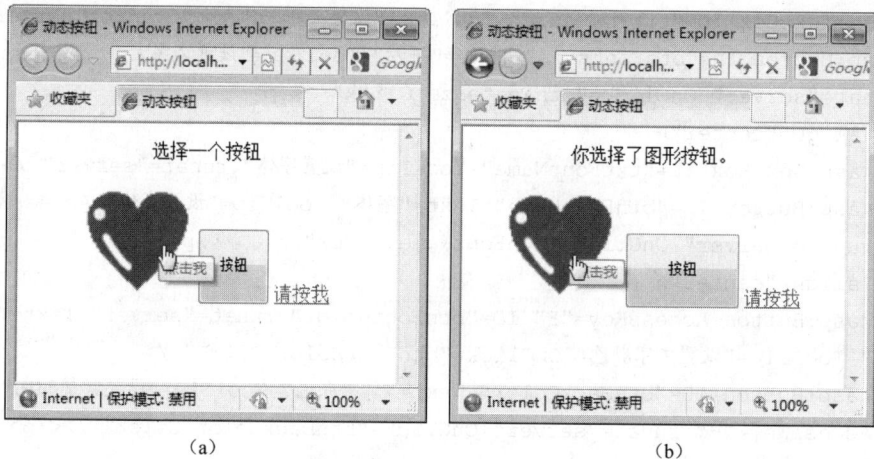

（a）　　　　　　　　　　　　（b）

图 4-1-12　动态按钮

创建一个名为 setFont .aspx 的文件，并打开。切换到"代码"视图，输入代码如下：

```
<%@ Page Language="VB"  %>
<html>
<head>
<title>动态按钮</title>
</head>
    <Script Language="VB" Runat="Server">
            Sub btn1_Click(Sender As Object, e As EventArgs)
                labMsg.Text="你选择了普通按钮。"
            End Sub
            Sub imgbtn1_Click(Sender As Object, e As ImageClickEventArgs)
                labMsg.Text="你选择了图形按钮。"
```

```
        End Sub
        Sub linkbtn1_Click(Sender As Object, e As EventArgs)
            labMsg.Text="你选择了链接按钮。"
        End Sub
    </Script>
<body>
<center>
<form  runat="server">
    <p>    <asp:Label ID="labMsg" Text="选择一个按钮" runat="server" /> </p>
    <p>
<asp:ImageButton  ID="imgbtn1"  AlternateText=" 心 "  Height="64"  Width="64"
ImageUrl="/image/MARK714.GIF"  ToolTip="点 击 我 "    OnMouseover="this.style.
height='96px'; this.style.width='96px'; " OnMouseOut="this.style.height='64px';
this.style.width='64px'; " OnClick="imgbtn1_Click" runat="server"/>
<asp:Button  ID="btn1"  Text="按钮"  ToolTip="点击我"  Width="100"  Height="64"
OnMouseover="this.style.height='96px';this.style.width='96px';"
OnMouseOut="this.style.height='64px'; this.style.width='64px';" OnClick="btn1_
Click" runat="server"/>
<ASP:LinkButton Id="B1" Text="请按我" OnClick="linkbtn1_Click" Runat="server"/>
    </form>
</center>
</body>
</html>
```

上面代码中，进行按钮设计的代码如下：

```
<asp:ImageButton  ID="imgbtn1"  AlternateText=" 心 "  Height="64"  Width="64"
ImageUrl="./image/MARK714.GIF"  ToolTip="点 击 我 "    OnMouseover="this.style.
height='96px';  this.style.width='96px';  "    OnMouseOut="this.style.height=
'64px';this.style.width='64px'; " OnClick="imgbtn1_Click" runat="server"/>
<asp:Button  ID="btn1"  Text="按钮"  ToolTip="点击我"  Width="100"  Height="64"
OnMouseover="this.style.height='96px';this.style.width='96px';"
OnMouseOut="this.style.height='64px';this.style.width='64px';"
OnClick="btn1_Click" runat="server"/>
```

其中 OnMouseover 和 OnMouseOut 是在页面浏览时所拦截的客户端事件，当 OnMouseover（鼠标经过）事件发生时，通过 style 样式设置按钮的宽度和高度为 96 像素；当鼠标移出（OnMouseOut）事件发生时，设置按钮的宽度和高度为 64 像素。

4.2　选择列表类控件

4.2.1　选择列表类控件简介

当在使用标准窗口程序时，会遇到一些需要进行选择的控件。这些控件被限制只能选择控件内所提供项目的数据，这种类型的控件就是本节将要学习的选择列表类控件。

ASP.NET 提供了多种选择列表类 Web 控件，包括：CheckBox、CheckBoxList、DropDownList、ListBox、RadioButton、RadioButtonList。

对于选择列表类 Web 控件来说，有一个公共的重要属性 AutoPostBack。在学习选择列表类控件之前，先来学习 AutoPostBack 属性。

AutoPostBack 属性用于设置当按 Enter 键或是 Tab 键离开控件时，是否要自动触发控件内容改变事件。以 TextBox Web 控件为例，若把 AutoPostBack 属性设置为 True，并且指定 OnTextChange 的事件程序时，当用户按下 Enter 键或是 Tab 键让光标离开此控件而且控件的内容有所改变时，将自动向服务器商获取控件当前的内容，并触发 Page_Load 事件及 OnTextChange 属性所设置的事件。

可以在 Page_Load 事件中通过对 IsPostBack 属性进行检测，然后进行控件处理，也可以在 OnTextChange 属性所设置的事件中进行处理。

支持 AutoPostBack 属性的 Web 控件以及其对应的事件如表 4-2-1 所示。

表 4-2-1　支持 AutoPostBack 属性的 Web 控件及相应事件

控 件 名 称	相应发生的事件
CheckBox	OnCheckChanged
CheckBoxList	OnSelectedIndexChanged
DropDownList	OnSelectedIndexChanged
ListBox	OnSelectedIndexChanged
RadioButton	OnCheckChanged
RadioButtonList	OnSelectedIndexChanged
TextBox	OnTextChanged

4.2.2　RadioButton 控件

RadioButton 控件表示一个单选按钮，基本功能相当于是 HTML 控件的 <Input Type="Radio">，不过它比 HTML 控件的功能更强，更加易于使用。其使用语法如下：

```
<ASP:RadioButton
Id="控件名称"
Runat="Server"
AutoPostBack="True | False"
Checked="True | False"
GroupName="群组名称"
Text="标示控件的文字"
TextAlign="设置文字在控件的左侧或右侧"
OnCheckedChanged="事件处理程序名称" />
```

RadioButton 控件常用的属性如表 4-2-2 所示。

表 4-2-2　RadioButton 控件常用属性

属　　性	说　　明
AutoPostBack	设置当用户选择不同的项目时，是否自动触发 OnCheckedChanged 事件
Checked	获取或设置是否该项目被选取

续表

属　　　　性	说　　　　　　　　　明
GroupName	获取或设置按钮所属群组
TextAlign	获取或设置项目所显示的文字是在按钮的左方或右方，预设是 Right
Text	获取或设置 TadioButton 中所显示的内容

下列程序代码范例中，限制了只能在 3 个 RadioButton 控件中选择一个。

```
<!-- rdoGroup.aspx -->
<html>
<head>
<title>群组单选按钮演示</title>
</head>
<Script Language="VB" Runat="Server">
    Sub Page_Load(Sender As Object,e As Eventargs)
        If Not IsPostBack Then
            Radio1.Checked="True"        '让第一个 Radio 变成选取
        End If
    End Sub
    Sub Button1_Click(Sender As Object,e As Eventargs)
        If Radio1.Checked Then Label1.Text="你选择了单选按钮 1"
        If Radio2.Checked Then Label1.Text="你选择了单选按钮 2"
        If Radio3.Checked Then Label1.Text="你选择了单选按钮 3"
    End Sub
</Script>
<body>
    <Form Id="Form1" Runat="Server">
        <ASP:RadioButton Id="Radio1" Text="单选按钮 1" GroupName="Group1"
        Checked="True"
        Runat="Server"/><Br>
        <ASP:RadioButton Id="Radio2" Text="单选按钮 2" GroupName="Group1"
        Runat="Server"/><Br>
        <ASP:RadioButton Id="Radio3" Text="单选按钮 3" GroupName="Group1"
        Runat="Server"/><P>
        <ASP:Button Id="Button1" Text="确定" OnClick="Button1_Click"
        Runat="Server"/><P>
    <ASP:Label Id="Label1" Runat="Server"/>
    </Form>
</body>
</html>
```

上面网页程序的浏览效果如图 4-2-1 所示。

RadioButton 控件具有 CheckedChanged 事件，这个事件是在当 RadioButton 控件的选择状态发生改变时触发；要触发这个事件，必须把 AutoPostBack 属性设为 True。

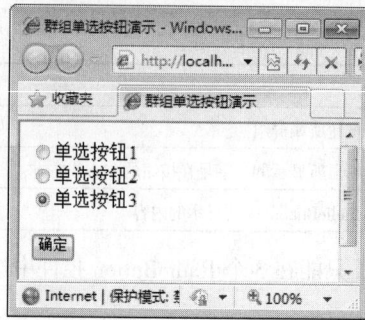

图 4-2-1　群组单选按钮

下面的程序代码将上述程序改成不需要按下按钮，只要用户选择不同的单选按钮后就会触发
CheckedChanged 事件：

```
<!-- rdoChange.aspx -->
<html>
<head>
<title>单选按钮 CheckedChanged 事件演示</title>
</head>
<Script Language="VB" Runat="Server">
    Sub Check_Clicked(Sender As Object,e As Eventargs)
        If Radio1.Checked Then Label1.Text="你选择了单选按钮1"
        If Radio2.Checked Then Label1.Text="你选择了单选按钮2"
        If Radio3.Checked Then Label1.Text="你选择了单选按钮3"
    End Sub
</Script>
<body>
    <Form Id="Form1" Runat="Server">
        <ASP:RadioButton Id="Radio1" Text="单选按钮1" Checked="true" GroupName=
        "Group1"
        AutoPostBack="True"
        OnCheckedChanged="Check_Clicked"
        Runat="Server"/><Br>
        <ASP:RadioButton Id="Radio2" Text="单选按钮2" GroupName="Group1"
        AutoPostBack="True"
        OnCheckedChanged="Check_Clicked"
        Runat="Server"/><Br>
        <ASP:RadioButton ID="Radio3" Text="单选按钮3" GroupName="Group1">
        AutoPostBack="True"
        OnCheckedChanged="Check_Clicked"
        Runat="Server"/><p>
        <ASP:Label Id="Label1" Runat="Server"/>
    </Form>
</body>
</html>
```

4.2.3 RadioButtonList 控件与 ListItem 控件

1. RadioButtonList 控件

由于每个 RadioButton（单选按钮列表）控件是独立的控件，若要判断同一个群组内的 RadioButton 是否被选择，则必须判断所有的 RadioButton 控件的 Checked 属性，这样判断实在是很没有效率。因此，微软提供了 RadioButtonList 控件。RadioButtonList 控件可以管理多个单选按钮选项，就像它们在一个群组中一样，其使用格式如下：

```
<ASP:RadioButtonList
Id="控件名称"
Runat="Server"
AutoPostBack="True | False"
CellPadding="间距"
*DataSource="<%#数据绑定表达式%>"
*DataTextField="数据源的字段"
*DataValueField="数据源的字段"
RepeatColumns="项目数"
RepeatDirection="Vertical | Horizontal"
RepeatLayout="Flow | Table"
TextAlign="Right | Left"
OnSelectedIndexChanged="事件处理程序名称" >
<ASP:ListItem/>
</ASP:RadioButtonList>
```

RadioButtonList 控件的属性和 RadioButton 控件并不太相同。RadioButtonList 控件的常用属性如表 4-2-3 所示。（*星号所注是与数据库相关的部分属性，暂不介绍。）

表 4-2-3 RadioButtonList 控件的常用属性

属　　性	说　　　　　　　明
AutoPostBack	设置是否产生 OnSelectedIndexChanged 事件
CellPading	设置 RadioButtonList 控件中各项目之间的距离，单位是像素
Items	获取 RadioButtonList 控件中 ListItem 的集合
RepeatColumns	设置 RadioButtonList 控件项目在水平方向上的数目
RepeatDirection	设置 RadioButtonList 控件的排列方式是以水平排列（Horizontal）还是垂直（Vertical）排列
RepeatLayout	设置控件的 ListItem 排列方式为要使用 Table 来排列还是直接排列，默认为 Table
SelectedIndex	获取被选取的 ListItem 的 Index 值，从 0 开始计数
SelectedItem	获取被选取的 ListItem 项，也就是 ListItem 本身
TextAlign	设置 RadioButtonList 控件中各项目所显示的文字是在按钮左侧或右侧，默认为 Right
*DataSource	设置数据绑定所要使用的数据源
*DataTextField	设置数据绑定所要显示的字段
*DataValueFiled	设置选项的关联数据要使用的字段

2. ListItem 控件

使用 RadioButtonList 控件时，需要先设置好 RadioButtonList 控件，接着设置它的子对象 ListItem 控件，即可产生一组群组的 RadioButton Web 控件。因此，下面先来介绍 ListItem 控件。

与其他控件不同，ListItem 控件并不是一个独立存在的控件，它必须依附在几种 Web 控件下，包括：RadioButtonList 控件、DropDownList 控件和 CheckBoxList 控件。

一个 ListItem 控件代表的是一个列表控件的选项内容，也因为如此，可以不为其指定 Id 属性。其使用格式如下：

```
<ASP:ItemList
Id="控件名称"
Runat="Server"
Selected="True | False"
Text="标示项目的文字"
Value="相关信息" />
```

也可以使用下面的格式：

```
<ASP:ItemList
Id="控件名称"
Runat="Server"
Selected="True | False"
Value="相关信息" >
标示项目的文字
</ASP:ItemList>
```

其中，Selected 属性用于获取或设置此项目是否被选取，Text 属性用于显示项目的文字，Value 属性用于获取或设置和该列表项相关的数据信息。

3. RadioButtonList 控件

在设计页面时，可以通过 RadioButtonList 控件中添加 ItemList 来创建列表项，如下所示。

```
<ASP:RadioButtonList Id="rblA" Runat="Server">
    <ASP:ListItem Text="男" Selected="True" Value="M"/>
    <ASP:ListItem Text="女" Value="F"/>
</ASP:RadioButtonList>
```

上面的代码在 RadioButtonList 中创建了两个表示性别的选项。在程序代码中，只要直接调用 RadioButtonList 控件的 SelectedItem 属性，就可以取得被选取到的 ListItem 对象内容。

当使用程序来动态创建一个 ListItem 控件时，常用方式有 3 种（数据库绑定方式除外）：

```
Dim liA As New ListItem
Dim liA As New ListItem("Item1")
Dim liA As New ListItem("Item1","Item Value")
```

第一种方式是先创建一个 ListItem 列表项对象，然后在程序中对其进行赋值。第二种方式在创建对象时，同时设置其 Text 属性；第三种方式则是在创建对象时，同时设置其 Text 属性及 Value 属性。Value 属性和 Text 属性的类型都是字符串，但是 Text 属性的内容会显示出来而 Value 不会。当在页面上显示的内容和实际要做运算的数据不同时，就可以利用这个属性。

RadioButtonList 控件内的项目也可以用程序来动态地新增，只要先创建一个 ListItem 型态的对象变量，再用 RadioButtonList 控件 Items 集合的 Add 方法将这个对象加到 Items 集合内即可。下面
程序代码演示了如何在页面加载时动态地创建 8 个 ListItem。

```
<!-- rdolst.aspx-->
<html>
<head>
<title>单选按钮列表演示</title>
</head>
<Script Language="VB" Runat="Server">
        Sub Page_Load(Sender As Object, e As Eventargs)
            If Not IsPostBack Then
                Dim shtI As Short
                For shtI=1 To 8
                    Dim liA As New ListItem
                    liA.Text="这是第 " & shtI.ToString & " 个项目"
                    rblA.Items.Add(liA)
                Next
                rblA.SelectedIndex=0 '设置第 1 个单选按钮为选中
            End If
        End Sub

        Sub Selected_Changed(Sender As Object,e As Eventargs)
            Label1.Text="你选择了单选按钮" &  rblA.SelectedIndex+1
        End Sub
</Script>
<body>
    <Form Id="Form1" Runat="Server">
        <ASP:RadioButtonList Id="rblA" RepeatColumns="2" Runat="Server"
        AutoPostBack="True" OnSelectedIndexChanged="Selected_Changed"/>
        <br>
        <ASP:Label Id="Label1" Runat="Server"/>
    </Form>
</body>
</html>
```

上面网页程序在浏览时效果如图 4-2-2 所示。

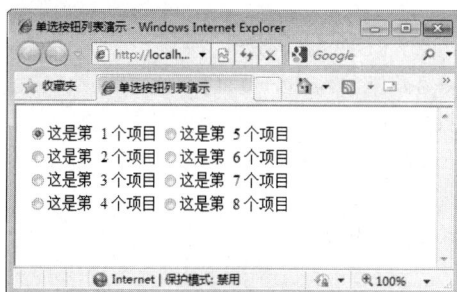

图 4-2-2　动态创建单选按钮列表

4．CheckBox 控件

在信息输入中，常常会遇到这样的情况：输入的信息只有两种可能性，如果采用文本框输入的话，一者输入烦琐，二者无法对输入信息的有效性进行控制，这时如果采用复选框控件（CheckBox），就会大大减轻数据输入人员的负担，同时输入数据的规范性也得到了保证。

CheckBox 控件是提供给用户从选项中作选择的对象，相当于 HTML 元素中的 <InputType="CheckBox">。CheckBox 控件的使用语法如下：

```
<ASP:CheckBox
Id="控件名称"
Runat="Server"
AutoPostBack="True | False"
Text="控件的文字"
TextAlign="控件文字出现在左侧或右侧"
Checked="True | False"
OnCheckedChanged="事件处理程序名称" />
```

CheckBox 控件的常用属性如表 4-2-4 所示。

表 4-2-4　CheckBox 控件常用属性

属　　性	说　　明
AutoPostBack	设置当用户选择不同的项目时，是否自动触发 OnCheckedChanged 事件
Checked	获取或设置是否该项目被选取
GroupName	获取或设置按钮所属群组
TextAlign	获取或设置项目所显示的文字是在选取盒的左方或右方，预设是右方（Right）
Text	获取或设置 CheckBox 中所显示的内容

CheckBox 的使用比较简单，主要使用 ID 属性和 Text 属性。ID 属性指定对复选控件案例的命名，Text 属性主要用于描述选择的条件。另外，当复选控件被选择以后，通常根据其 Checked 属性是否为真来判断用户选择与否。

下面是一个 CheckBox 控件示例。

```
<!-- chkbox.aspx -->
<html>
<head>
<title>复选框演示</title>
</head>
<Script Language="VB" Runat="Server">
    Sub Button1_Click(Sender As Object,e As Eventargs)
        If CheckBox1.Checked Then
            Label1.Text="公开邮箱，"
        else
            Label1.Text="不公开邮箱，"
        end if
        If CheckBox2.Checked Then
            Label1.Text+="接收本站邮件。"
```

```
            else
                Label1.Text+="不接收本站邮件。"
            end if
        End Sub
    </Script>
    <body>
        <Form Id="Form1" Runat="Server">
            <p><ASP:CheckBox Id="CheckBox1" Text="是否愿意公开你的邮箱？" Runat=
            "server"/></p>
            <p> <ASP:CheckBox Id="CheckBox2" Text="是否愿意接收本站邮件通知？" Runat=
            "server"/></p>
            <p><ASP:Button Id="Button1" Text="确定" OnClick="Button1_Click" Runat=
            "Server"/></p>
            <p><ASP:Label Id="Label1" Runat="Server"/></p>
        </Form>
    </body>
</html>
```

上面程序代码的演示效果如图 4-2-3 所示。

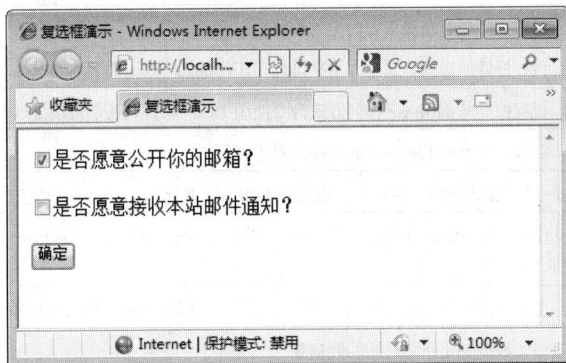

图 4-2-3　复选框演示

此外，CheckBox 控件支持 CheckedChanged 事件，使用方式和 RadioButton 控件一样，要配合 CheckedChanged 事件和 AutoPostBack 属性。每当用户单击页面中的 CheckBox 控件时，由于 Checked 属性改变，将触发 CheckedChanged 事件。

5. CheckBoxList 控件

与 RadioButton 控件一样，如果要使用一组 CheckBox 控件，在程序的判断上非常麻烦，因此提供了 CheckBoxList（复选框列表）控件，它与 RadioButtonList 控件一样是为了方便地取得用户选取的项目。其使用语法如下：

```
<ASP:CheckBoxList
Id="控件名称"
Runat="Server"
AutoPostBack="True | False"
CellPadding="间距"
```

```
*DataSource="<%数据绑定表达式%>"
*DataTextField="数据源的字段"
*DataValueField="数据源的字段"
RepeatColumns="项目数"
RepeatDirection="Vertical | Horizontal"
RepeatLayout="Flow | Table"
TextAlign="Right | Left"
OnSelectedIndexChanged="事件处理程序名称" >
<ASP:ListItem/>
</ASP:CheckBoxList>
```

CheckBoxList 控件的属性和 CheckBox 控件的属性大部分都相同，表 4-2-5 为 CheckBoxList 控件的常用属性。（*星号所注是与数据库相关的部分属性，暂不介绍。）

表 4-2-5　CheckBoxList 控件常用属性

属　　性	说　　　　　明
AutoPostBack	设置是否产生 OnSelectedIndexChanged 事件
CellPading	设置控件中各项目之间的距离，单位是像素
Items	获取控件中 ListItem 的集合
RepeatColumns	设置控件项目在水平方向上的数目
RepeatDirection	设置控件的排列方式是以水平排列（Horizontal）还是垂直（Vertical）排列
RepeatLayout	设置控件的 ListItem 排列方式为要使用 Table 来排列还是直接排列，默认为 Table
SelectedIndex	获取被选取的 ListItem 的 Index 值
SelectedItem	获取被选取的 ListItem 项，也就是 ListItem 本身
SelectedItems	由于 CheckBoxList 控件可以复选，被选取的项目会被加入 ListItems 集合中；本属性可以用来获取 ListItems 集合，只读
TextAlign	设置控件中各项目所显示的文字是在按钮左侧或右侧，默认为 Right
*DataSource	设置数据绑定所要使用的数据源
*DataTextField	设置数据绑定所要显示的字段
*DataValueFiled	设置选项的关联数据要使用的字段

下列程序代码显示一个简单的 CheckBoxList 控件，可让用户选择。

```
<html>
<head>
<title>复选框列表演示</title>
</head>
<body>
    <Form Id="Form1" Runat="Server">
    请输入您的兴趣:<br>
        <ASP:CheckBoxList Id="cblA" Runat="server">
            <ASP:ListItem>打球</ASP:ListItem>
            <ASP:ListItem>看书</ASP:ListItem>
            <ASP:ListItem>摄影</ASP:ListItem>
```

```
        <ASP:ListItem>爬山</ASP:ListItem>
      </ASP:CheckBoxList>
   </Form>
</body>
</html>
```

CheckBoxList 控件的用法和 RadioButtonList 类似，不过 CheckBoxListd 控件的项目可以复选。选择完毕后的结果可以利用 Items 集合作检查，只要判断 Items 集合对象中哪一个项目的 Selected 属性为 True，即表示该项目被选择。例如：

```
<!-- chklst.aspx -->
<html>
<head>
<title>复选框列表演示</title>
</head>
<Script Language="VB" Runat="Server">
Sub btnA_Click(Sender As Object,e As Eventargs)
    Dim shtI As Short
    lblA.Text="你的爱好是: "
    For shtI=0 To cblA.Items.Count-1
        If cblA.Items(shtI).Selected=True Then
            lblA.Text &= cblA.Items(shtI).Text & " "
        End If
    Next
End Sub
</Script>
<body>
<Form Id="Form1" Runat="Server">
  <p>请输入您的兴趣:<br>
     <ASP:CheckBoxList Id="cblA" Runat="server">
       <ASP:ListItem>打球</ASP:ListItem>
       <ASP:ListItem>看书</ASP:ListItem>
       <ASP:ListItem>摄影</ASP:ListItem>
       <ASP:ListItem>爬山</ASP:ListItem>
     </ASP:CheckBoxList>
     <ASP:Button Id="btnA" Text="确定" OnClick="btnA_Click" Runat="Server"/>
     </p>
  <p>    <ASP:Label Id="lblA" Runat="Server"/>  </p>
</Form>
</body>
</html>
```

上面的网页在浏览器中的效果如图 4-2-4 所示。

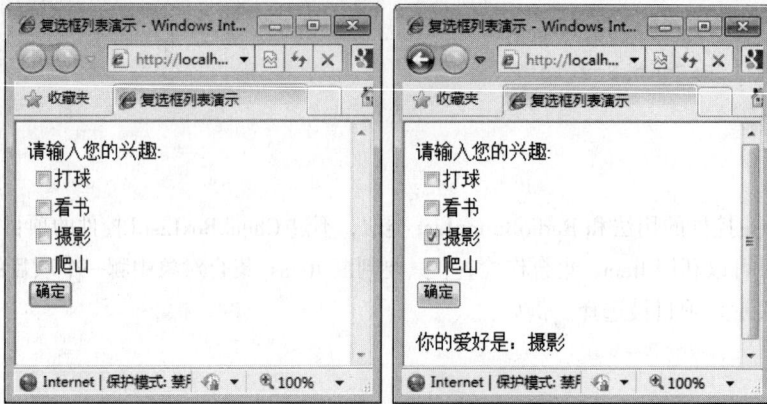

图 4-2-4　复选框列表演示

4.2.4　DropDownList 控件

DropDownList 控件是一个下拉式的列表选单，功能和 RadioButtonList 控件类似，供用户在一组选项中选择单一的值。不过 RadioButtonList 控件适合用于较少量的选项群组项目，而 DropDownList Web 控件则适合用于管理大量的选项群组项目。其使用语法如下：

```
<ASP:DropDownList
Id="控件名称"
Runat="Server"
AutoPostBack="True | False"
*DataSource="<%数据绑定表达式%>"
*DataTextField="数据源的字段"
*DataValueField="数据源的字段"
OnSelectedIndexChanged="事件处理程序名称" >
<ASP:ListItem/>
</ASP:DropDownList>
```

表 4-2-6 中列出了 DropDownList 控件的常用属性。(*星号所注是与数据库相关的部分属性，暂不介绍。)

表 4-2-6　DropDownList 控件的常用属性

属　　性	说　　　　　　　　明
AutoPostBack	设置是否产生 OnSelectedIndexChanged 事件
Items	获取控件中 ListItem 的集合
SelectedIndex	获取被选取的 ListItem 的 Index 值
SelectedItem	获取被选取的 ListItem 项，也就是 ListItem 本身
*DataSource	设置数据绑定所要使用的数据源
*DataTextField	设置数据绑定所要显示的字段
*DataValueFiled	设置选项的关联数据要使用的字段

下列示例将 DropDwonList 控件填入 12 个月：

```
<html>
```

```
<head>
<title>下拉列表演示</title>
</head>
<body>
<Form Id="Form1" Runat="Server">
    <ASP:DropDownList Id="ddlA" Runat="Server">
        <ASP:ListItem>1 月</ASP:ListItem>
        <ASP:ListItem>2 月</ASP:ListItem>
        <ASP:ListItem>3 月</ASP:ListItem>
        <ASP:ListItem>4 月</ASP:ListItem>
        <ASP:ListItem>5 月</ASP:ListItem>
        <ASP:ListItem>6 月</ASP:ListItem>
        <ASP:ListItem>7 月</ASP:ListItem>
        <ASP:ListItem>8 月</ASP:ListItem>
        <ASP:ListItem>9 月</ASP:ListItem>
        <ASP:ListItem>10 月</ASP:ListItem>
        <ASP:ListItem>11 月</ASP:ListItem>
        <ASP:ListItem>12 月</ASP:ListItem>
    </ASP:DropDownList>
</Form>
</body>
</html>
```

如果有大量有序的列表项（例如，日期选择是的年、月、日等），上面的方法就太麻烦了，可以利用 Page_Load 事件用程序动态的加入项目，如下所示：

```
<!-- ddlDirthday.aspx -->
<html>
<head>
<title>日期选择</title>
</head>
<Script Language="VB" Runat="Server">
    Sub Page_Load(Sender As Object,e As Eventargs)
            If Not IsPostBack Then
                Dim i As Integer
                Dim li As ListItem
                For i=1975 To 2000
                    li=New ListItem(i & "年")
                    ddlYear.Items.Add(li)
                Next
                For i=1 To 12
                    li=New ListItem(i & "月")
                    ddlMonth.Items.Add(li)
                Next
                For i=1 To 31
```

```
                        li=New ListItem(i & "日")
                        ddlDay.Items.Add(li)
                Next
            end if
        End Sub
</Script>
<body>
请选择出生日期:
<Form Id="Form1" Runat="Server">
    <ASP:DropDownList Id="ddlYear"  Runat="Server"/>
    <ASP:DropDownList Id="ddlMonth"  Runat="Server"/>
    <ASP:DropDownList Id="ddlDay"  Runat="Server"/>
</Form>
</body>
</html>
```

这样一来，程序代码就显得简洁多了。上面网页的浏览效果如图 4-2-5 所示。

图 4-2-5　日期选择

同样，如果不是有序的项目，则可以先将其存储到数组中，再按上面方法添加到下拉列表。

如果要取得 DropDownList 控件被选择的项目，则可以利用和 RadioButtonList Web 控件一样的方法，调用 DropDownList 控件的 SelectedItem 属性即可完成这一功能。

下面的示例中，当用户选择 DropDownList 控件完毕后，按下按钮会将选取的选项显示出来。

```
<!-- DDlst.aspx -->
<html>
<head>
<title>课程选择</title>
</head>
<Script Language="VB" Runat="Server">
    Sub Page_Load(Sender As Object,e As Eventargs)
        If Not IsPostBack Then
            Dim i As Integer
            Dim str As String
```

```
            Dim c(10) AS String
            str="英语;计算机基础;计算机网络;C 语言程序设计;ASP.NET 网络程序设计;
            Visual C++ 程序设计;数据库基础;数据结构"
            c=split(str,";")              '分割字符串,存储到数组中
            For i=0 To ubound(c)
                ddlA.Items.Add(c(i))
            Next
        end if
    End Sub

    Sub btnA_Click(Sender As Object,e As Eventargs)
        lblA.Text="所选择的课程是: " & ddlA.SelectedItem.Text
    End Sub
</Script>
<body>
    <Form Id="Form1" Runat="Server">
        <p>
            <ASP:DropDownList Id="ddlA" Runat="Server"/>
            <ASP:Button Id="btnA" Text="选择" OnClick="btnA_Click" Runat="Server"/>
        </p>
        <p><ASP:Label Id="lblA" Runat="Server"/></p>
    </Form>
</body>
</html>
```

上面网页的浏览效果如图 4-2-6 所示。

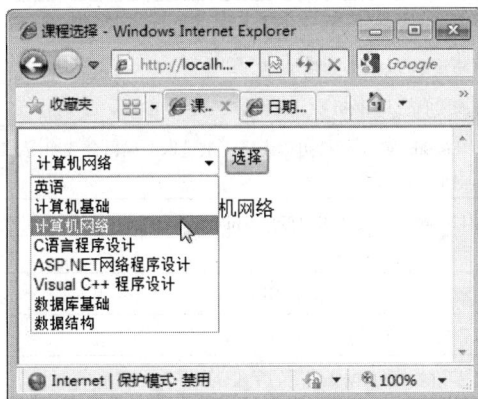

图 4-2-6　课程选择

　　DropDownList 控件支持 SelectedIndexChanged 事件。如指定了 SelectedIndexChanged 事件的事件处理程序,并将 AutoPostBack 属性设为 True,则当改变 DropDownList 控件中的选项时,便会触发SelectedIndexChanged 事件。

　　参考前面所学的几种控件的 Changed 事件处理方法,将上例的 Button 控件去掉,然后指定发生OnSelectedIndexChanged 所要执行的事件处理程序,并将 AutoPostBack 设为 True。在下拉列表选项

改变时显示所选择内容。

4.2.5　ListBox 控件

1. ListBox 控件

ListBox Web 控件和 DropDownList Web 控件的功能几乎是一样，只是 ListBox Web 控件是一次将所有的选项都显示出来。其使用语法如下：

```
<ASP:ListBox
Id="控件名称"
Runat="Server"
AutoPostBack="True | False"
*DataSource="<%数据绑定表达式%>"
*DataTextField="数据源的字段"
*DataValueField="数据源的字段"
Rows="一次要显示的列数"
SelectionMode="Single | Multiple"
OnSelectedIndexChanged="事件处理程序名称" >
<ASP:ListItem/>
</ASP:ListBox>
```

表 4-2-7 列出了 ListBox 控件的常用属性。（*星号所注是与数据库相关的属性，暂不介绍。）

表 4-2-7　ListBox 控件常用属性

属　　性	说　　　　　明
AutoPostBack	设置是否产生 OnSelectedIndexChanged 事件
Items	获取控件中 ListItem 的集合
Rows	设置 ListBox Web 控件一次要显示的列数
SelectedIndex	获取被选取的 ListItem 的 Index 值
SelectedItem	获取被选取的 ListItem 项，也就是 ListItem 本身
SelectedItems	由于 ListBox Web 控件可以复选，被选取的项目会被加入 ListItems 集合中；本属性可以获取 ListItems 集合，只读
SelectionMode	设置 ListBox 控件是否可以按住 Shift 或 Ctrl 键进行复选，可设置的值有 Multi（复选）和 Single（单选），默认值为 Single
*DataSource	设置数据绑定所要使用的数据源
*DataTextField	设置数据绑定所要显示的字段
*DataValueFiled	设置选项的关联数据要使用的字段

列表框（ListBox）是在一个文本框内提供多个选项供用户选择的控件，它比较类似于下拉列表，但是没有显示结果的文本框。到以后，列表框实际上很少使用，大部分时候，都使用列表控件 DropDownList 来代替 ListBox 加文本框的情况。

列表框的属性 SelectionMode 主要用于决定控件是否允许进行多项选择。当其值为 ListSelectionMode.Single 时，表明只允许用户从列表框中选择一个选项；当其值为 List.SelectionMode.Multi 时，用户可以用 Ctrl 键或 Shift 键结合鼠标，从列表框中选择多个选项。下例演示了基本的 ListBox 控件用法。

```
<html>
<head>
<title>课程选择</title>
</head>
<body>
    <Form Id="Form1" Runat="Server">
        请选择您喜欢的课程(单选):<br>
        <ASP:ListBox Id="ListBox1" Runat="Server">
                <asp:listitem>英语</asp:listitem>
                <asp:listitem>计算机基础</asp:listitem>
                <asp:listitem>计算机网络</asp:listitem>
                <asp:listitem>C语言程序设计</asp:listitem>
                <asp:listitem>ASP.NET 网络程序设计</asp:listitem>
                <asp:listitem>Visual C++ 程序设计</asp:listitem>
                <asp:listitem>数据库基础</asp:listitem>
                <asp:listitem>数据结构</asp:listitem>
        </ASP:ListBox>
    </Form>
</body>
</html>
</body>
</html>
```

2. 多项选择

上面的例子中，用户只能在 ListBox 控件中选取一个项目，只要将 SelectionMode 属性指定为 Multiple（复选），ListBox Web 控件可以进行复选。下例在用户复选完毕按下确定按钮后，将用户所选择的项目列出：

```
<html>
<head>
<title>课程选择</title>
</head>
<Script Language="VB" Runat="Server">
    Sub btnA_Click(Sender As Object,e As Eventargs)
        Dim shtI As Short
        Label1.Text="所选择的课程是: "
        For shtI=0 To ListBox1.Items.Count-1
            If ListBox1.Items(shtI).Selected=True Then
                Label1.Text & = ListBox1.Items(shtI).Text & " "
            End If
        Next
    End Sub
</Script>
```

```
<body>
    <Form Id="Form1" Runat="Server">
        <p>请选择你喜欢的课程(多选):<br>
            <ASP:ListBox Id="ListBox1" SelectionMode="Multiple" Runat="server"
            Width="150" Height="100">
              <asp:listitem>英语</asp:listitem>
              <asp:listitem>计算机基础</asp:listitem>
              <asp:listitem>计算机网络</asp:listitem>
              <asp:listitem>C语言程序设计</asp:listitem>
              <asp:listitem>ASP.NET 网络程序设计</asp:listitem>
              <asp:listitem>Visual C++ 程序设计</asp:listitem>
              <asp:listitem>数据库基础</asp:listitem>
              <asp:listitem>数据结构</asp:listitem>
            </ASP:ListBox>   </p>
        <p> <ASP:Button Id="btnA" Text="确定" OnClick="btnA_Click" Runat="Server"/>
        </p>
        <p> <ASP:Label Id="Label1" Runat="Server"/></p>
    </Form>
</body>
</html>
</body>
</html>
```

上面网页的浏览效果如图 4-2-7 所示。

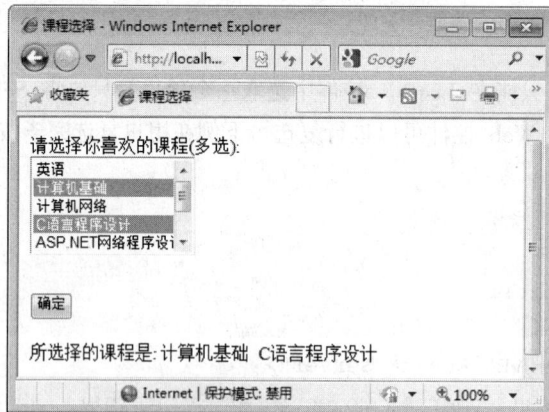

图 4-2-7   课程多选

ListBox 控件的事件和 DropDownList 控件一样，只要将 AutoPostBack 属性设为 True，再指定事件 SelectedIndexChanged 所要执行的事件程序即可。

4.2.6   实例

1. 实例 17   用户注册页面

本实例将实现一个简单的用户注册页面，效果如图 4-2-8 所示。在本实例的实现过程中，将学习各种选择列表类控件，包括 RadioButton（单选按钮）、CheckBoxList（复选框）和 DropDownList（下拉列表）等。

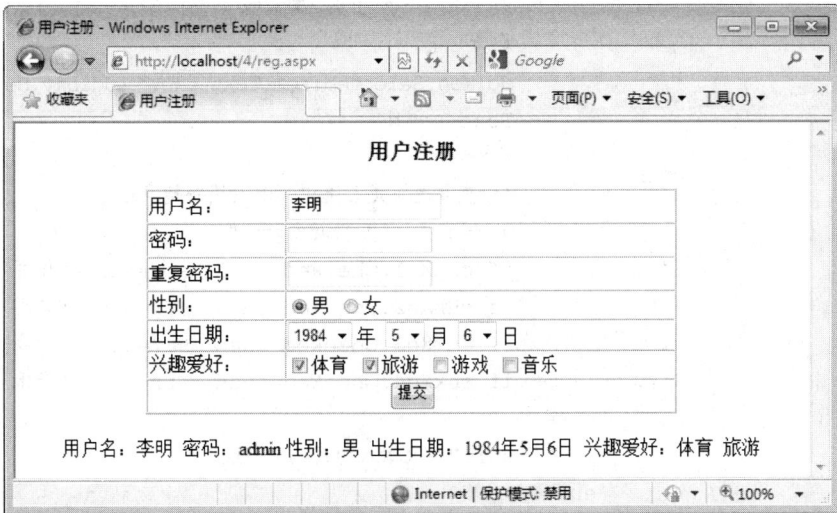

图 4-2-8　用户注册

创建一个名为 reg .aspx 的文件，并打开。切换到"代码"视图，输入下面的代码：

```
<!--reg .aspx-->
<%@ Page Language="VB" %>
 <html>
 <head>
 <title>用户注册</title>
 </head>
    <Script Language="VB" Runat="Server">
            Sub btnSumbit_Click(Sender As Object, e As EventArgs)
                Dim str As String

                '检查用户名和密码是否不为空
                if txtName.Text<>"" and txtPwd1.Text<>""then
                    str="用户名: " & txtName.Text

                '检查两次输入的密码是否相等
                if txtPwd1.Text=txtPwd2.Text  then
                    str=str &" 密码: " & txtPwd1.Text

                '检查单选按钮以设置性别
                if rbtnSex1.Checked then
                    str=str & " 性别: 男 "
                else
                    str=str & " 性别: 女 "
                end if
```

```
                                    '通过下拉列表的当前所选项内容设置出生日期
                                    str=str & " 出生日期: "& ddlYear.SelectedItem.Text
                                    &"年" & _
                                    ddlMon.SelectedItem.Text & "月" &ddlDay.SelectedItem.
                                    Text & "日"


                                    '检查复选框是否选中，以设置兴趣爱好
                                    str=str & " 兴趣爱好: "
                                    if chkXq1.Checked then  str=str &"体育 "
                                    if chkXq2.Checked then  str=str &"旅游 "
                                    if chkXq3.Checked then  str=str &"游戏 "
                                    if chkXq4.Checked then  str=str &"音乐 "
                          else
                                    str="两次输入的密码不一致! "
                          end if
                  else
                          str="必须输入用户名和密码! "
                  end if
                  labMsg.Text=str
              End Sub
          </Script>
  <body>
      <h3 align="center">用户注册 </h3>
      <Form Id="Form1" Runat="Server">
          <table width="456" border="1" align="center" cellspacing="0">
          <tr>
              <td>用户名: </td>
              <td>
                <asp:TextBox ID="txtName" Columns="16" MaxLength="16" runat=
                "server" TextMode="SingleLine" />
                </td>
          </tr>
          <tr>
              <td>密码: </td>
              <td>
                <asp:TextBox ID="txtPwd1" Columns="16" MaxLength="12" TextMode=
                "Password" runat="server" />
                </td>
          </tr>
          <tr>
              <td>重复密码: </td>
              <td>
```

```
        <asp:TextBox ID="txtPwd2" Columns="16" MaxLength="12" runat=
        "server" TextMode="Password"  />
        </td>
</tr>
<tr>
    <td>性别: </td>
    <td>
<!--设置两个单选按钮-->
<asp:RadioButton ID="rbtnSex1" Text="男" Checked="true" GroupName=
"rbtnSex" runat="server" />
<asp:RadioButton ID="rbtnSex2" Text="女" GroupName="rbtnSex" runat=
"server" />
        </td>
</tr>
<tr>
    <td>出生日期: </td>
    <td>
    <!--设置显示年份的下拉列表-->
        <asp:DropDownList ID="ddlYear" runat="server">
        <asp:ListItem>1980</asp:ListItem>
        <asp:ListItem>1981</asp:ListItem>
        <asp:ListItem>1982</asp:ListItem>
        <asp:ListItem>1983</asp:ListItem>
        <asp:ListItem>1984</asp:ListItem>
        <asp:ListItem>1985</asp:ListItem>
    </asp:DropDownList>年

    <!--设置显示月份的下拉列表, 因为篇幅关系, 只给出了 6 个月-->
    <asp:DropDownList ID="ddlMon" runat="server">
        <asp:ListItem>1</asp:ListItem>
        <asp:ListItem>2</asp:ListItem>
        <asp:ListItem>3</asp:ListItem>
        <asp:ListItem>4</asp:ListItem>
        <asp:ListItem>5</asp:ListItem>
        <asp:ListItem>6</asp:ListItem>
    </asp:DropDownList>月

    <!--设置显示天数的下拉列表, 因为篇幅关系, 只给出了 6 天-->
    <asp:DropDownList ID="ddlDay" runat="server">
      <asp:ListItem>1</asp:ListItem>
      <asp:ListItem>2</asp:ListItem>
      <asp:ListItem>3</asp:ListItem>
      <asp:ListItem>4</asp:ListItem>
```

```
            <asp:ListItem>5</asp:ListItem>
            <asp:ListItem>6</asp:ListItem>
          </asp:DropDownList>日</td>
      </tr>
      <tr>
        <td>兴趣爱好: </td>
        <td>
        <!--设置兴趣爱好选项的复选框-->
        <asp:CheckBox ID="chkXq1" Text="体育" runat="server" />
        <asp:CheckBox ID="chkXq2" Text="旅游" runat="server" />
        <asp:CheckBox ID="chkXq3" Text="游戏" runat="server" />
        <asp:CheckBox ID="chkXq4" Text="音乐" runat="server" />
        </td>
      </tr>
      <tr>
        <td colspan="2" align="center">
      <asp:Button ID="btnSumbit" runat="server" Text="提交" OnClick=
      "btnSumbit_Click" />
          </td>
      </tr>
    </table>
    <p align="center"><asp:Label ID="labMsg" runat="server" /></p>
  </Form>
</body>
</html>
```

保存并运行，网页运行效果如图 4-2-8 所示。

2. 实例 18　课程选择

本实例中将演示如何在列表框中选择课程项目，如图 4-2-9 所示。在本实例实现过程中，将学习 ListBox 列表框控件的使用。

图 4-2-9　课程选择

创建一个名为 selClass .aspx 的文件，并打开。切换到"代码"视图，输入下面代码：

```
<!--selClass .aspx-->
<html>
<head>
<title>课程选择</title>
</head>
    <script language="VB" runat="server">
        '单击->按钮，将左侧列表框内选中的项目移动到右侧列表框中
        Sub AddBtn_Click(Sender As Object, E As EventArgs)
          '如果lstAllClass中的当前选项不为-1（即未选择项目）
          If Not(lstAllClass.SelectedIndex=-1)
            '将lstAllClass内选中的项目增加到右侧列表框lstSelClass中
            lstSelClass.Items.Add(New ListItem(lstAllClass.SelectedItem.
            Value))
            '从lstAllClass中删除当前项
            lstAllClass.Items.Remove(lstAllClass.SelectedItem.Value)
          End If
        End Sub


        '单击=>>按钮，将左侧列表框内全部项目移动到右侧列表框中
        Sub AddAllBtn_Click(Sender As Object, E As EventArgs)
          '通过循环来进行项目移动，如果lstAllClass内不为空则循环
          Do While Not(lstAllClass.Items.Count=0)
          '将lstAllClass内第1项内容增加到右侧列表框lstSelClass中
            lstSelClass.Items.Add(New ListItem(lstAllClass.Items(0).Value))
            '从lstAllClass中删除第1项
                lstAllClass.Items.Remove(lstAllClass.Items(0).Value)
            Loop
        End Sub


        '单击<-按钮，将右侧列表框内选中的项目移动到左侧列表框中
        Sub RemoveBtn_Click(Sender As Object, E As EventArgs)
          '如果lstSelClass中的当前选项不为-1（即未选择项目）
          If Not(lstSelClass.SelectedIndex=-1)
          '将lstSelClass内选中的项目增加到左侧列表框lstAllClasslstSelClass中
            lstAllClass.Items.Add(New ListItem(lstSelClass.SelectedItem.
            Value))
            '从stSelClass中删除当前项
            lstSelClass.Items.Remove(lstSelClass.SelectedItem.Value)
          End If
        End Sub


        '单击<<=按钮，将左侧列表框内全部项目移动到右侧列表框中
```

```
Sub RemoveAllBtn_Click(Sender As Object, E As EventArgs)
    '通过循环来进行项目移动，如果 lstSelClass 内不为空则循环
    Do While Not(lstSelClass.Items.Count=0)
        '将 lstSelClass 内第 1 项内容增加到左侧 lstAllClass 列表框中
        lstAllClass.Items.Add(New ListItem(lstSelClass.Items(0).Value))
        '从 lstSelClass 中删除第 1 项
        lstSelClass.Items.Remove(lstSelClass.Items(0).Value)
    Loop
End Sub


'按下"提交"按钮后统计选择的课程
Sub result(Sender As Object,E As EventArgs)
    Dim tmpStr as String
    tmpStr="<br>"
    '通过循环来进行项目浏览，如果 lstSelClass 内不为空则循环
    Do While Not(lstSelClass.Items.Count=0)
        '将 lstSelClass 内第 1 项内容增加到字符串 tmpStr
        tmpStr=tmpStr & lstSelClass.items(0).value & "<br>"
        '从 lstSelClass 中删除第 1 项
        lstSelClass.items.remove(lstSelClass.items(0).value)
    Loop
    labMsg.Text="所选择的课程有: " & tmpStr
End Sub
</script>
<body >
<h3 align="center">课程选择</h3>
<center>
    <form action=" " runat=server>
        <table>
            <tr>
                <td>所有课程: </td>
                <td>
                </td>
                <td>选择的课程: </td>
            </tr>
            <tr>
                <td>
                    <asp:listbox id="lstAllClass" width="100px" runat=server>
                        <asp:listitem>英语</asp:listitem>
                        <asp:listitem>计算机基础</asp:listitem>
                        <asp:listitem>计算机网络</asp:listitem>
                        <asp:listitem>C 语言程序设计</asp:listitem>
                        <asp:listitem>ASP.NET 网络程序设计</asp:listitem>
```

```
            <asp:listitem>Visual C++ 程序设计</asp:listitem>
            <asp:listitem>数据库基础</asp:listitem>
            <asp:listitem>数据结构</asp:listitem>
          </asp:listbox>
        </td>
        <td>
        </td>
        <td>
          <asp:listbox id="lstSelClass" width="100px" runat=server>
          </asp:listbox>
        </td>
      </tr>
      <tr>
        <td>
        </td>
        <td>
          <asp:button text="<<=" OnClick="RemoveAllBtn_Click" runat= server/>
          <asp:button text="<-" OnClick="RemoveBtn_Click" runat=server/>
          <asp:button text="->" OnClick="AddBtn_Click" runat=server/>
          <asp:button text="=>>" OnClick="AddAllBtn_Click" runat=server/>
    <asp:label id="Message" forecolor="red" font-bold="true" runat=server/>
        </td>
      </tr>
    <tr align=center>
    <td  align=center>
          <asp:button text="提交" Onclick="result" runat=server/>
    </td>
      </tr>
    </table>
    <p><asp:Label ID="labMsg" runat="server" />  </p>
  </form>
  </center>
</body>
</html>
```

保存网页，在浏览器中浏览效果如图 4-2-9 所示。

思考与练习 4

1．填空

（1）通常在编程中利用按钮控件的_____事件，完成对用户选择的确认、对用户表单的提交、对用户输入数据的修改等。

（2）Color 的_____方法可用于创建用户指定的特殊颜色。

（3）_____属性可用于设置工具提示。

（4）TextBox 的形态是由_____属性来决定的，若没有设置该属性，默认为单行。

（5）对于 Button 控件，当用户按下按钮以后，即发生_____事件。

（6）_____属性用于设置当按 Enter 或是 Tab 键离开控件时，是否要自动触发控件内容改变事件。

（7）一个控件_____代表的是一个列表控件的选项内容。

（8）DropDownList 控件如指定了 SelectedIndexChanged 事件的事件处理程序，并将_____属性设为 True，则当改变控件里的选项时，便会触发该事件。

2．程序设计

（1）参考"实例 16"，制作一个可以动态变换图像的图片按钮，当按下按钮时，可换成不同的图片。

（2）参考"实例 17"，制作一个网络试卷页面，网页中有单选题和多选题。

（3）参考"实例 17"，制作一个可以对用户密码和用户名进行校验的网页。

第 5 章　数据验证控件与月历控件

5.1　数据验证控件

5.1.1　数据验证控件简介

数据验证是一种限制（Constraint）用户输入的检验方法，用于确定用户所输入的数据是正确的，或是强迫用户一定要输入数据。先执行数据验证比输入错误的数据后再让数据库响应一个错误信息有效率，也可以确保用户所输入的数据是一个有效值。

在"实例 17"的用户注册页面中，是在用户提交后通过网页开发者所设计的程序代码对页面中的输入进行验证，这种验证方式在只有少量数据、验证方式也比较简单时还可以，但如果需要验证的数据较多，且验证方式复杂，这种验证方式就显得很麻烦且效率低下。为此，在 ASP.NET 中，专门提供了可以进行数据验证的各种数据验证控件。

数据验证控件可以帮助网页开发者很容易地验证用户输入的数据。表 5-1-1 列出了 ASP.NET 所提供的数据验证控件。

表 5-1-1　数据验证控件

控 件 名 称	说　　明
RequiredFieldValidator	验证用户是否输入了数据
CompareValidator	验证用户输入的数据和某个值比较是否相等，可以将输入控件与一个固定值或另一个输入控件进行比较。例如，它可以用在口令验证字段中，也可以用来比较输入的日期和数字
CustomValidator	自定义的验证方式
RangeValidator	验证用户输入的数据是否在指定范围内。与 CompareValidator 非常相似，只是它用来检查输入是否在两个值或其他输入控件的值之间
RegularExpressionValidator	以指定规则验证用户输入的数据，可根据正则表达式检查用户输入。该过程允许进行许多种类的检查，可以用于邮政编码和电话号码等的检查

要使控件可以被验证控件引用，该控件必须具有验证属性。所有可以验证的控件均具有 ValidationPropertyAttribute 属性，该属性指明验证时应读取的属性。如果编写自定义控件，可以通过提供其中一个特性来指定要使用的属性，从而使该控件参与验证。

要使验证可以在客户端正常进行，该属性必须与客户端显示的 HTML 元素的 Value 特性对应。许多复杂的控件（例如 DataGrid 和 Calendar）在客户端没有值，只能在服务器上进行验证。因此，只有最接近 HTML 元素的控件才可以参与验证。此外，控件必须在客户端具有单个逻辑值。因此，RadioButtonList 可以被验证，但是 CheckBoxList 不可以。

此外，Page 对象包含一些与服务器端验证有关的重要属性和方法，其中最重要的是 IsValid 属性，该属性可以检查整个表单是否有效。通常在更新数据库之前进行该检查。只有所有需要校验的对象全部有效，该属性才为 True。如果 IsValid 属性为 True，则表示所有的对象都通过验证；反之，则代表有控件没有通过验证。

5.1.2　RequireFieldValidator 控件

RequireFieldValidator 控件可以用来强迫用户必须在指定的控件中输入数据，语法如下：

```
<ASP:RequireFieldValidator
Id="控件名称"
Runat="Server"
ControlToValidate="要验证的控件名称"
ErrorMessage="所要显示的错误信息"
Text="未输入数据时所显示的信息"
/>
```

RequireFieldValidator 控件的常用属性说明如表 5-1-2 所示。

表 5-1-2　RequireFieldValidator 控件常用属性

属　　　性	说　　　明
ControlToValidate	所要验证的控件名称
ErrorMessage	所要显示的错误信息
Text	未通过验证时所显示的信息，在用户的输入没有通过验证时立即显示
ControlToValidate	用来指明要检验的控件，而 ErrorMessage 属性用来提供给其他控件显示

下面的程序代码限制姓名字段一定要输入。

```
<!-- RequiredFieldValidator.aspx -->
<%@ Page Language="VB"%>
<head>
<title>验证用户必填项目</title>
</head>
<Script Language="VB" Runat="Server">
    Sub btnOK_Click(Sender As Object,e As EventArgs)
        '检查是否所有验证都正确
        If Page.IsValid Then
        lblMsg.Text="验证成功!"
        End If
    End Sub
</Script>
<body>
<h3 align="center">验证用户必填项目</h3>
<Form Id="Form1" Runat="Server">
        <p>姓名：
        <ASP:TextBox Id="txtName" Runat="Server"/>
        <!-- 验证输入的数据 -->
```

```
    <ASP:RequiredFieldValidator-Id="Validor1"-Runat="Server" Control
    ToValidate= "txtName"
Text="必填项目"/><br>
电话：
<ASP:TextBox Id="txtTel" Runat="Server"/><br>
住址：
<ASP:TextBox Id="txtAdd" Runat="Server"/> </p>
<p align="center">
    <ASP:Button Id="btnOK" Text="确定" OnClick="btnOK_Click" Runat=
    "Server"/>
    <br>
    <ASP:Label Id="lblMsg" Runat="Server"/>        </p>
</Form>
</body>
</html>
```

倘若没有输入姓名字段而按下"确定"按钮，不但不会触发任何事件程序，还会显示提示信息，如图 5-1-1（a）所示。倘若有输入姓名字段而且按下"确定"按钮，则将触发事件处理程序中的相应内容，如图 5-1-1（b）所示。

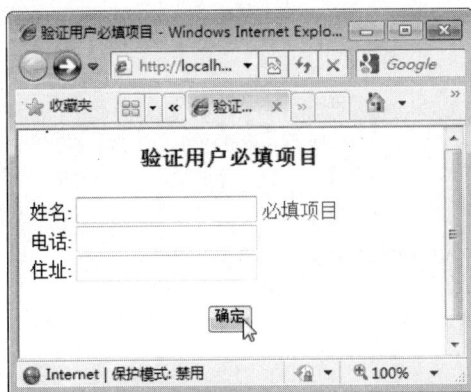
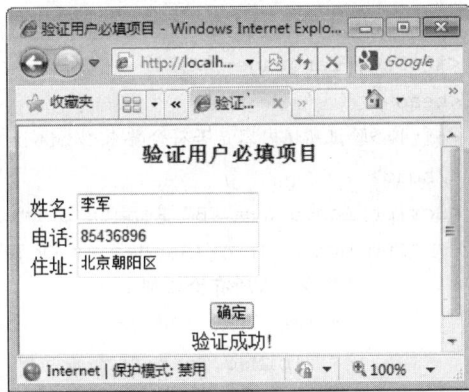

(a)　　　　　　　　　　　(b)

图 5-1-1　验证用户必填项目

5.1.3　CompareValidator 控件

CompareValidator 控件可以验证用户输入的数据，和某个值或控件内容进行比较运算。其使用语法如下：

```
<ASP:CompareValidator
Id="控件名称"
Runat="Server"
ControlToValidate="要验证的控件名称"
Operator="DataTypeCheck | Equal | NotEqual | GreaterThan |
GreaterThanEqual | LessThan | LessThanEqual"
Type="数据类型"
```

```
ControlToCompare="要比较的控件名称" | ValueToCompare="要比较的值"
ErrorMessage="所要显示的错误信息"
Text="未通过验证时所显示的信息" />
```

CompareValidator 控件常用属性说明如表 5-1-3 所示。

表 5-1-3　CompareValidator 控件常用属性

属　　性	说　　　　　　　　　　明
ControlToValidate	所要验证的控件名称
ErrorMessage	所要显示的错误信息
Operator	所要执行的比较种类，有：DataTypeCheck（只比较数据类型）、Equal（等于）、NotEqual（不等于）、GreaterThan（大于）、GreaterThanEqual（大于或等于）、LessThan（小于）、LessThanEqual（小于或等于）。其中如果为 DataTypeCheck 时，只需要填入要验证的数据类型，不需要设置 ControlToCompare 或是 ValueToCompare 即可
Type	所要比较或验证的数据类型，可以设置为：Currency、Date、Double、Integer、String
ControlToCompare	要与 ControlToValidate 进行比较的控件名称
ValueToCompare	要与 ControlToValidate 内容进行比较的值
Text	未通过验证时所显示的信息

下例中将验证用户所输入的年龄。

```
<!-- CompareValidator.aspx -->
<%@ Page Language="VB"%>
<head>
<title>验证所填内容是否符合要求</title>
</head>
<Script Language="VB" Runat="Server">
    Sub btnOK_Click(Sender As Object,e As EventArgs)
        '检查是否所有验证都正确
        If Page.IsValid Then
            lblMsg.Text="验证成功!"
        End If
    End Sub
</Script>
<body>
<h3 align="center">验证所填内容是否符合要求</h3>
<html>
    <Form Id="Form1" Runat="Server">
        <p>姓名:<ASP:TextBox Id="txtName" Runat="Server"/>  <br>
        年龄:<ASP:TextBox Id="txtAge" Runat="Server"/>
        <!-- 数据验证 -->
        <ASP:CompareValidator Id="Validor1" Runat="Server" ControlToValidate=
"txtAge"  ValueToCompare="18"  Operator="GreaterThanEqual"  Type="Integer"
    Text="你必须大于十八岁才可以浏览本站"/></p>
        <p>
```

```
        <ASP:Button Id="btnOK" Text="确定" OnClick="btnOK_Click" Runat="Server"/>
    </p>
        <ASP:Label Id="lblMsg" Runat="Server"/>
    </Form>
</body>
</html>
```

上面的网页效果如图 5-1-2 所示。

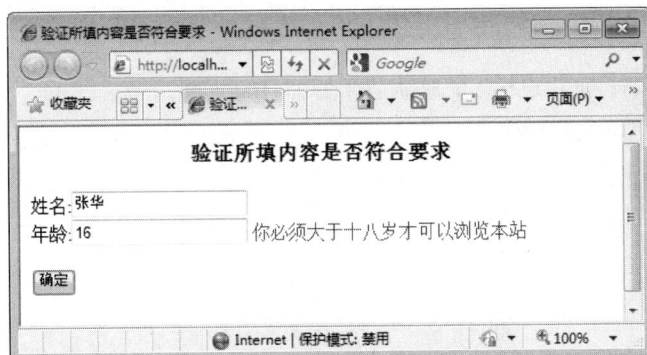

图 5-1-2　验证所填内容是否符合要求

上述程序并没有限制用户一定要输入，如果要限制用户一定要填入数据，可以搭配 RequireFieldValidator 来进行验证。

5.1.4　RangeValidator 控件

RangeValidator 控件可以限制用户所输入的数据在指定的范围之内，其使用语法如下：

```
<ASP:RangeValidator
Id="控件名称"
Runat="Server"
ControlToValidate="要验证的控件名称"
MinimumValue="最小值"
MaximumValue="最大值"
MinimumControl="限制最小值的控件名称"
MaximumControl="限制最大值的控件名称"
Type="资料型别"
ErrorMessage="所要显示的错误信息"
Text="未通过验证时所显示的信息" />
```

RangeValidator 控件常用属性说明如表 5-1-4 所示。

表 5-1-4　RangeValidator 控件常用属性

属　　　　性	说　　　　　　　　　明
ControlToValidate	所要验证的控件名称
ErrorMessage	所要显示的错误信息
MinimumValue	限制可以接受的最小值

续表

属　　性	说　　　　　明
MaximumValue	限制可以接受的最大值
MinimumControl	限制可以接受最小值所要参考的控件
MaximumControl	限制可以接受最大值所要参考的控件
Type	所要比较或验证的数据类型，可以设置为：Currency、Date、Double、Integer、String
Text	未通过验证时所显示的信息

下面的网页程序将验证用户输入的成绩是否在 0～100 之间。

```
<!-- RangeValidator.aspx -->
<%@ Page Language="VB" %>
<head>
<title>验证所填内容是否在范围之内</title>
</head>
<Script Language="VB" Runat="Server">
    Sub btnOK_Click(Sender As Object,e As EventArgs)
        '检查是否所有验证都正确
        If Page.IsValid Then
            lblMsg.Text="验证成功!"
        End If
    End Sub
</Script>
<body>
<h3 align="center">验证所填内容是否在范围之内</h3>
<html>
    <Form Id="Form1" Runat="Server">
        姓名：<ASP:TextBox Id="txtName" Runat="Server"/><br>
        成绩：<ASP:TextBox Id="txtResult" Runat="Server"/>

        <!-- 验证成绩 -->
        <ASP:RangeValidator Id="Validor1" Runat="Server" ControlToValidate=
"txtResult" MaximumValue="100" MinimumValue="0"  Text="成绩只能在 0～100 之间"/>
        <br>
        <ASP:Button Id="btnOK" Text="确定" OnClick="btnOK_Click" Runat=
"Server"/>
        <ASP:Label Id="lblMsg" Runat="Server"/>
    </Form>
</body>
</html>
```

上面网页的运行效果如图 5-1-3 所示。

图 5-1-3　验证所填内容是否在范围之内

5.1.5　RegularExpressionValidator 控件

RegularExpressionValidator 控件可以用来执行详细的验证，也就是说可以进行更细致的限制。其使用语法为：

```
<ASP:RegularExpressionValidator
Id="控件名称"
Runat="Server"
ControlToValidate="要验证的控件名称"
ValidationExpression="验证规则"
ErrorMessage="所要显示的错误信息"
Text="未通过验证时所显示的信息" />
```

RegularExpressionValidator 控件常用属性说明如表 5-1-5 所示。

表 5-1-5　RegularExpressionValidator 控件常用属性

属　　性	说　　　　　　明
ControlToValidate	所要验证的控件名称
ErrorMessage	所要显示的错误信息
ValidationExpression	验证规则
Text	未通过验证时所显示的信息

其中，ValidationExpression 验证规则为限制数据所输入的叙述，常用符号如表 5-1-6 所示。

表 5-1-6　验证规则

符　　号	说　　　　　　明
[]	用来定义单一字符的内容
{}	用来定义需输入的字符个数
.	表示任意字符
*	表示最少可以不输入，最多到无限多个字符
+	表示最少输入 1 个字符，最多到无限多个字符
[^...]	表示不包含的字符

对各个规则符号详细说明如下：

（1）[ ] 符号可以用来定义接受的单一字符，例如：

[a–zA–Z] 只接受 a～z 或是 A～Z 的英文字符。

[x–zX–Z] 只接收小写的 x～z 或大写的 X～Z。

[win] 只接收 w、i、n 的英文字母。

[^linux] 除了 l、i、n、u、x 之外的英文字母都接收。

（2）{} 符号可以用来表示接收多少字符，例如：

[a–zA–Z]{4} 表示接受只接收 4 个字符。

[a–z]{4} 表示只接收共 4 个 a～z 小写字符。

[a–zA–Z]{4,6} 表示最少接受 4 个字符，最多接受 6 个字符。

[a–zA–Z]{4,} 表示最少接受 4 个字符，最多不限制。

（3）.符号可以用来表示接收除空白外的任意字符，例如：

.{8} 表示接收 8 个除了空白外的任意字符。

（4）*符号表示最少 0 个字符，最多到无限多个字符。例如：

[a–zA–Z]* 表示不限制数目，接受 a～z 或 A～Z 的字符，也可以不输入。

（5）+符号表示最少 1 个符合，最多到无限多个字符。例如：

[a–zA–Z]+ 表示不限制数目，接受 a～z 或 A～Z 的字符，但是至少输入一个字符。

下面示例中，限制用户输入的账号必须以英文字母开头，而且最少要输入 4 个字符，最多可输入 8 个字符。

```
<!-- RegularExpressionValidator.aspx -->
<%@ Page Language="VB" %>
<head>
<title>验证用户账号</title>
</head>
<Script Language="VB" Runat="Server">
    Sub btnOK_Click(Sender As Object,e As EventArgs)
        '检查是否所有验证都正确
        If Page.IsValid Then
        lblMsg.Text="验证成功!"
        End If
    End Sub
</Script>
<body>
<h3 align="center">验证用户账号</h3>
<html>
    <Form Id="Form1" Runat="Server">
        <p>账号:
          <ASP:TextBox Id="txtId" Runat="Server"/>
          <ASP:RegularExpressionValidator-Id="Validor1"-Runat="Server"
          ControlToValidate="txtId"
        ValidationExpression="[a-zA-Z]{4,8}" Text="用户账号错误!"/></p>
```

```
        <p> <ASP:Button Id="btnOK" Text="确定" OnClick="btnOK_Click" Runat=
        "Server"/></p>
        <p><ASP:Label Id="lblMsg" Runat="Server"/></p>
    </Form>
</body>
</html>
```

上面网页的运行效果如图 5-1-4 所示。

图 5-1-4　验证用户账号

5.1.6　实例

1. 实例 19　用户登录校验

本实例中将实现一个用户登录页面的数据验证，实例效果如图 5-1-5 所示。

图 5-1-5　用户登录验证

在 Dreamweaver CS5 中创建的一个名为 loginValidate.aspx 文件，切换到"代码"视图，按下面的代码进行编辑。

```
<!--loginValidate.aspx-->
<%@ Page Language="VB"  %>
 <html>
 <head>
 <title>用户登录</title>
 </head>
    <Script Language="VB" Runat="Server">
        dim val as integer
```

```
        Sub Page_Load(Sender As Object, e As EventArgs)
            val=Rnd()*9000+1000        '生成随机验证码
            CompValidate.DataBind()  '绑定验证控件的数据
        End Sub
        Sub btnSumbit_Click(Sender As Object, e As EventArgs)
            '检查用户名和密码是否正确
            if txtName.Text="张军" and txtPwd.Text="123456" then
                labMsg.Text="欢迎" & txtName.Text & "进入本站。"
            else
                labMsg.Text="用户名或密码错误，请重新输入。"
            end if
        End Sub
    </Script>
<body>
    <h3 align="center">用户登录   </h3>
    <Form Id="Form1" Runat="Server">
        <table width="456" border="1" align="center" cellspacing="0">
        <tr>
            <td>用户名: </td>
            <td>-<asp:TextBox-Columns="16"-ID="txtName"-MaxLength="16"
            Rows="1" runat="server" TextMode="SingleLine" />
                    <asp:RequiredFieldValidator ID="rfvName" ControlToValidate=
                    "txtName" Font-color="red"  runat="server" text="用户名不
                    能为空! " Display= "Dynamic"/></td>
        </tr>
        <tr>
            <td>密码: </td>
            <td> <asp:TextBox ID="txtPwd" Columns="16" MaxLength="12"
            TextMode="Password" runat="server" /><asp:RequiredFieldValidator
            ID="rfvPwd" ControlToValidate="txtPwd" Display="Dynamic" Font-color
            ="red" runat="server" text="密码不能为空! "/>        </td>
        </tr>
        <tr>
            <td>验证码: </td>
            <td><asp:TextBox ID="txtValidate" Columns="16" MaxLength="12"
            TextMode="Password" runat="server" />
            <asp:Label ID="lblVal" ><%=val%></asp:Label>
            <asp:RequiredFieldValidator ID="rfvValidate" ControlToValidate=
            "txtValidate" Display="Dynamic" Font-color="red" runat="server"
            text="验证码不能为空! "/>
            <asp:CompareValidator ID="CompValidate"  runat="server"
            ControlToValidate= "txtValidate" Type="Integer" Operator="Equal"
            ValueToCompare= "<%#val%>" text="验证码错误! " />        </td>
```

```
      </tr>
      <tr>
        <td colspan="2" align="center">      <asp:Button ID="btnSumbit"
        runat="server" Text="提交" OnClick="btnSumbit_Click" />   </td>
      </tr>
    </table>
    <p align="center">
    <asp:Label ID="labMsg" runat="server" />          </p>
    </Form>
</body>
</html>
```

代码编辑完成后，保存文件，在浏览器中浏览，效果如图 5-1-5 所示。

2. 实例 20　用户注册数据验证

本实例中将对"实例 17"的用户注册页面进行完善，在页面中加入数据验证控件，对用户输入数据的有效性进行验证，实例效果如图 5-1-6 所示。在本例的实现过程中，将学习 ASP.NET 数据验证控件的应用。

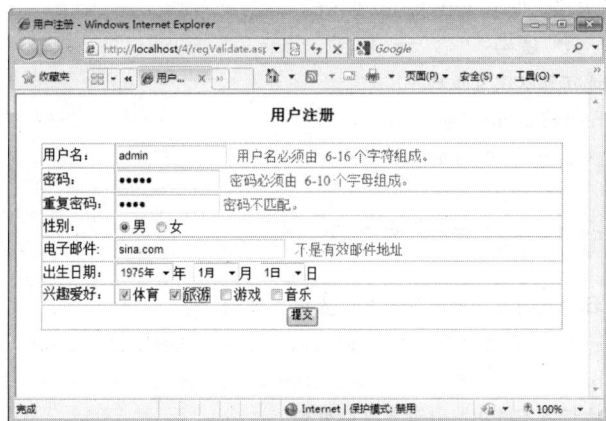

图 5-1-6　用户注册时的数据验证

打开前面的"实例 17"中所创建的 reg.aspx 文件，将其另存为 regValidate.aspx。切换到"代码"视图，按下面的代码进行修改。

```
<%@ Page Language="VB" ContentType="text/html %>
 <html>
 <head>
 <title>用户注册</title>
 </head>
<Script Language="VB" Runat="Server">
    Sub Page_Load(Sender As Object,e As Eventargs)
        If Not IsPostBack Then
            Dim i As Integer
            Dim li As ListItem
```

```
            For i=1975 To 2000
                li=New ListItem(i & "年")
                ddlYear.Items.Add(li)
            Next
            For i=1 To 12
                li=New ListItem(i & "月")
                ddlMon.Items.Add(li)
            Next
            For i=1 To 31
                li=New ListItem(i & "日")
                ddlDay.Items.Add(li)
            Next
        end if
    End Sub


    Sub btnSumbit_Click(Sender As Object, e As EventArgs)
        Dim str As String
        str="用户名: " & txtName.Text
        str=str &" 密码: " & txtPwd1.Text
        '检查单选按钮以设置性别
        if rbtnSex1.Checked then
            str=str & " 性别: 男 "
        else
            str=str & " 性别: 女 "
        end if
        '通过下拉列表的当前所选项内容设置出生日期
        str=str & " 出生日期: "& ddlYear.SelectedItem.Text &"年" & ddlMon.
        SelectedItem.Text &"月" &ddlDay.SelectedItem.Text &"日"
        '检查复选框是否选中，以设置兴趣爱好
        str=str & " 兴趣爱好: "
        if chkXq1.Checked then   str=str &"体育 "
        if chkXq2.Checked then   str=str &"旅游 "
        if chkXq3.Checked then   str=str &"游戏 "
        if chkXq4.Checked then   str=str &"音乐 "
        labMsg.Text=str
    End Sub
</Script>
<body>
    <h3 align="center">用户注册   </h3>
    <Form Id="Form1" Runat="Server">
        <table border="1" align="center" cellspacing="0">
        <tr>
          <td width="83">用户名: </td>
```

```
    <td width="527">
      <!--输入用户名-->
      <asp:TextBox Columns="16" ID="txtName" MaxLength="16"  runat="server"
      TextMode="SingleLine" />

      <!--验证用户名的有效性！不能为空-->
      <asp:RequiredFieldValidator ID="rfvName" ControlToValidate="txtName"
      Font-color="red"  runat="server" text="用户名不能为空！" Display="Dynamic"/>

      <!--验证用户名的有效性！必须包含有效字符-->
      <asp:RegularExpressionValidator runat=server ID="revName" Control
      ToValidate="txtName"  errormesage="用户名必须由 6-16 个字符组成。"
      ValidationExpression="\S{6,16}" text="用户名必须由 6-16 个字符组成。" />
      </td>
  </tr>
  <tr>
    <td>密码: </td>
    <td>
      <!--输入密码-->
      <asp:TextBox ID="txtPwd1" Columns="16" MaxLength="12" TextMode=
      "Password" runat="server" />

      <!--验证密码的有效性！不能为空-->
      <asp:RequiredFieldValidator ID="rfvPwd" ControlToValidate="txtPwd1"
      Display="Dynamic" Font-color="red" runat="server" text="密码不能为
      空！"/>

      <!--验证密码的有效性！必须包含有效字符-->
      <asp:RegularExpressionValidator  ID="revpwd" ControlToValidate=
      "txtPwd1"  ValidationExpression="[a-z]{6,10}" runat="server"
      text="密码必须由 6-10 个字母组成。"/>
      </td>
  </tr>
  <tr>
    <td>重复密码: </td>
    <td>
      <!--重复输入密码-->
      <asp:TextBox ID="txtPwd2" Columns="16" MaxLength="12" TextMode=
      "Password" runat="server" />

      <!--验证密码的有效性！两次输入必须一致-->
      <asp:CompareValidator runat="server" ControlToValidate=txtPwd2
      ControlToCompare=txtPwd1 text="密码不匹配。" />
```

```
            </td>
        </tr>
        <tr>
          <td>性别: </td>
          <td>
            <!--设置两个单选按钮-->
            <asp:RadioButton ID="rbtnSex1" Text="男" Checked="true" GroupName=
            "rbtnSex" runat="server" />
            <asp:RadioButton ID="rbtnSex2" Text="女" GroupName="rbtnSex"
            runat="server" />
        </td>
        </tr>
        <tr>
            <td>电子邮件:</td>
            <td>
            <!--输入邮件地址-->
             <asp:TextBox id=email width=200px maxlength=60 runat=server />

            <!--验证邮件的有效性! 不能为空-->
            <asp:RequiredFieldValidator id="emailReqVal" ControlToValidate=
            "email" Display="Dynamic" Font-Size="12" runat="server" text="必须输
            入邮件地址! "/>

            <!--验证邮件的有效性! 必须包含有效字符-->
            <asp:RegularExpressionValidator id="emailRegexVal" ControlToValidate=
            "email" Display="Static" ValidationExpression="^[\w-]+@[\w-]+\.
            (com|net|org| edu|mil)$" Font-Size="12" runat=server text="不是有
            效邮件地址"/>
            </td>
        </tr>
        <tr>
          <td>出生日期: </td>
          <td>
            <asp:DropDownList ID="ddlYear" runat="server"/>年
            <asp:DropDownList ID="ddlMon" runat="server"/>月
            <asp:DropDownList ID="ddlDay" runat="server"/>日
            </td>
        </tr>
        <tr>
          <td>兴趣爱好: </td>
          <td>
            <asp:CheckBox ID="chkXq1" Text="体育" runat="server" />
            <asp:CheckBox ID="chkXq2" Text="旅游" runat="server" />
```

```
            <asp:CheckBox ID="chkXq3" Text="游戏" runat="server" />
            <asp:CheckBox ID="chkXq4" Text="音乐" runat="server" />
            </td>
        </tr>
        <tr>
        <td colspan="2" align="center">
        <asp:Button ID="btnSumbit" runat="server" Text="提交" OnClick=
"btnSumbit_Click" />
        </td>
        </tr>
    </table>
      <p align="center"><asp:Label ID="labMsg" runat="server" /></p>
    </Form>
</body>
</html>
```

代码修改完成后，保存文件，在浏览器中浏览，效果如图 5-1-6 所示。

5.2 月 历 控 件

5.2.1 月历控件 Calendar

Calendar 控件可以让网页设计者在网页上显示月历，也可以取得用户在月历上点选的日期。其使用语法为：

```
<ASP:Calendar
Id="控件名称"
Runat="SERVER"
CellPadding="格与表格边框的距离"
CellSpacing="格和格边框的距离"
DayNameFormat="FirstLetter | FirstTwoLetters | Full | Short"
FirstDayOfWeek="Default | Monday | Tuesday | Wednesday |
Thursday | Friday | Saturday | Sunday"
NextMonthText="HTML text"
NextPrevFormat="ShortMonth | FullMonth | CustomText"
PrevMonthText="HTML text"
SelectedDate="date"
SelectionMode="None | Day | DayWeek | DayWeekMonth"
SelectMonthText="HTML text"
SelectWeekText="HTML text"
ShowDayHeader="True | False"
ShowGridLines="True | False"
ShowNextPrevMonth="True | False"
ShowTitle="True | False"
```

```
TitleFormat="Month | MonthYear"
TodaysDate="date"
VisibleDate="date"
TodayDayStyle-property="value"
DayHeaderStyle-property="value"
DayStyle-property="value"
NextPrevStyle-property="value"
OtherMonthDayStyle-property="value"
SelectedDayStyle-property="value"
SelectorStyle-property="value"
StyeDayHeaderStyle-property="value"
TitleStyle-property="value"
TodayDayStyle-property="value"
WeekendDayStyle-property="value" />
```

Calendar Web 控件的常用属性如表 5-2-1 所示。

表 5-2-1　Calendar 控件的常用属性

属　　性	说　　　　明
CellPadding	格与表格边框的距离，单位为像素
CellSpacing	格和格边框的距离，单位为像素
DayNameFormat	显示星期几的格式
FirstDayOfWeek	所要显示一周的第一天，可设置为：Default、Monday、Tuesday、Wednesday、Thursday、Friday、Saturday、Sunday
NextMonthText	显示下个月的文字，以 HTML 设置。ShowNextPrevMonth 以及属性必须要设置为 True，并且 NextPrevFormat 属性设置为 CustomText 才生效
NextPrevFormat	要显示在标题列左右两侧下个月以及上个月的连接样式，可设置的属性为 ShortMonth、FullMonth 以及 CustomText（默认值）。本属性设为 CustomText 时，NextMonthText 属性以及 PrevMonthText 属性才生效
PrevMonthText	显示上个月的文字，以 HTML 设置。ShowNextPrevMonth 以及属性必须要设置为 True，并且 NextPrevFormat 属性设置为 CustomText 才生效
SelectedDate	要突显的日期，预设是程序执行的日期
SelectedDates	用户所选取的多个日期，只读
SelectionMode	设置用户可以点选的日期，其可设置属性为 Day（默认值）、DayWeek、DayWeekMonth 或 None（无，单纯显示日期）
SelectMonthText	要选取整月的文字，以 HTML 设置。本属性要将 SelectionMode 属性要设置成 DayWeekMonth 才生效
SelectWeekText	要选取整周的文字，以 HTML 设置。本属性要将 SelectionMode 属性要设置成 DayWeek 或 DayWeekMonth 才生效
ShowDayHeader	设置是否要显示星期的名称，值为 True 或 False
ShowGridLines	设置是否要显示网格线，值为 True 或 False
ShowNextPrevMonth	设置是否要显示上个月或下个月，值为 True 或 False

属　　性	说　　　　　明
ShowTitle	设置是否要显示月历控件的标题列。如果设置为 False 时，会隐藏月份的名称及选择上下月的超链接
TitleFormat	设置标题列所要显示的日期格式，可设置为 MonthYear（默认值）或是 Month
TodaysDate	用来当作今天的日期。设置 TodayDayStyle 属性时，在月历上才会显示今天的日期
VisibleDate	决定用来显示哪个月份的日期，以这个日期的月份作决定

5.2.2　Calendar 控件的样式对象

Calendar 控件支持许多样式对象，可以让设计者进行更细致的外观设置，如表 5-2-2 所示。

表 5-2-2　Calendar 控件的样式对象

样 式 对 象	样式类别	说　　　　　明
DayHeaderStyle	TableItem	设置显示星期名称的样式
DayStyle	TableItem	设置显示几日的样式
NextPrevStyle	TableItem	设置显示上下月超链接的样式
OtherMonthDayStyle	TableItem	设置显示在月历上其他月份日期的样式
SelectedDayStyle	TableItem	设置显示被选择日期的样式
SelectorStyle	TableItem	设置选取整月或整周的超链接样式
TitleStyle	TableItem	设置标题列的样式。如果有设置 NextPrevStyle 的样式，则显示上下月的超链接不受影响
TodayDayStyle	TableItem	设置显示今天日期的样式
WeekendDayStyle	TableItem	设置显示周末的样式

下面的示例显示了自定义的 Calendar 控件的外观。

```
<!-- Calendar1.aspx -->
<%@ Page Language="VB"%>
<html>
<head>
<meta http-equiv="Content-Type" content="text/html; charset=gb2312" />
<title>自定义月历外观</title>
</head>
<body>
<form runat="server">
    <ASP:Calendar   Id="Calendar1"
    Runat="Server"
    SelectedDate="2001/05/15"
    SelectionMode="DayWeekMonth"
    SelectMonthText="全选"
    ShowGridLines="True"
    ShowNextPrevMonth="True"
    NextMonthText=">>"
    PrevMonthText="<<"
```

```
              TitleFormat="MonthYear"
              BorderColor="Black"
              DayStyle-BorderColor="Black"
              DayStyle-BorderStyle="Dotted"
              NextPrevStyle-ForeColor="White"
              SelectorStyle-BackColor="#DBDBDB"
              SelectorStyle-BorderColor="White"
              SelectedDayStyle-BackColor="#DBDBDB"
              SelectedDayStyle-ForeColor="Red"
              SelectedDayStyle-Font-Bold="True"
              SelectedDayStyle-Font-Name="Arial"
              TitleStyle-BackColor="Black"
              TitleStyle-ForeColor="White"
              TitleStyle-Font-Bold="True"
              OtherMonthDayStyle-ForeColor="Blue"
              WeekendDayStyle-ForeColor="Red"    />
      </form>
      </body>
      </html>
```

上面网页的浏览效果如图 5-2-1 所示。

图 5-2-1　自定义月历外观

5.2.3　Calendar 控件的事件

Calendar 控件所支持的事件有 3 个，分别为 OnDayRender、OnVisibleMonthChanged 以及 OnSelectionChanged。

1. OnSelectionChanged 事件

当用户点选月历控件上的不同日期，或选了整月或整周时触发 OnSelectionChanged 事件。其使用语法为：

```
Sub OnSelectionChanged(Sender As Object, e As EventAres)
```

```
...
End Sub
```
下面示例显示用户所点选的日期。
```
<!-- Calendar2.aspx -->
<%@ Page Language="VB"%>
<html>
<head>
<meta http-equiv="Content-Type" content="text/html; charset=gb2312" />
<title>日期选择</title>
</head>
<Script Language="VB" Runat="Server">
    Sub calA_SC(Sender As Object, e As EventArgs)
        Label1.Text="所选的日期为: " & calA.SelectedDate
    End Sub
</Script>
<body>
<form runat="server">
  <p>
    <ASP:Calendar Id="calA"
        Runat="Server"
        SelectionMode="DayWeekMonth"
        ShowGridLines="True"
        SelectedDayStyle-BackColor="#DBDBDB"
        OnSelectionChanged="calA_SC"/> </p>
  <p> <asp:Label ID="Label1" runat="server" /> </p>
</form>
</body>
</html>
```
上面网页的效果如图 5-2-2 所示。

图 5-2-2　选择日期

上面的示例中，当用户选取整周或整个月时，只能显示所选取的第一天；若要显示被选取的范围，则可利用 SelectedDates 集合来取得用户点选的范围。

2．OnVisibleMonthChanged 事件

当用户点选月历控件标题列上的上个月或下个月按钮时触发 OnVisibleMonthChanged 事件。其使用格式如下：

```
Sub OnVisibleMonthChanged(Sender As Object, e As MonthChangedEventArgs)
...
End Sub
```

其中，参数 e 有两个属性，e.NewDate 表示所选的日期，e.PreviousDate 表示原先的日期。

3．OnDayRender 事件

当月历控件在产生每一天的表格时触发 OnDayRender 事件。其使用语法为：

```
Sub OnDayRender(Sender As Object, e As DayRenderEventArgs)
...
End Sub
```

其中，参数 e 有 14 个属性，如表 5-2-3 所示。

表 5-2-3　OnDayRender 事件参数说明

参　　　数	说　　　明
e.Cell	TableCell 对象
e.Cell.RowSpan	传回或设置跨列数
e.Cell.ColumnSpan	传回或设置跨栏数
e.HorizontalAlign	传回或设置水平对齐方式
e.VerticalAlign	传回或设置垂直对齐方式
e.Cell.Warp	传回或设置字否自动断行
e.Day	传回或设置要被产生的日
e.Dat.Date	传回或设置要被产生的日期
e.Day.DayNumberText	传回或设置日期的字符串型态的数值，例如 "20"
e.Day.IsOtherMonth	传回所产生的日是不是属于其他月份
e.Day.IsSelectable	传回或设置日期是否可以被选取
e.Day.IsSelected	传回或设置日期是否被选取
e.Day.IsToday	传回日期是否为今天
e.Day.IsWeekend	传回日期是否为周末

5.2.4　实例

1．实例 21　月历

本实例中将通过 ASP.NET 月历控件在网页中显示一个月历，如图 5-2-3 所示。

图 5-2-3 月历

创建一个名为 Calendar.aspx 的文件，并打开，切换到 "代码" 视图，输入代码如下：

```
<%@ Page Language="VB" ContentType="text/html%>
<!DOCTYPE html PUBLIC "-//W3C//DTD XHTML 1.0 Transitional//EN" "http://www.
w3.org/TR/xhtml1/DTD/xhtml1-transitional.dtd">
<html xmlns="http://www.w3.org/1999/xhtml">
<head>
<meta http-equiv="Content-Type" content="text/html; charset=gb2312" />
<title>月历</title>
</head>
<body>
<form runat="server">
  <asp:Calendar
    ID="Cal1"
    FirstDayOfWeek="Sunday"
    ForeColor="#0000FF"
    NextPrevFormat="ShortMonth"
    runat="server"
    SelectedDayStyle-BackColor="#000099"
    SelectedDayStyle-ForeColor="#FFFFFF"
    ShowDayHeader="true"
    ShowGridLines="true"
    ShowNextPrevMonth="true"
    ShowTitle="true"
    TitleStyle-BackColor="#33CCFF"
    TitleStyle-ForeColor="#000000"
    TodayDayStyle-ForeColor="#FF0000"
    WeekendDayStyle-BackColor="#99CCFF"
    WeekendDayStyle-ForeColor="#FF0000" />
</form>
```

```
</body>
</html>
```

保存文件，在浏览器中浏览效果如图 5-2-3 所示。

2. 实例 22　自定义月历

本实例中将显示一个自定义的月历,该月历将本月的双数日期灰底白字显示,浏览效果如图 5-2-4 所示。

图 5-2-4　设置日期显示样式

创建一个名为 UserCalendar.aspx 的文件，并打开，切换到"代码"视图，输入代码如下所示：

```
<!-- UserCalendar.aspx -->
<%@ Page Language="VB" %>
<%@Import Namespace="System.Drawing"%>
<html>
<head>
<meta http-equiv="Content-Type" content="text/html; charset=gb2312" />
<title>自定义月历样式</title>
</head>
<Script Language="VB" Runat="Server">
    Sub calA_DayRender(Sender As Object, e As DayRenderEventArgs)
        If Cint(e.Day.DayNumberText) Mod 2=0 And Not e.Day.IsOtherMonth Then
            e.Cell.BackColor=Color.Gray '以颜色名称设定颜色
            e.Cell.ForeColor=Color.White '设定颜色
        End If
    End Sub
</Script>
<body>
    <form runat="server">
        <ASP:Calendar Id="calA"
        Runat="Server"
```

```
         SelectionMode="None"
         ShowGridLines="True"
         BorderColor="Gray"
         TitleStyle-BackColor="White"
         OnDayRender="calA_DayRender"
         />
    </form>
</body>
</html>
```

保存文件，在浏览器中浏览，效果如图 5-2-4 所示。

思考与练习 5

1. 填空

（1）_____控件可以用来强迫用户必须在指定的控件中输入数据。

（2）_____用于验证用户是否输入了数据。

（3）_____验证用户输入的数据和某个值比较是否相等，可以将输入控件与一个固定值或另一个输入控件进行比较。

（4）_____可以用于邮政编码和电话号码等的校验。

（5）Page 对象的_____属性可以检查整个表单是否有效。

（6）当用户点选月历控件上的不同日期时将产生_____事件。

（7）当用户点选月历控件标题列上的上个月或下个月按钮时将产生_____事件。

（8）当月历控件在产生每一天的表格时将产生_____事件。

2. 程序设计

（1）参考"实例 20"，制作一个商品订单输入页面。

（2）参考"实例 22"，制作一个自定义的月历。

第 6 章　ASP.NET 数据库应用开发

6.1　数据库网站应用基础

6.1.1　数据库网站应用概述

　　当前的 Web 应用中，不论是电子商务、新闻、论坛、博客，还是聊天室，几乎所有网站都会用到数据库。网络中的数据库应用设计是一个相当复杂的过程，需要众多的相关知识，包括创建/管理数据库、数据查询、数据接口、客户界面等多个方面的内容。图 6-1-1 所示是能够访问 Web 数据库的 ASP.NET 网络数据库应用程序的基本架构。

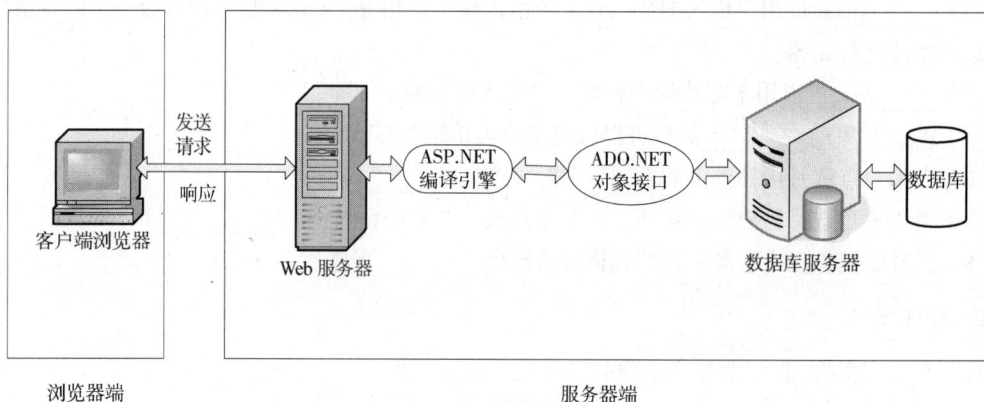

图 6-1-1　ASP.NET 网络数据库应用程序架构

　　其中，服务器端由 Web 服务器和数据库服务器所组成，而浏览器端只需要一个浏览器即可，基本上不需要进行配置。服务器端的 Web 服务器负责执行 ASP.NET 程序，在 ASP.NET 程序中通过 ADO.NET（ActiveX Data Object .NET）组件对象和 ODBC（Open DataBase Connectivity）接口来与数据库服务器相连，并取得数据库中的数据，当然也可以通过 ADO.NET 向数据库发送 SQL 命令，对数据库进行新增、删除和修改记录等操作，这一切都靠 ADO.NET 组件提供的对象与方法来达成。此外，Web 服务器还有一个工作，便是将用户操作数据库的结果，以 HTML 的形式回传给前端的浏览器，在客户端显示出所执行的结果。

6.1.2　数据库的基本概念

　　要进行数据库程序设计，首先需要了解一些基本的数据库基础知识。数据库技术是计算机技术的一个重要组成部分。它所研究的问题是如何科学地组织和存储数据，如何高效地获取和处理数据。信息处理系统的大量推广应用，使得数据库应用技术成为人们普遍关注的问题。

数据库按其结构划分主要有层次型、网络型和关系型三类。 目前应用最为广泛的是关系型数据库。

1．关系型数据库

关系型数据库（Database）通常由许多二维关系的数据表（DataTable）集合而成，它通过建立数据表之间的相互连接关系来定义数据库结构。在关系型数据库中，用一组数据列成一个 m 行 n 列的二维表来存储数据。表中的一行称为元组，一列称为属性，不同的列有不同的属性。

在一般关系型数据库中，常把关系称为"数据表"（DataTable），简称"表"（Table）；把元组称为"记录"（Record）；把属性称为"字段"（Field），如图 6-1-2 所示。

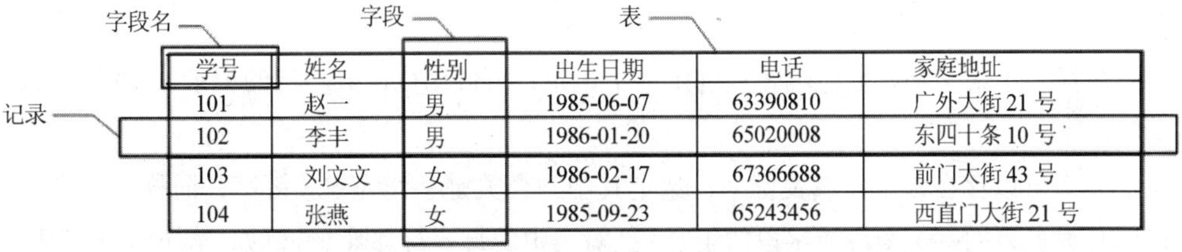

学号	姓名	性别	出生日期	电话	家庭地址
101	赵一	男	1985-06-07	63390810	广外大街 21 号
102	李丰	男	1986-01-20	65020008	东四十条 10 号
103	刘文文	女	1986-02-17	67366688	前门大街 43 号
104	张燕	女	1985-09-23	65243456	西直门大街 21 号

图 6-1-2　表、记录与字段

数据库是数据表的集合，数据表由一系列记录组成，记录是数据表中数据操作的单位，比如排序、删除等都是将一条记录按一个整体来进行。字段是具有相同数据类型的数据集合。字段的值是表中可以选择数据的最小单位，也是可以更新数据的最小单位。记录中的每个字段的取值，称为字段值或分量，字段的取值范围称为域。记录中的数据随着每一行记录的不同而变化。

表 6-1-1 和表 6-1-2 给出了两个数据表，它们可以构成一个关系型数据库。

表 6-1-1　学生档案表

学号	姓名	性别	出生日期	电话	家庭地址
1011	周明	男	1985-06-07	63320810	西直门大街 121 号
1012	李军	男	1986-01-20	65020008	东四十条 20 号
1013	张丽	女	1986-02-17	67366688	前门大街 413 号
1014	吕蒙	女	1985-12-23	65243456	广外大街 211 号

表 6-1-2　学生成绩表

学号	外语	语文	数学	物理	化学	总分	平均分
1011	80	75	75	80	85	640	80
1012	90	90	90	90	80	720	90
1013	75	75	75	75	80	600	75
1014	75	60	70	80	120	600	75

表的结构由表中不同字段构成，对于上面的两个表，它们的数据表结构如表 6-1-3 所示。

表 6-1-3　数据表结构

学生档案			学生成绩		
字段名称	类型	关键字	字段名称	类型	关键字
学号	字符串型	是	学号	字符串型	是
姓名	字符串型		外语	整型	
性别	字符串型		语文	整型	
出生日期	日期时间型		数学	整型	
电话	字符串型		物理	整型	
家庭地址	字符串型		化学	整型	
			总分	整型	
			平均分	单精度型	

2. 关键字

如果数据表中某个字段值能唯一地确定一个记录，可以用以区分不同的记录，则称该字段为候选关键字。

一个表中可以存在多个候选关键字，选定其中一个关键字作为主关键字，简称"主键"。主关键字可以是数据表的一个字段或字段的组合，且对表中的每一行都唯一。例如，表 6-1-1 和表 6-1-2 中的"学号"是唯一标识了一个学生的字段，因此可选择"学号"为主关键字。

表中的主键是最重要的字段，可以通过它来完成数据库的一些重要工作。

6.1.3　Microsoft Access 数据库

制作数据库网站之前，首先需要有一个数据库和相关的数据信息，网站数据库应用开发常用的数据库有很多，包括 Access、SQL Server、Oracle 和 MySQL 等，这里简要介绍 ASP.NET 开发常用的数据库 Access 和 SQL Server。

在一些小企业或个人网站的数据库 Web 应用中，Microsoft Access 数据库使用得较多。Microsoft Access 是 Microsoft Office 的组件之一，可以在安装 Microsoft Office 时一并安装。随着 Office 的升级，Access 也有多个版本，本书中介绍的是目前使用较多的 Microsoft Access 2003。

1. 创建数据库文件

首先，通过"资源管理器"在网站根目录下创建一个名为 database 的目录，后面创建数据库都将保存在该目录中。

启动 Microsoft Access 程序，如果是第一次运行 Access，则弹出界面如图 6-1-3 所示。

选择"空数据库"项，创建一个空的数据库（如果不是第一次运行 Access，则可以在启动 Access 程序后，单击"文件"菜单下的"新建"命令，再选择"新建文件"任务窗格中的"空数据库"项来创建一个新的数据库）。此时将弹出"文件新建数据库"对话框。与创建其他 Office 文件不同，Access 是先保存后编辑。将新数据库取名为 aspdb.mdb，保存到前面创建的 database 目录中，如图 6-1-4 所示。

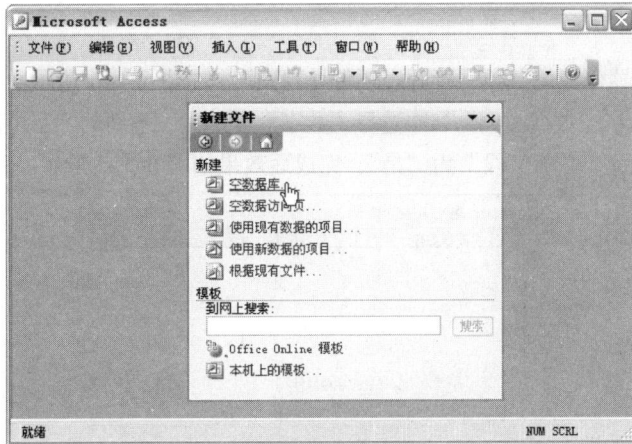

图 6-1-3　启动 Microsoft Access

图 6-1-4　创建新数据库

单击"创建"按钮，完成数据库的创建，进入 Access，如图 6-1-5 所示。

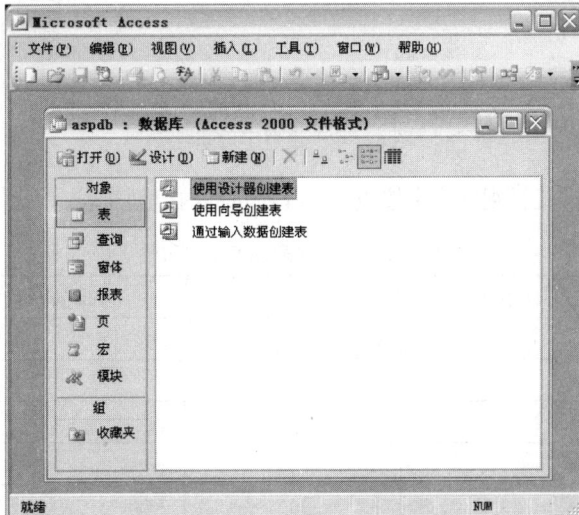

图 6-1-5　创建 Access 数据库

2．创建表

双击"使用设计器创建表"项，打开表"设计视图"，如图 6-1-6 所示。在第一行的"字段名称"列中输入 ID，当在"数据类型"列中选择"数字"类型后，下面的"字段属性"部分会显示该类型的相关设置，设置"必填字段"为"是"，完成后效果如图 6-1-7 所示。

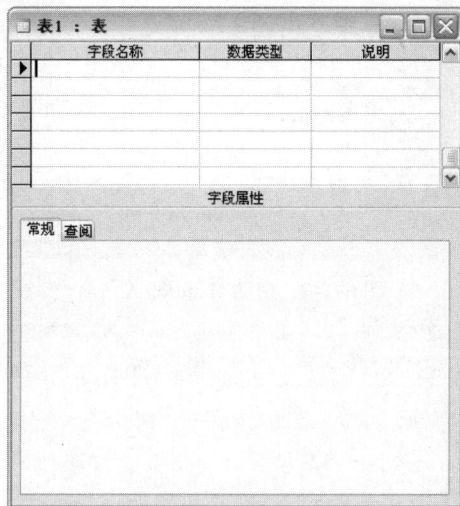

图 6-1-6　创建表

图 6-1-7　设置字段属性

按同样的方法，在"设计视图"中按表 6-1-4 所示的内容创建表。

表 6-1-4　新建表的各字段属性

字段名称	数据类型	字段大小	必填字段	说　明
ID	数字	长整型	是	图书编号
book	文本	30	否	名称
author	文本	20	否	作者
publisher	文本	20	否	出版社
pubyear	文本	8	否	出版年份

字段添加完成后，在 ID 行上右击，在弹出的快捷菜单中选择"主键"命令，设置 ID 字段为主

键，完成后，数据表结构如图图 6-1-8 所示。

图 6-1-8　表结构

数据表设计完成后，单击"保存"按钮或关闭"设计视图"时，会弹出"另存为"对话框。在"另存为"对话框中输入表名 books，关闭"表设计器"后，效果如图 6-1-9 所示。

图 6-1-9　创建完成后的数据表

3．输入数据

双击打开 books 表，输入若干图书信息，如图 6-1-10 所示。

图 6-1-10　输入数据后的数据表

至此，完成 Access 数据库的创建和数据的输入。

6.1.4　SQL Server 数据库基础

SQL Server 常用于大型企业服务器数据库，在一般的电子商务网站中使用得也比较多。下面，将学习如何在 Microsoft SQL Server 2008 R2 中创建数据库。

1．创建 SQL Server 数据库

在"开始"菜单中单击"开始"→"程序"→"Microsoft SQL Server 2008 R2"→"SQL Server Management Studio"命令，启动 Microsoft SQL Server 2008 的管理程序"Microsoft SQL Server Management

Studio，如图 6-1-11 所示。

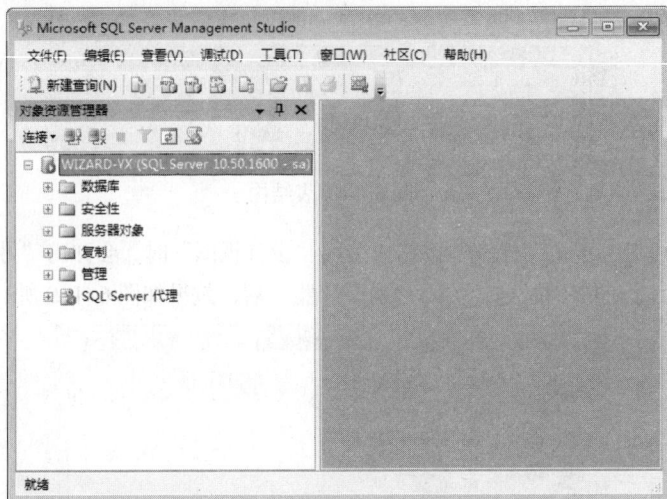

图 6-1-11　Microsoft SQL Server Management Studio

在 Microsoft SQL Server Management Studio 左侧窗格中的"数据库"目录上右击，在弹出的快捷菜单中选择"新建数据库"命令，将弹出"新建数据库"窗口。在该窗口右侧上方的"数据库名称"文本框中输入数据库的名称 aspnet，如图 6-1-12 所示。

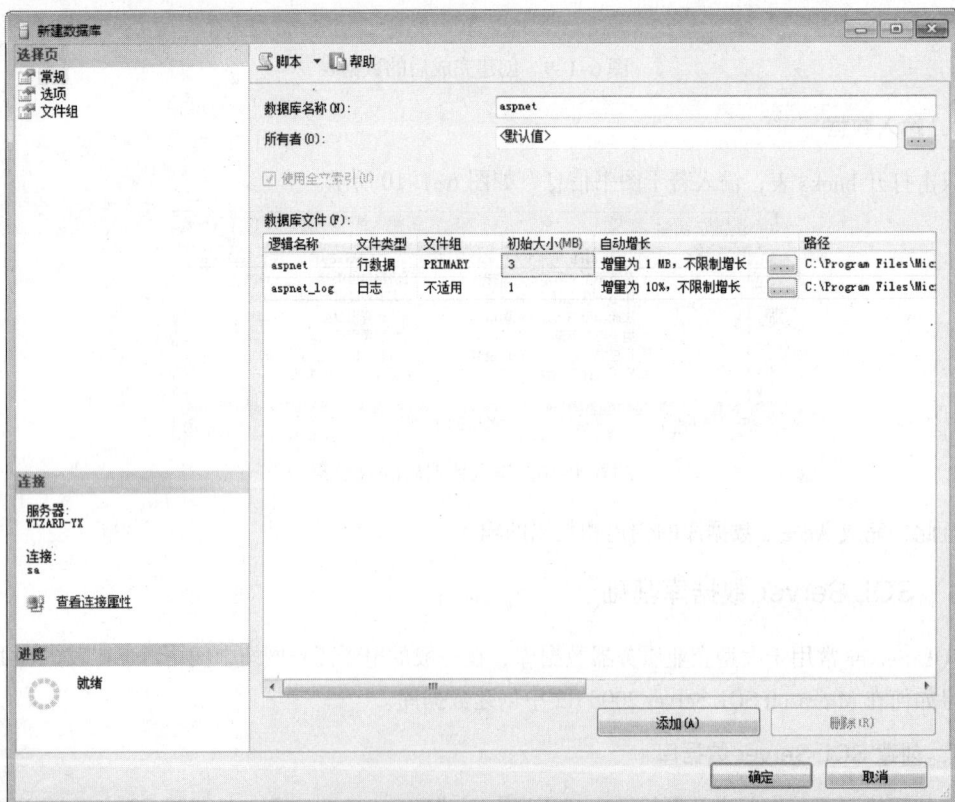

图 6-1-12　新建数据库

单击"确定"按钮，完成数据库的创建，回到 Microsoft SQL Server Management Studio。展开左侧窗格中的"数据库"目录，可以看到其下新增了一个名为 aspnet 的数据库。

2．创建表

创建数据库 aspnet 完成后，接下来在数据库中创建一个数据表 books，用于存储图书信息。在 Microsoft SQL Server Management Studio 左侧窗格中展开"数据库"文件夹，在下面找到 aspnet 数据库；再展开 aspnet 数据库，在下面找到"表"，如图 6-1-13 所示；在"表"上右击，在弹出的快捷菜单选择"新建表"命令。此时在 Microsoft SQL Server Management Studio 的中部将显示如图 6-1-14 所示的表设计窗口。

图 6-1-13　展开列表

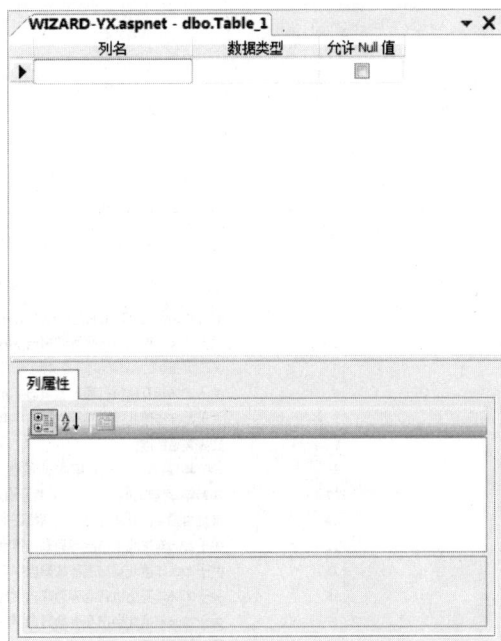

图 6-1-14　表设计窗口

在表设计窗口中按图 6-1-15 所示的内容创建新表。

列名	数据类型	允许 Null 值
id	int	☐
title	nvarchar(200)	☑
[content]	nvarchar(MAX)	☑
addtime	datetime	☑
admin	nvarchar(16)	☑
		☐

图 6-1-15　设计表的字段

在 Microsoft SQL Server Management Studio 右侧窗格内找到新建的表 dbo.news，在 dbo.news 上右击，在弹出的快捷菜单中选择"编辑前 200 行"命令，如图 6-1-16 所示。

命令执行后，将在 Microsoft SQL Server Management Studio 中将打开表编辑窗口。由于是创建的新表，所以表中现在还没有记录（如果表中有记录此时将可以看到记录的信息），在该窗口可以输入记录。在表中输入若干信息，如图 6-1-17 所示。

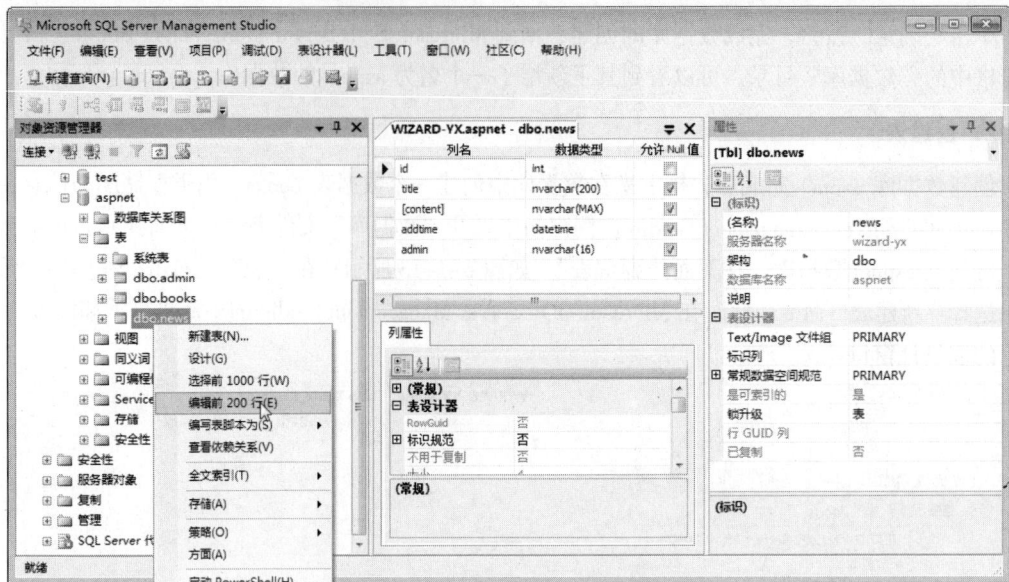

图 6-1-16　选择“编辑前 200 行”命令

id	title	content	addtime
1	参加中国餐饮业职业经理人资格证书...	（1）餐饮业职...	2006-02-09 00:...
2	关于2006年度北京市高等教育自学考...	各区县招考中...	2006-02-09 00:...
3		各区县招考中...	2006-02-09 00:...
5	关于2006年开始执行高等教育自学考...	按照《教育部...	2006-02-09 00:...
7	关于2006年度北京市高等教育自学考...	各区县招考中...	2006-02-10 00:...
8	团委奖惩制度 ...	一、团委的奖...	2006-02-10 00:...
9	2006年1月考试-网上补报通知(紧急) ...	通　知各位...	2006-02-10 00:...
10	2006年1月自命题考试领取准考证通知 ...	...	2006-02-10 00:...
11	参加中国餐饮业职业经理人资格证书...	（1）餐饮业职...	2006-02-09 00:...
12	关于2006年度北京市高等教育自学考...	各区县招考中...	2006-02-09 00:...
13	关于2006年度北京市高等教育自学考...	各区县招考中...	2006-02-09 00:...
15	关于2006年开始执行高等教育自学考...	按照《教育部...	2006-02-09 00:...
17	关于2006年度北京市高等教育自学考...	各区县招考中...	2006-02-10 00:...
18	团委奖惩制度 ...	一、团委的奖...	2006-02-10 00:...
19	2006年1月考试-网上补报通知(紧急) ...	通　知各位考...	2006-02-10 00:...
20	2006年1月自命题考试领取准考证通知 ...	...	2006-02-10 00:...

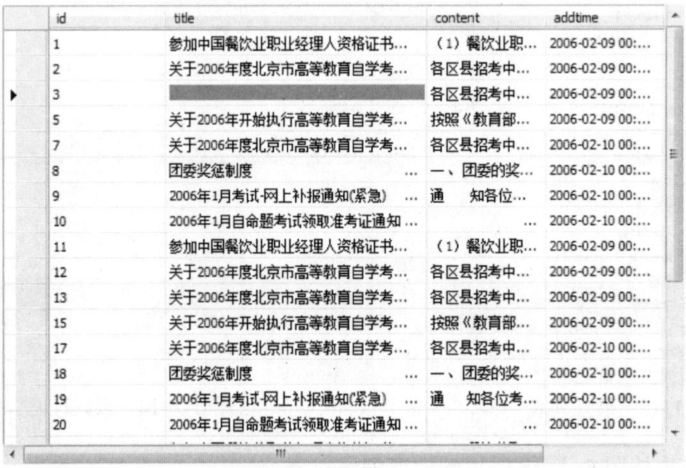

图 6-1-17　输入图书记录

输入完成后，关闭窗口。至此，完成数据库和数据表的创建。

6.1.5　数据绑定

数据绑定（DataBind）是 ASP.NET 中将数据在控件中显示出来的重要方法，包括服务器控件、数据库操作等所有涉及操作数据的控件都会用到数据绑定。

要将数据通过控件显示，可编写程序进行数据绑定，或是通过控件本身的绑定功能，让控件自动显示数据。要将控件和数据源进行绑定，最简单的方式就是直接把数据指定给控件的某个属性，或者是使用数据绑定语句。数据绑定叙述可以让控件取得数据源的数据，只要在控件中需要数据源提供数据的地方插入下面格式的数据绑定语句即可。

```
<%#数据源%>
```

ASP.NET 可以当作数据源来进行绑定的对象很多，从最基本的变量，到 Array、ArrayList、Collection、DataSetView、DataView、DataSet、DataTable 等，此外，对象的属性、表达式、程序的返回值等都可以当作数据源进行绑定。

所有的数据绑定都用 DataBind() 函数来建立。DataBind()是 page 页面和所有控件的一个方法，也就是说，它能够被所有的控件使用。建立数据绑定的时候，DataBind 可以作为控件的一个子项，例如 DataList1.DataBind()会将数据与 DataList 数据列表控件绑定，Page.DataBind()会绑定整个页面。DataBind 常在页面载入时就被绑定，例如：

```
Sub Page_Load(Src As Object, E As EventArgs)
    DataBind()
End Sub
```

下面是一个将数据下拉列表中的数据绑定到标签文本的例子。

```
<!-- Databind.aspx -->
<%@ Page Language="VB" ContentType="text/html" ResponseEncoding="utf-8" %>
<html>
<head>
<meta http-equiv="Content-Type" content="text/html; charset=gb2312" />
<title>教材选择</title>
</head>
<script Language="VB" runat="server">
Sub Page_Load(Src As Object, E As EventArgs)
        Page.DataBind()
End Sub
</script>
<body>
<B>教材选择</B>
<form runat=server>
  <asp:DropDownList id="StateList" runat="server" AutoPostBack="True" >
    <asp:ListItem >邓小平理论概论 </asp:ListItem>
    <asp:ListItem >法律基础与思想道德修养</asp:ListItem>
    <asp:ListItem >电子商务英语 </asp:ListItem>
    <asp:ListItem >经济学</asp:ListItem>
    <asp:ListItem >网页设计与制作</asp:ListItem>
  </asp:DropDownList>
  <p>  所选择的教材是:<asp:label text='<%# StateList.SelectedItem.text %>' runat=
server/>
</form>
</body>
</html>
```

上面例子的浏览效果如图 6-1-18 所示。由于下拉列表 StateList 的 AutoPostBack 属性为 True，当用户从下拉列表中选择一本图书时，发生回送事件，网页重新加载。此时将执行 Page_Load 事件中的 Page.DataBind()语句，将标签 asp:label 中的 text 属性经绑定语句<%# StateList.SelectedItem.text %>
进行赋值，获取 StateList 下拉列表当前选项的文本 Text 值。

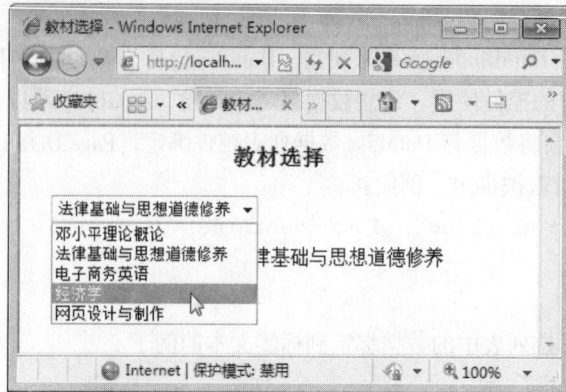

图 6-1-18　数据绑定

下面的例子演示了如何通过数组绑定将数组中的数据作为数据源绑定给下拉列表控件。

```
<!--Array Databind.aspx -->
<%@ Page Language="VB" ContentType="text/html" ResponseEncoding="utf-8" %>
<html>
<head>
<meta http-equiv="Content-Type" content="text/html; charset=gb2312" />
<title>选择图书</title>
</head>
<script Language="VB" runat="server">
    '声明数组
    Dim arr() As String={"法律基础与思想道德修养","电子商务英语","经济学","网页设计与
    制作","邓小平理论概论"}
    Sub Page_Load(Src As Object, E As EventArgs)
            page.DataBind()
    End Sub
</script>
<body>
<B>选择一本图书</B>
<form runat=server>
    <ASP:ListBox Id="Listbook" DataSource='<%#arr%>' Rows="4" Runat="Server"/>
</form>
</body>
</html>
```

上面例子中，通过语句 DataSource='<%#arr%>'将数组 arr 的内容作为数据源绑定到列表框中。
效果如图 6-1-19 所示。

图 6-1-19　数组数据绑定

6.1.6　重复列表控件 Repeater

Repeator 控件会以指定的形式重复显示数据项目，故称之为重复列表。Repeater 控件最主要的用途是可以将数据依照所指定的格式重复显示出来。只要将想要显示的格式先定义好，Repeater 就会依照所定义的格式来显示；这个预先定义好的格式称为"模板"（Template）。使用模板可以让大量的资料更容易、更美观地显示出来。Repeater 控件的使用语法如下：

```
<ASP:Repeater
Id="控件名称"
Runat="Server"
DataSource='<%# 数据绑定%>' >
<Template Name="模板名称">
以 HTML 所定义的模板
</Template >
其他模板定义...
</ASP:Repeater>
```

使用重复列表有两个要素，即数据的来源和数据的表现形式。数据来源的指定由控件的 DataSource 属性决定，并调用方法 DataBind 绑定到控件上。数据的表现形式由模板指定，Repeater 控件所支持的模板如表 6-1-5 所示。

表 6-1-5　模　板　元　素

模 板 名 称	说　　　　明
HeaderTemplate	报头定义模板，定义重复列表的表头表现形式
ItemTemplate	数据项模板，必需项，它定义了数据项及其表现形式
AlternatingItemTemplate	数据项交替模板，为了使相邻的数据项有所区别，可以定义交替模板，它使得相邻的数据项看起来明显不同，默认情况下，它和 ItemTemplate 模板定义一致，即默认下相邻数据项无表示区分
SeparatorTemplate	分隔符模板，定义数据项之间的分隔符
FooterTemplate	表尾定义模板，定义重复列表的列表尾部的表现形式

由于重复列表没有默认的模板，所以使用重复列表时至少要定义一个最基本的模板 ItemTemplate。只有定义了 ItemTemplate 才能顺利显示数据信息。同时，由于缺乏内置的预定义模板

和风格，在使用重复列表时，请一定记住要使用 HTML 元素来定义模板。ASP.NET 中，支持模板的 Web 服务器控件有 Repeater、DataList 利 DataGrid。

下面示例利用 Repeater 控件显示图书的编号与名称。

```
<!-- Repeater.aspx -->
<%@ Page Language="VB" ContentType="text/html" ResponseEncoding="utf-8" %>
<html>
<head>
<meta http-equiv="Content-Type" content="text/html; charset=gb2312" />
<title>图书列表</title>
</head>

<script Language="VB" runat="server">
    Sub Page_Load(Src As Object, E As EventArgs)
        If Not IsPostBack Then
            '定义一个 Hashtable 类型变量 booksrc 用于存储图书编号与名称
            Dim booksrc As Hashtable=New Hashtable()

            '增加图书信息到变量 booksrc
            booksrc.Add("1","法律基础与思想道德修养")
            booksrc.Add("2","经济学")
            booksrc.Add("3","电子商务英语")
            booksrc.Add("4","网页设计与制作")
            booksrc.Add("5","邓小平理论概论")

            '将 booksrc 作为数据源与重复列表 rpbook 绑定
            rpbook.DataSource=booksrc
            rpbook.DataBind()
        End If
    End Sub
</script>
<body>
<B>图书列表</B>
<form runat=server>
<table width="300" border="1">
  <tr>
    <td>编号</td>
    <td>名称</td>
  </tr>
    <ASP:Repeater Id="rpbook" Runat="Server" >
        <ItemTemplate Name="Template"  >
    <tr>
    <td><%# Container.DataItem.Key %></td>
    <td><%# Container.DataItem.Value %></td>
```

```
      </tr>
           </ItemTemplate>
      </ASP:Repeater>
</table>
</form>
</body>
</html>
```
上面程序的浏览效果如图 6-1-20 所示。

图 6-1-20　图书列表

6.1.7　数据表格控件 DataGrid

　　DataGrid 控件是 Web 数据显示控件之中功能最强的。在开发动态网页的时候，常常需要将数据以不同的风格呈现出来，DataGrid 控件和前面介绍的 Repeater 控件都可以办到。但如果所要包含的数据量非常庞大，而需要将这些数据分页展示，那就要靠 DataGrid 控件了。DataGrid 控件除了支持分页的功能外，还可以让用户编修数据。

　　DataGri 控件以表格形式显示数据内容，同时还支持数据项的选择、排序、分页和修改。默认情况下，数据表格为数据源中每一个域绑定一个列，并且根据数据源中每一个域中数据的出现次序把数据填入数据表格中的每一个列中。数据源的域名将成为数据表格的列名，数据源的域值以文本标识形式填入数据表格中。

　　此外通过直接操作表格的 Columns 集合，可以控制数据表格各个列的次序、表现方式以及显示内容。默认的列为 Bound 型列，它以文本标识的形式显示数据内容。此外，还有许多类型的列类型可供用户选择。列类型的定义有两种方式：显视的用户定义列类型和自动产生的列类型（AutoGenerateColumns）。当两种列类型定义方式一起使用时，先用用户定义列类型产生列的类型定义，接着剩下的再使用自动列定义规则产生出其他的列类型定义。请注意自动定义产生的列定义不会加入 Columns 集合。

　　DataGri 控件的使用语法如下：

```
<ASP:DataGrid
Id="控件名称"
Runat="Server"
DataSource='<%#数据绑定%>'
```

```
AllowPaging="True | False"
AllowSorting="True | False"
AutoGenerateColumns="True | False"
BackImageUrl="url"
CellPadding="间距"
CellSpacing="内部间距"
DataKeyField="主键字段"
GridLines="None | Horizontal | Vertical | Both"
HorizontalAlign="Center | Justify | Left | NotSet | Right"
PagedDataSource
PageSize="ItemCount"
ShowFooter="True | False"
ShowHeader="True | False"
VirtualItemCount="ItemCount"
AlternatingItemStyle-Property="value"
EditItemStyle-Property="value"
FooterStyle-Property="value"
HeaderStyle-Property="value"
ItemStyle-Property="value"
PagerStyle-Property="value"
SelectedItemStyle-Property="value"
OnCancelCommand="事件处理程序"
OnDeleteCommand="事件处理程序"
OnEditCommand="事件处理程序"
OnItemCommand="事件处理程序"
OnItemCreated="事件处理程序"
OnPageIndexChanged="事件处理程序"
OnSortCommand="事件处理程序"
OnUpdateCommand="事件处理程序"  />
```

或者也可以用下面的格式进行定义：

```
<ASP:DataGrid
Id="控件名称"
Runat="Server"
AutoGenerateColumns="False"
DataSource='<%# DataBindingExpression %>'
其他属性设定... >
<Property Name="Columns">
<ASP:BoundColumn/>
<ASP:EditCommandColumn/>
<ASP:HyperlinkColumn/>
<ASP:TemplateColumn>
模板设定...
</ASP:TemplateColumn>
```

```
</Property>
</ASP:DataGrid>
```

（1）DataGrid 控件常用属性

DataGrid 控件常用的属性如表 6-1-6 所示：

表 6-1-6　DataGrid 控件常用属性

属　　性	说　　　　　　　明
AllowCustomPaging	设定是否允许自动分页
AllowPaging	设定是否允许分页
AllowSorting	设定是否允许排序数据
AutoGenerateColumns	设定是否要自动产生数据源中每个字段的数据，预设为 True
BackImageUrl	设定表格背景所要显示的图形
CellPadding	存储格与表格边框的距离
CellSpacing	存储格和存储格边框的距离
Columns	传回控件中所显示的字段数，只读
CurrectPageIndex	设定控制项目前所在的数据页数，只能用程序设定
DataKeyField	设定在数据源中为主键的字段
DataSource	设定数据绑定所要使用的数据源
EditItemIndex	设定要被编辑的字段名称。本属性设为–1 可放弃编辑
GridLines	设定是否要显示网格线。本属性在 RepeatLayout 属性设为 Table 时才有效
HorizontalAlign	设定水平对齐的方式
Items	DataListItem 的集合对象。本对象只包含和数据源绑定的 Item，也就是说不包含 Header、Footer 及 Separator 模板
PageCount	传回总页数，只读
PageSize	设定每页所要显示的纪录数
SelectedIndex	设定哪一列被点选。设定此属性时，该列会以 Selected 模板的样式来显示
SelectedItem	传回被点选到的 Item
ShowFooter	设定是否要显示脚注（Footer），True/False
ShowHeader	设定是否要显示表头（Header），True/False
VirualItemCount	设定所要显示的记录笔数。如果 AllowCustomPaging 属性为 True，本属性则用来设定总共所要显示的页数；如果为 False，本属性则用来传回总共的页数

（2）DataGrid 控件常用模板和样式

DataGrid 控件所支持的模板如表 6-1-7 所示。

表 6-1-7　DataGrid 控件的模板

模 板 名 称	说　　　　　　　明
HeaderTemplate	数据表头的样式
ItemTemplate	呈现数据的样式。本模板为必要模板，不可省略

模 板 名 称	说　明
EditItem	编辑数据的模板。
FooterTemplate	数据表尾的样式
Pager	数据分页的样式

此外，DataGrid 控件也支持许多样式对象，可以让设计者能够灵活的设定其显示外观，如表 6-1-8 所示。

表 6-1-8　DataGrid 控件样式对象

样 式 对 象	样 式 类 别	说　明
AlternatingItemStyle	TableItem	每一个交替项目所要显示的样式
EditItemStyle	TableItem	项目在被编辑时所要显示的样式
FooterStyle	TableItem	脚注所要显示的样式
HeaderStyle	TableItem	标头所要显示的样式
ItemStyle	TableItemStyle（必需）	每一个项目所要显示的样式
PagerStyle	DataGridPager	分页的样式
SelectedItemStyle	TableItem	项目在被选择时所要显示的样式

除了上面的样式对象外，DataGrid 控件还提供了 DataGridPager 样式，它主要用来设定 DataGrid 控件的分页样式，这些样式如表 6-1-9 所示。

表 6-1-9　DataGrid 控件分页样式

属　性	说　明
PagerStyle–Mode	设定分页方式，NextPrev、NumericPages
PagerStyle–NextPageText	设定下一页的文字
PagerStyle–PageButtonCount	设定分页按钮的文字风格
PagerStyle–Position	设定分页的地址。（Bottom、Top、TopAndBottom
PagerStyle–PrevPageText	设定上一页的文字
PagerStyle–Visible	设定是否显示，True/False

（3）DataGrid 控件的事件

此外，针对各种数据操作，DataGrid 控件提供了多个事件加以支持，如表 6-1-10 所示。

表 6-1-10　DataGrid 控件的事件

事 件 名 称	说　明
OnCancelCommand	当在字段中的 Button 或 LinkButton 控件触发事件时，如果控件的 CommandName 属性为 Cancel 时，则触发本事件
OnDeleteCommand	当在字段中的 Button 或 LinkButton 控件触发事件时，如果控件的 CommandName 属性为 Delete 时，则触发本事件
OnEditCommand	当在字段中的 Button 或 LinkButton 控件触发事件时，如果控件的 CommandName 属性为 Edit 时，则触发本事件
OnItemCommand	当在字段中的 Button 或 LinkButton 控件触发事件时，如果 CommandName 属性的内容不是 Edit、Cancel、Delete 或 Update 时即触发本事件

事 件 名 称	说　　　　　明
OnItemCreated	当列表中的每一个项目被创建时触发
OnPageIndexChanged	当不同的数据页被选取时便触发
OnSortCommand	当用户选择要排序的字段时，即触发本事件。本事件必须将 DataGrid 的 AllowSorting 属性设为 True 才会触发
OnUpdateCommand	当在字段中的 Button 或 LinkButton 控件触发事件时，如果控件的 CommandName 属性为 Update 时，则触发本事件

表中的 OnCancelCommand、OnDeleteCommand、OnEditCommand、OnItemCommand、OnSortCommand 以及 OnUpdateCommand 这 6 个事件对应的事件处理程序的定义语法如下：

```
Sub 事件程序名称(Sender As Object, e As DataGridCommandEventArgs)
...
End Sub
```

OnItemCreated 事件对应的事件处理程序的定义语法如下：

```
Sub OnItemCreated(Sender As Object, e As DataGridItemCreatedEventArgs)
...
End Sub
```

OnPageIndexChanged 事件的事件处理程序的定义语法如下：

```
Sub OnPageIndexChanged(Sender As Object, e As DataGridPageChangedEventArgs)
...
End Sub
```

6.1.8　实例

1. 实例 23　图书列表

本实例中将通过 ADO.NET 来访问 Access 数据库，并将数据绑定到 Repeater 重复列表控件来列出数据库中的教材信息，显示一个如图 6-1-21 所示的图书列表。在这个实例中，将学习如何使用 ADO.NET 来访问数据库，并在重复列表控件中显示出数据内容。

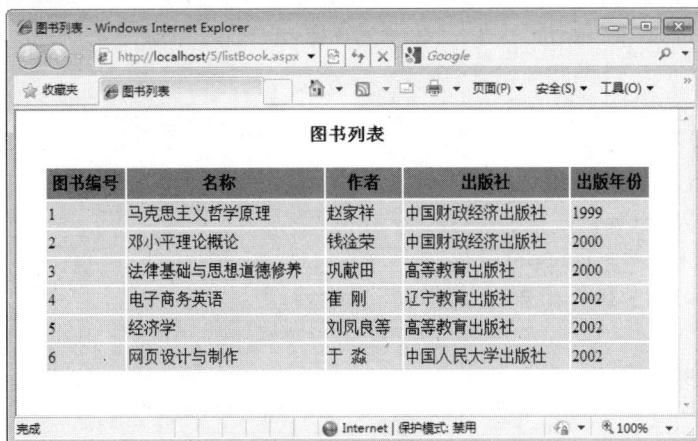

图 6-1-21　图书列表

在 Dreamweaver 中创建一个名为 listBook.aspx 的 ASP.NET 文件，打开文件。切换到"代码"视图，编辑代码如下所示：

```
<!-- listBook.aspx -->
<%@ Page Language="VB" ContentType="text/html" %>
<%@ Import Namespace="System.Data" %>
<%@ Import Namespace="System.Data.OleDb" %>
<html>
<head>
<title>图书列表</title>
</head>
<Script Language="VB" Runat="Server">
    Sub Page_Load(sender As Object, e As Eventargs)
        '定义数据连接对象objConn
        Dim objConn As New OleDbConnection()

        '设置objConn的连接字符串ConnectionString属性
        objConn.ConnectionString="Provider=Microsoft.Jet.OLEDB.4.0;Data
        Source=" & Server.MapPath("/database/aspdb.mdb")
        objConn.Open() '打开连接

        '创建数据适配器objCmd
        Dim objCmd As New OleDbDataAdapter("Select * From books", objConn)

        '创建数据集DS
        Dim DS As New DataSet()
        objCmd.Fill(DS)     '使用objCmd中的内容填充数据集DS

        '设置重复列表rptbook的数据源为数据集DS
        rptbook.DataSource=DS
        rptbook.databind()
        objConn.Close()              '关闭连接
    End Sub
</Script>
<body>
<h3 align="center">图书列表</h3>
<form runat="server">
<!-- 定义重复列表控件rptBook-->
  <ASP:Repeater id="rptBook" runat="server" >

        <HeaderTemplate>
        <table width="600" border="0" align="center">
            <tr>
                <th height="30" bgcolor="#0099FF">图书编号</th>
```

```
            <th  bgcolor="#0099FF">名称</th>
            <th  bgcolor="#0099FF">作者</th>
            <th  bgcolor="#0099FF">出版社</th>
            <th  bgcolor="#0099FF">出版年份</th>
        </tr>
    </HeaderTemplate>
  <ItemTemplate>
    <tr>
        <td height="26" bgcolor="#D6DFF7"><%# Container.DataItem("ID") %></td>
        <td bgcolor="#D6DFF7"><%# Container.DataItem("book") %></td>
        <td bgcolor="#D6DFF7"><%# Container.DataItem("author") %></td>
        <td bgcolor="#D6DFF7"><%# Container.DataItem("publisher") %></td>
        <td bgcolor="#D6DFF7"><%# Container.DataItem("pubyear") %></td>
    </tr>
  </ItemTemplate>
  <FooterTemplate>
    </table>
  </FooterTemplate>
 </ASP:Repeater>
</form>
</body>
</html>
```

这段程序中，在前面先使用下面的语句创建 ADO.NET 的数据连接对象 objConn。

```
'定义数据连接对象 objConn
    Dim objConn As New OleDbConnection()
    '设置 objConn 的连接字符串 ConnectionString 属性
    objConn.ConnectionString="Provider=Microsoft.Jet.OLEDB.4.0;Data Source=
" & Server.MapPath("/database/aspdb.mdb")
    objConn.Open()    '打开连接
```

再通过下面的语句创建数据适配器对象 objCmd 和数据集 DS。

```
'创建数据适配器 objCmd
Dim objCmd As New OleDbDataAdapter("Select * From books", objConn)
'创建数据集 DS
Dim DS As New DataSet()
objCmd.Fill(DS)    '使用 objCmd 中的内容填充数据集 DS
```

再通过下面的语句将数据集 DS 中的表默认视图内容绑定到重复列表对象 rptbook。

```
rptbook.DataSource=DS

rptbook.databind()
```

在下面的语句中，将表格中的重复区域中的内容定义为一个<asp:Repeater>重复列表控件。

```
<!-定义重复列表控件 rptBook -->
    <ASP:Repeater id="rptBook" runat="server" >
    ...
    </ASP:Repeater>
```

其中，下面的语句定义列表标题的内容和布局，表格的<table>标记和标题行放在这里。

```
<HeaderTemplate>
<table width="600" border="0" align="center">
        <tr>
                <th height="30" align="center" bgcolor="#0099FF">图书编号</td>
                <th  bgcolor="#0099FF">名称</td>
                <th  bgcolor="#0099FF">作者</td>
                <th  bgcolor="#0099FF">出版社</td>
                <th  bgcolor="#0099FF">出版年份</td>
        </tr>
</HeaderTemplate>
```

下面的语句定义列表项目的内容和布局，循环列出的绑定数据放在这里。

```
<ItemTemplate>
  <tr>
    <td height="26" bgcolor="#D6DFF7"><%# Container.DataItem("ID") %></td>
    <td bgcolor="#D6DFF7"><%# Container.DataItem("book") %></td>
    <td bgcolor="#D6DFF7"><%# Container.DataItem("author") %></td>
    <td bgcolor="#D6DFF7"><%# Container.DataItem("publisher") %></td>
    <td bgcolor="#D6DFF7"><%# Container.DataItem("pubyear") %></td>
  </tr>
</ItemTemplate>
```

其中，语句<%# Container.DataItem("ID") %>用于将重复列表控件所绑定的数据集 DS 中的 ID 字段绑定，显示在当前位置。Container 指当前进行数据绑定的控件对象，DataItem（"ID"）表示数据项 ID。其他<%# ... %>语句用途相同，都是用于将各个字段内容显示出来。

下面的语句用于定义列表脚注的内容和布局，可以将表格的</table>标记放在这里。

```
 <FooterTemplate>
  </table>
</FooterTemplate>
```

2．实例 24　新闻信息列表

本实例将通过 DataGrid 控件来显示 SQL Server 数据库中的新闻信息列表。效果如图 6-1-22 所示。

在 Dreamweaver 中创建一个名为 newslist.aspx 的 ASP.NET 文件，打开文件。切换到"代码"视图，编辑代码如下所示：

```
<%@ Page Language="VB" ContentType="text/html" %>
<%@ Import Namespace="System.Data" %>
<%@ Import Namespace="System.Data.SqlClient" %>
<html>
<head>
<meta http-equiv="Content-Type" content="text/html; charset=gb2312" />
<title>新闻列表</title>
</head>
<Script Language="VB" Runat="Server">
```

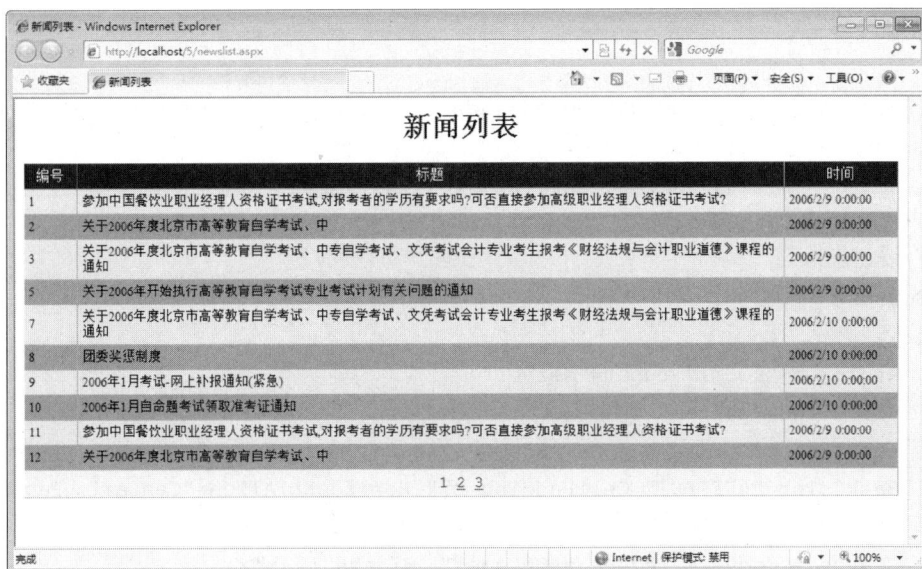

图 6-1-22　新闻列表

```
Sub Page_Load(sender As Object, e As Eventargs)
    NewsDataBind
End Sub


Sub NewsDataBind()
    '定义数据连接对象 sqlConn
    Dim sqlConn As New SqlConnection()
    '设置 sqlConn 的连接字符串 ConnectionString 属性
    sqlConn.ConnectionString="Data Source=Localhost;Initial Catalog=
    aspnet;User ID=sa; Password=123456;"
    sqlConn.Open() '打开连接

    '创建 SQL 查询字符串
    Dim strsql="Select * From news "

    '通过查询字符串创建数据适配器 sqlCmd
    Dim sqlCmd As New SqlDataAdapter(strsql, sqlConn)

    '创建数据集 DS
    Dim DS As New DataSet()
    sqlCmd.Fill(DS)     '使用 objCmd 中的内容填充数据集 DS

    '设置重复列表 rptbook 的数据源为数据集 DS
    dgnews.DataSource=DS
    dgnews.databind()
    sqlConn.Close()                 '关闭连接
```

```
    End Sub

    Sub dgnews_PageIndexChanged(sender As Object, e As DataGridPageChanged-
    EventArgs)
        dgnews.CurrentPageIndex=e.NewPageIndex
        NewsDataBind()
    End Sub
</Script>
<body>
    <form id="form1" runat="server">
    <h1 align="center">新闻列表</h1>
    <asp:DataGrid ID="dgnews" AutoGenerateColumns="false" AllowPaging="true"
    BackColor="#FFFFFF" CellPadding="5" HorizontalAlign="Center" PageSize=
    "10" runat="server" ShowHeader="true" gridline="Horizontal" OnPageIndex
    Changed= "dgnews_PageIndexChanged" Width="100%">
        <HeaderStyle BackColor="#000099" ForeColor="#FFFFFF" HorizontalAlign=
    "center" />
        <Columns >
        <asp:BoundColumn DataField="ID" HeaderText="编号" SortExpression="id"
        HeaderStyle-Width="50"/>
        <asp:BoundColumn DataField="title" HeaderText="标题"  SortExpression=
        "title"  />
        <asp:BoundColumn DataField="addtime" HeaderText="时间" SortExpression=
        "addtime" HeaderStyle-Width="120"/>
      </Columns>
        <ItemStyle Font-Size="11pt" ForeColor="#000000" BackColor="Moccasin"/>
        <AlternatingItemStyle BackColor="#00ccff" />
        <PagerStyle Font-Name="Courier New" Font-Size="13pt" HorizontalAlign=
        "Center" ForeColor="Blue" BackColor="#EFEFEF" Mode="NumericPages"  />
    </asp:DataGrid>
        <Input Type="Hidden" Runat="Server" Id="SortField" Value="id">
    </form>
</body>
</html>
```

代码编辑完成，保存文件并浏览，效果如图 6-1-22 所示。

6.2　ADO.NET 应用开发

6.2.1　ADO.NET 基础

1. ADO.NET 简介

ADO.NET 是.NET Framework 中用以操作数据库的类库的总称。ADO.NET 是专门为.NET 框架而设计的，它是在早期 Visual Basic 和 ASP 中大受好评的 ADO（ActiveX Data Objects，活动数据对象）的升级版本。ADO.NET 模型中包含了能够有效地管理数据的组件类。

ADO.NET 是在用于直接满足用户开发可伸缩应用程序需求的 ADO 数据访问模型的基础上发展而来的。它是专门为 Web 设计的，并且考虑了伸缩性、无状态性和 XML 的问题。

ADO.NET 相对于 ADO 的最大优势在于，对于数据的更新修改可以在与数据源完全断开连接的情况下进行，然后再把数据更新情况传回到数据源。这样大大减少了连接过多对数据库服务器资源的占用。

为了适应数据 ADO 的交换，ADO.NET 使用了一种基于 XML 的暂留和传输格式。说得更精确些，为了将数据从一层传送给另一层，ADO.NET 解决方案以 XML 格式表示内存数据（数据集），然后将 XML 发送给另一个组件。XML 格式是最为彻底的数据交换格式，可以被多种操作数据接口所接受，能穿透公司防火墙，也因此，ADO.NET 具有跨平台性和良好的交互性。

ADO.NET 对象模型中有 5 个主要的组件，分别是 Connection （连接）、Command（命令） 对象、DataAdpter（数据适配器）、DataSet（数据集）和 DataReader（数据读取器），功能如下：

（1）Connection 用于连接到数据库和管理对数据库的事务，表示与某些数据存储区（如 SQL Server、Access 或 XML 文件）的物理连接。

（2）Command 用于对数据库发出 SQL 命令，表示从数据存储区查询（检索）或对数据存储区进行操作（插入、更新、删除）的指令。

（3）DataReader 用于从 SQL Server 数据源读取只进数据记录流。

（4）DataSet 用于对数据进行存储、远程处理和编程，表示应用程序使用的实际数据。

（5）DataAdapter 用于将数据推入 DataSet，并使数据与数据库保持一致。

这些组件中负责建立连接和数据操作的部分称为数据操作组件（Managed Providers），由 Connection 对象、Command 对象、DataAdpter 对象以及 DataReader 对象所组成。数据操作组件最主要的功能是是当作 DataSet 对象以及数据源之间的桥梁，负责将数据源中的数据取出后植入 DataSet 对象中，以及将数据存回数据源的工作。

使用 ADO.NET 的所有数据库网站开发的中心都是数据集 DataSet。数据集是内存中的数据库数据的副本。一个数据集包括许多数据表，每个数据表一般都对应一个数据库表格（Table）或视图（View）。一个数据集组成了一个“断开的”数据库数据的视图。说得更精确些，数据集存在于内存中，没有到包含相应表格或视图的数据库的活动的连接。这种断开的绑定在读写数据库时，只使用数据库服务器资源，从而具有更大的可收缩性。运行时，数据从数据库传递给中间层对象，然后将其继续传递给用户界面。

ADO.NET 的根命名空间是 System.Data，其下的各个子域提供了各种数据对象的集合。当处理到数据库的连接时，有两个不同的选项：SQL Server 数据提供者（位于命名空间 System.Data.SqlClient）和 OLE DB 数据提供者（位于命名空间 System.Data.OleDb）。SQL Server 数据提供程序直接与 Microsoft SQL Server 交互。OLE DB .NET 数据提供程序则用于与任何通过 OLE DB 接口进行连接的数据库交互，因为它在底层调用 OLE DB。

例如，为了使页面程序能够访问执行 SQL 数据访问所需的类，必须将 System.Data 和 System.Data.SqlClient 命名空间导入到页面中。

```
<%@ Import Namespace="System.Data" %>
```

```
<%@ Import Namespace="System.Data.SqlClient" %>
```

而为了能够访问除 SQL Server 外的其他数据库，则需要使用 OLE DB 数据提供者，在页面中需要通过下面的语句导入对应的命名空间 System.Data.OleDb。

```
<%@ Import Namespace="System.Data" %>
<%@ Import Namespace="System.Data.OleDb" %>
```

2．ADO.NET 的工作流程

ADO.NET 中最主要组件是 Connection、DataAdapter 和 DateSet，它们包含了对数据库进行操作的大部分功能。大多数的数据库操作都是由这三者一起来完成的。ADO.NET 的工作流程及对象间相互关系的 ADO.NET 对象模型如图 6-2-1 所示。

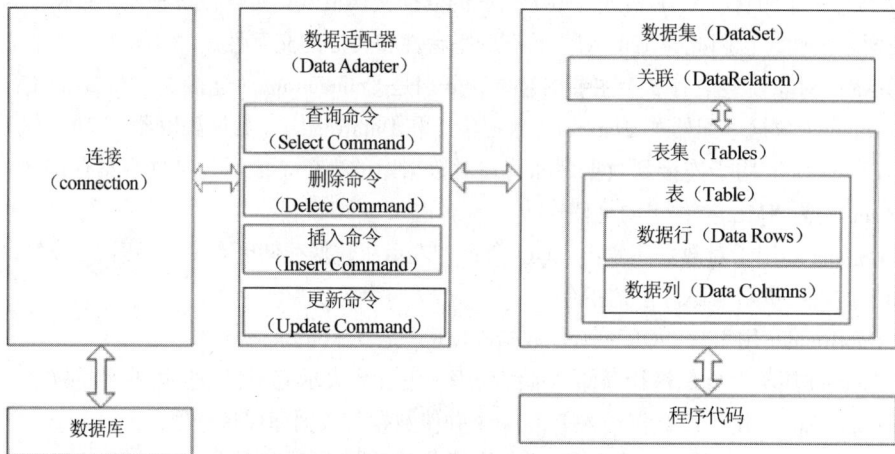

图 6-2-1　ADO.NET 对象模型

当对数据库执行选择查询时，需要先创建与数据库的 Connection，然后构造包含查询语句的 DataAdapter 对象，再通过 DataAdapter 对象的 Fill 方法用查询结果填充 DataSet 对象。如果需要将查询的结果显示到页面中，通常会用绑定语句将 DataSet 对象、DataSet 对象中的表 Table 或其中的行、列绑定到页面。

6.2.2　常用 ADO.NET 对象

1．数据连接对象 Connection

数据连接对象实现与数据源的连接，连接用于与数据库"对话"，并由 SqlConnection 等特定于提供程序的类来表示。命令（Command）将遍历连接并以流的形式返回结果集，该结果集可由 DataReader 对象读取，或是被推入 DataSet 对象。对于不同的数据源，需要使用不同的连接对象。

（1）SqlConnection。SqlConnection 对象提供了对 Microsoft SQL Server（7.0 以上版本）数据源的连接，它位于 System.Data.SqlClient.SqlConnection 命名空间。

（2）OleDbconnection。OleDbconnection 对象提供了对 OLE DB（对象连接与嵌入数据库）的支持，主要用于 Microsoft SQL Server（6.5 以前版本）及 Access 数据源的连接。它位于 System.Data.OleDb.OleDbConnection 命名空间。

（3）OdbcConnection。OdbcConnection 对象提供了对 ODBC（Open Database Connectivity，开放数

据库互连）的支持，适用于使用 ODBC 数据源的程序。它位于 System.Data.Odbc.OdbcConnection 命名空间。

（4）OracleConnection。OracleConnection 对象提供对 Oracle 数据源的连接，它位于 System.Data.OracleClient.OracleConnection 命名空间。

在程序中，按不同的连接方式，连接到不同类型的数据库需要使用不同的语法。

下面的示例说明如何创建连接对象，并通过调用连接上的 Open 方法来显式打开连接。

```
'定义数据连接对象 objConn
Dim objConn As New OleDbConnection()
'设置 objConn 的连接字符串 ConnectionString 属性
objConn.ConnectionString="Provider=Microsoft.Jet.OLEDB.4.0;Data  Source="  &
Server.MapPath("aspdb.mdb")
objConn.Open()'打开连接
```

上面的语句将连接名为 aspdb.mdb 的数据库，该数据库与当前网页在同一目录下。

```
Dim sqlConn As New SqlConnection()
'设置 sqlConn 的连接字符串 ConnectionString 属性
sqlConn.ConnectionString="Data  Source=Localhost;Initial  Catalog=aspnet;User
ID=sa; Password=;"
sqlConn.Open() '打开连接
```

上面的语句将连接到本地 SQL Server 数据库系统中名为 aspnet 的数据库，用户名 User ID 为 sa，密码 Password 为空。

从上面的示例中可以看到，数据连接对象中重要的有两个方面，一是数据连接对象的类型，例如，OleDbConnection 可以通过 OLEDB 接口连接到 OLEDB 所支持的各种数据库，包括 SQL Server、Access 等，而 SqlConnection 则专用于 SQL Server 数据库的连接；二是连接字符串 ConnectionString，该字符串指明了通过何种方法去连接到哪一个数据库。

SqlConnection 的连接字符串格式如下：

```
Data Source=[serverName];
Initial Catalog=[databaseName];
User ID=[username];
Password=[password];
```

其中，数据源 Data Source 表示所在的数据库服务器名称 serverName，如果是本地服务器则用 Localhost，否则需要写明服务器在网络中的名称。Initial Catalog 部分指明了要访问的服务器上的数据库名 databaseName，User ID 指明了登录服务器的用户名 username，Password 指明了该用户的密码 password。

OleDbConnection 的连接字符串如下：

```
Provider=[provider]
Data Source=[databaseName];
User ID=[username];
Password=[password];
```

其中，Provider 指明数据提供者，Access 数据库的提供者为 Microsoft.Jet.OLEDB.4.0，SQL Server 数据库提供者为 SQLOLEDB。此外，还有要连接的数据库名 databaseName、用户名 username 和密码 password 等。

　　由于 Access 数据库是以文件形式存在于磁盘中，通常需要使用 Server.MapPath 方法将 Access 数据库的路径转化为物理路径，以便进行访问。例如，网页文件与 aspdb.mdb 数据库在同一目录下时，通过下面的语句进行连接。

```
objConn.ConnectionString="Provider=Microsoft.Jet.OLEDB.4.0;Data  Source="  &
Server.MapPath("aspdb.mdb")
```

如果 aspdb.mdb 数据库在网页文件的上级目录中，可以通过下面的语句进行连接。

```
objConn.ConnectionString="Provider=Microsoft.Jet.OLEDB.4.0;Data  Source="  &
Server.MapPath("../aspdb.mdb")
```

如果 aspdb.mdb 数据库在网页文件的上级目录下的 DataBase 目录中，可以通过下面的语句进行连接。

```
objConn.ConnectionString="Provider=Microsoft.Jet.OLEDB.4.0;Data  Source="  &
Server.MapPath("../DataBase/aspdb.mdb")
```

如果 aspdb.mdb 数据库在网页文件的同级目录下的 DataBase 目录中，可以通过下面的语句进行连接。

```
objConn.ConnectionString="Provider=Microsoft.Jet.OLEDB.4.0;Data  Source="  &
Server.MapPath("DataBase/aspdb.mdb")
```

如果 aspdb.mdb 数据库在网站根目录下的 DataBase 目录中，可以通过下面的语句进行连接。

```
objConn.ConnectionString="Provider=Microsoft.Jet.OLEDB.4.0;Data  Source="  &
Server.MapPath("/DataBase/aspdb.mdb")
```

数据连接对象在声明，并设置了连接字符串属性后，可以通过 Open 方法打开，完成数据库的连接。如下所示：

```
objConn.Open()
```

此外，也可以在创建 DataAdapter 时隐式打开。例如，对于上面声明的连接对象 objConn，可以在通过下面的语句创建 DataAdapter 时打开，而不需要专门的 Open 语句。

```
Dim objCmd As New OleDbDataAdapter("Select * From books", objConn)
```

在连接对象将数据传送后，通常都需要关闭连接，释放资源。关闭连接由连接的 Close 方法来完成。例如：

```
objConn.Close()
```

2. 数据适配器 DataAdapter

通过连接对象连接到数据源后，就可以通过连接来创建数据适配器处理数据。数据适配器负责维护与数据源的连接。

默认情况下，应用程序与数据源之间并不保持活动连接，与数据源之间的连接是断开的，只有在需要时，才通过数据适配器连接到数据源，这使得系统资源的开销大大减少，尤其适用于进行网络数据库程序设计。

数据适配器有多种类型，具体使用哪种适配器取决于数据源的类型。可使用的数据适配器有 SqlDataAdapter、OleDbDataAdpter、OdbcDataAdapter 和 OracleDataAdapter，每一种数据适配器都通过一种与之相对应的数据连接连接到某种数据源类型。比如，SqlDataAdapter 数据适配器需要通过 SqlConnection 对象连接到 SQL Server 的数据库。

下面的语句创建了一个名为 objCmd 的 OleDbDataAdapter 类型的数据适配器，它用于连接到

（1）数据库的准备。先在 Access 中创建一个名为 lyb.mdb 的数据库，存储在网页所在目录中。在 lyb.mdb 数据库中创建一个名为 GUEST_BOOK 的表，表结构如图 6-2-7 所示。

字段名称	数据类型	说明
ID	自动编号	
BOOK_NAME	文本	
BOOK_EMAIL	文本	
BOOK_SUBJECT	文本	
BOOK_CONTENT	备注	
BOOK_IMG	文本	
BOOK_DATE	日期/时间	

图 6-2-7　留言板的表结构

（2）图片的准备。实例中的用户头像是预先准备好的，这些图像以文件形式存储在网页文件目录中的下级目录 images 中，文件名依次为 1.gif、2.gif、……、10.gif，如图 6-2-8 所示。

图 6-2-8　用户头像图

（3）留言板页面。留言板网页程序分为两个页面，一个是留言板列表页面 list.aspx，该文件用于读取数据库的内容，将其显示到网页中。该文件内容如下：

```
<%@ Page Language="VB"  %>
<%@ Import NameSpace="System.Data" %>
<%@ Import NameSpace="System.Data.OleDb" %>
<html>
<head>
<title>留言板</title>
</head>
<body>
<Form runat="server">
<H1 align="center">留言板</H1>
<asp:DataGrid
        runat="server" id="MyGrid"
        ShowHeader="False"
        AllowPaging="True"
        PageSize="10"
        PagerStyle-Mode="NumericPages"
        PagerStyle-HorizontalAlign="Left"
        OnPageIndexChanged="ChangePage"
```

```
                BorderWidth="0"
                CellPadding="2"
                CellSpacing="0"
                AutoGenerateColumns="False"          >
                <Columns>
                    <asp:BoundColumn DataField="HTML" HeaderText="HTML" />
                </Columns>
        </asp:DataGrid>
        <HR>
        <asp:Button runat="server" Text="我要发言" OnClick="Message_Click" />
    </Form>
</body>
        </html>
        <script Language="VB" runat="server">

        Sub OpenDataBase_And_BindToDataGrid()
            Dim Conn As OleDbConnection
            Dim Adpt As OleDbDataAdapter
            Dim Ds As DataSet
            Dim Provider="Provider=Microsoft.Jet.OLEDB.4.0"
            Dim DataBase="Data Source=" & Server.MapPath( "lyb.mdb" )
            Conn=New OleDbConnection( Provider &";" & DataBase )
            Conn.Open()
            Dim SQL As String
            SQL="Select Top 20 * From GUEST_BOOK Order By ID Desc"
            Adpt=New OleDbDataAdapter( SQL, Conn )
            Ds=New DataSet()
            Adpt.Fill(Ds, "GUEST_BOOK")
            Dim Table1 As DataTable
            Table1=Ds.Tables("GUEST_BOOK")
            Table1.Columns.Add(New DataColumn("HTML", GetType(String)))
            Dim I As Integer
            For I=0 To Table1.Rows.Count-1
                Table1.Rows(I).Item("HTML")=MakeHTML( Table1.Rows(I) )
            Next
            MyGrid.DataSource=Table1.DefaultView
            MyGrid.DataBind()
            Conn.Close()
        End Sub
        '将各行记录中的内容编码为 HTML 发送到客户端
        Function MakeHTML( row As DataRow ) As String
            Dim BOOK_IMG=row.Item("BOOK_IMG")
            BOOK_IMG="<img src=images/"&BOOK_IMG &".gif>"
```

```
        Dim BOOK_NAME ="姓名:" & Server.HtmlEncode(row.Item("BOOK_NAME"))
        Dim BOOK_EMAIL="电子邮件:" & row.Item("BOOK_EMAIL")
            Dim BOOK_SUBJECT="主题:" & _ Server.HtmlEncode(row.Item("BOOK_
            SUBJECT"))
        Dim BOOK_DATE="日期:" & Server.HtmlEncode(row.Item("BOOK_DATE"))
        Dim BOOK_CONTENT="<pre>" & _ Server.HtmlEncode(row.Item("BOOK_
        CONTENT")) &"</pre>"
        Dim HTML As String
        HTML="<table border=0>"
        HTML&="<tr valign=top><td rowspan=5>" & BOOK_IMG & "</td>"
        HTML&="<td>" & BOOK_NAME & "</td></tr>"
        HTML&="<td>" & BOOK_EMAIL & "</td></tr>"
        HTML&="<td>" & BOOK_DATE & "</td></tr>"
        HTML&="<td>" & BOOK_SUBJECT & "</td></tr>"
        HTML&="<td>" & BOOK_CONTENT & "</td></tr>"
        HTML&="</table>"
        HTML=HTML &"<HR>"
        Return HTML
    End Function

    Sub Page_Load(sender As Object, e As EventArgs)
        If Not IsPostBack Then
            OpenDataBase_And_BindToDataGrid()
        End If
    End Sub

    Sub ChangePage(sender As Object, e As DataGridPageChangedEventArgs)
        MyGrid.CurrentPageIndex=e.NewPageIndex
        OpenDataBase_And_BindToDataGrid()
    End Sub

    Sub Message_Click(sender As Object, e As EventArgs)
        Response.Redirect( "Add.aspx" )
    End Sub
</script>
```

（4）增加留言页面。再创建一个名为 add.aspx 的 ASP.NET 文件，该文件用于用户发表新的留言，并将留言写入数据库，该文件内容如下：

```
<%@ Page Language="VB" Debug="True" %>
<%@ Import NameSpace="System.Data" %>
<%@ Import NameSpace="System.Data.OleDb" %>
<html>
<head>
<title>留言板</title>
```

```
    </head>
    <script Language="VB" runat="server">
        Sub btnView_Click(sender As Object, e As EventArgs)
            Response.Redirect ("List.aspx")
        End Sub

        Sub SendMsg_Click(sender As Object, e As EventArgs)
            '如果数据验证正确，将数据添加到数据库
            If IsValid Then
                Dim Conn As OleDbConnection
                Dim Cmd As OleDbCommand
                '创建并打开连接
                Dim Provider="Provider=Microsoft.Jet.OLEDB.4.0"
                Dim DataBase="Data Source="&Server.MapPath( "lyb.mdb" )
                Conn=New OleDbConnection( Provider &";" &DataBase )
                Conn.Open()
                '建立查询字符串
                Dim SQL As String
                SQL="Insert Into GUEST_BOOK(BOOK_NAME, BOOK_EMAIL, BOOK_SUBJECT,
                BOOK_CONTENT, BOOK_IMG) Values (?, ?, ?, ?, ?)"
                '创建 Command 对象
                Cmd=New OleDbCommand( SQL, Conn )
                '设置 Command 对象参数
                Cmd.Parameters.Add("BOOK_NAME", OleDbType.Char, 255)
                Cmd.Parameters.Add("BOOK_EMAIL", OleDbType.Char, 255)
                Cmd.Parameters.Add("BOOK_SUBJECT", OleDbType.Char, 255)
                Cmd.Parameters.Add( "BOOK_CONTENT", OleDbType.VarChar)
                Cmd.Parameters.Add("BOOK_IMG", OleDbType.Char, 255)
                Cmd.Parameters("BOOK_NAME").Value=BOOK_NAME.Text
                Cmd.Parameters("BOOK_EMAIL").Value=BOOK_EMAIL.Text
                Cmd.Parameters("BOOK_SUBJECT").Value=BOOK_SUBJECT.Text
                Cmd.Parameters("BOOK_CONTENT").Value=BOOK_CONTENT.Text
                Cmd.Parameters("BOOK_IMG").Value=BOOK_IMG.SelectedItem.Value
                '执行命令
                Cmd.ExecuteNonQuery()
                '关闭连接
                Conn.Close
                '重定向到 List.aspx
                Response.Redirect ("List.aspx")
            End If
        End Sub
    </script>
<body bgcolor="#FFFFFF">
```

```
<Form runat="server">
<H2 align="center">我要发言</H2>
<HR>
<table>
<tr>
<td width="67">姓名:</td>
<td width="470">
<asp:TextBox runat="server" id="BOOK_NAME" Size=20 />
</td>
</tr>
<tr>
<td>电子邮件:</td>
<td>
<asp:TextBox runat="server" id="BOOK_EMAIL" />
<asp:RequiredFieldValidator runat="server" Text="（必须输入字段）"
ControlToValidate="BOOK_EMAIL" EnableClientScript="False" />
<asp:RegularExpressionValidator runat="server" Text="（必须含有 @）"
ControlToValidate="BOOK_EMAIL"              ValidationExpression=".{1,}@.{3,}"
EnableClientScript= "False" Display="Dynamic" />
</td>
</tr>
<tr>
  <td>主题:</td>
  <td>
<asp:TextBox runat="server" id="BOOK_SUBJECT" size=50 />
<asp:RequiredFieldValidator runat="server" Text="(必要字段)" ControlToValidate=
"BOOK_SUBJECT" EnableClientScript="False" />
</td>
</tr>
<tr>
  <td>内容:</td>
  <td>
<asp:TextBox runat="server" id="BOOK_CONTENT" TextMode="MultiLine" Rows="5"
Columns="60" />
<asp:RequiredFieldValidator runat="server" ControlToValidate="BOOK_CONTENT"
EnableClientScript="False" />
</td></tr>
<tr>
  <td>头像:</td>
  <td>
<asp:RadioButtonList runat="server" id="BOOK_IMG" RepeatDirection="horizontal"
RepeatColumns="5">
    <asp:ListItem Selected Value="1"><Img src="images/1.gif"></asp:ListItem>
```

```
        <asp:ListItem Value="2"><Img src="images/2.gif" width=64 height64></asp:
ListItem>
        <asp:ListItem Value="3"><Img src="images/3.gif" width=64 height64></asp:
ListItem>
        <asp:ListItem Value="4"><Img src="images/4.gif" width=64 height64></asp:
ListItem>
        <asp:ListItem Value="5"><Img src="images/5.gif" width=64 height64></asp:
ListItem>
        <asp:ListItem Value="6"><Img src="images/6.gif" width=64 height64></asp:
ListItem>
        <asp:ListItem Value="7"><Img src="images/7.gif" width=64 height64></asp:
ListItem>
        <asp:ListItem Value="8"><Img src="images/8.gif" width=64 height64></asp:
ListItem>
        <asp:ListItem Value="9"><Img src="images/9.gif" width=64 height64></asp:
ListItem>
        <asp:ListItem Value="10"><Img src="images/10.gif"></asp:ListItem>
    </asp:RadioButtonList>
</td></tr>
<tr><td ColSpan="2">
<asp:Button runat="server" Text="提交留言" OnClick="SendMsg_Click"/>
<asp:Button ID="btnView" runat="server" Text="查看留言" OnClick="btnView_Click"
/>
</td></tr>
</table>
</Form>
</body>
</html>
```

思考与练习 6

1. 填空

（1）数据库按其结构划分主要有_____、_____和_____三类。目前应用最为广泛的是_____数据库。

（2）_____是数据表的集合，数据表由_____组成，_____是具有相同数据类型的数据集合。

（3）如果数据表中某个字段值能唯一地确定一个记录，用以区分不同的记录，则称该字段为_____。

（4）数据表与数据表之间的关系，可分为_____、_____和"多对多"关联。

（5）ADO.NET 的根命名空间是_____。

（6）ADO.NET 的主要组件是_____、_____和_____，它们包含了对数据库进行操作的大部分功能。

（7）_____实现与数据源的连接，对于 Microsoft SQL Server（7.0 以上版本）数据源，使用_____。

（8）_____负责维护与数据源的连接。

（9）DataSet 在程序运行中是"断开"的程序在处理 DataSet 中的数据时，不需要建立与数据库的_____，只有在_____和_____数据修改时才需要与数据源相连接。

（10）所有的数据绑定都用_____来建立。

（11）_____最主要的用途，是可以将数据依照所指定的格式重复显示出来。

（12）_____以表格形式显示数据内容，同时还支持数据项的选择、排序、分页和修改。

（13）Command 对象的_____方法可以执行 INSERT、DELELE、UPDATE 及 SET 语句等命令。

（14）在 DataSet 数据集创建完成后，一般都会通过 DataAdapter 的_____方法来填充数据。

（15）SQL 查询时，字符串的定界符为_____，日期的定界符为_____。

（16）_____语句可以在表中选中出符合条件的记录。

（17）_____语句可以在表中插入新的记录。

（18）_____语句可以在表中删除全部记录。

（19）数据列表控件的_____模板可以实现交替显示数据。

（20）DataGrid 控件的_____决定每页显示的记录的条数。

2. 程序设计

（1）参考"实例 24"创建一个可以浏览的商品目录网页。

（2）参考"实例 25"对上题创建的商品目录网页实现维护功能 。

（3）参考"实例 26"创建一个分页浏览的商品目录网页。

（4）参考"实例 27"创建一个网站论坛。

习题参考答案

第1章

1. 填空

（1）Dim

（2）提示信息、程序调试

（3）表达式

（4）Int(Rnd*1500)+1000

（5）Now、Today

（6）Replace

第2章

1. 填空

（1）If、Select Case

（2）关系表达式

（3）For…Next、While…End While、Do…Loop

（4）Exit For

（5）数组

（6）ReDim

（7）Split()

（8）For Each…Next

（9）函数过程

（10）作用域

第3章

1. 填空

（1）runat="server"

（2）HTML 服务器控件、Web 服务器控件

（3）HTML 服务器控件

（4）属性、方法、事件

（5）IsPostBack

（6）事件驱动

（7）@ Import

（8）Page_Load

（9）Runat="Server"

第 4 章

1．填空

（1）OnClick

（2）FromArgb

（3）ToolTip

（4）TextMode

（5）OnServerClick

（6）AutoPostBack

（7）ListItem

（8）AutoPostBack

第 5 章

1．填空

（1）数据验证

（2）RequiredFieldValidator

（3）CompareValidator

（4）RegularExpressionValidator

（5）IsValid

（6）OnSelectionChanged

（7）OnVisibleMonthChanged

（8）OnDayRender

第 6 章

1．填空

（1）层次型、网络型、关系型、关系型

（2）数据库、记录、字段

（3）关键字

（4）一对一、一对多

（5）System.Data

（6）Connection、DataAdapter、DateSet

（7）数据连接对象 Connection、SqlConnection

（8）数据适配器 DataAdapter

（9）持久连接、填充、保存

（10）DataBind() 方法

（11）Repeator 控件

（12）数据表格控件 DataGrid

（13）ExecuteNonQuery

（14）Fill

（15）引号、#

（16）SELECT

（17）INSERT

（18）DELETE

（19）AlternatingItemTemplate

（20）PageSize

objConn 所连接的数据库，并通过 Select 语句打开表 admin。

```
Dim objCmd As New OleDbDataAdapter("Select * From admin", objConn)
```

下面的语句创建了一个名为 sqlCmd 的 sqlDataAdapter 类型的数据适配器，它用于连接到 sqlConn 所连接的数据库，并通过 Select 语句打开表 books。

```
Dim sqlCmd As New sqlDataAdapter("Select * From books", sqlConn)
```

3. 数据集 DataSet

有了数据适配器后，就可以使用数据适配器生成相应的数据集（DataSet）对象，对数据的操作主要由数据集完成。

数据集 DataSet 是 ADO.NET 模型的核心构件，位于 System.Data.DataSet 命名空间，由数据库及其关系构成，它代表了一个数据"缓存"，即在程序中为数据所分配的内存空间，它在程序模仿了关系数据库的结构。每个 DataSet 都可以包含多个 DataTable 对象，每个 DataTable 都包含来自某个数据源的数据。

DataSet 在程序设计中有一个很大的优点，它在程序运行中是"断开"的，也就是说，程序在处理 DataSet 中的数据时，不需要建立与数据库的持久连接，只有在填充数据和保存对数据修改时才需要与数据源相连接，在其他时间处理数据时，不需要保持与数据源的连接，极大地节省了系统开销。

DataSet 类是 ADO.NET 中最核心的成员之一，也是各种开发基于 .NET 平台程序语言开发数据库应用程序最常接触的类。之所以 DataSet 类在 ADO.NET 中具有特殊的地位，是因为 DataSet 在 ADO.NET 实现从数据库抽取数据中起到关键作用，在从数据库完成数据抽取后，DataSet 就是数据的存放地，它是各种数据源中的数据在计算机内存中映射成的缓存，是独立存在于内存中的数据库视图，所以有时说 DataSet 可以看成是一个数据容器。同时它在客户端实现读取、更新数据库等过程中起到了中间部件的作用。

在 .NET 平台开发数据库应用时，一般并不直接对数据库操作（直接在程序中调用存储过程等除外），而是先完成数据连接和通过数据适配器填充 DataSet 对象，然后客户端再通过读取 DataSet 来获得需要的数据；同样，更新数据库中数据，也是首先更新 DataSet，然后再通过 DataSet 来更新数据库中对应的数据的。DataSet 对象模型可以直接读写 XML 文件，然后将数据存储到数据库中的表，也可以从数据库中读取数据表，保存到 XML 文件中。

创建 DataSet 的语法如下：

```
Dim 数据集名称 As New DataSet()
```

在 DataSet 数据集创建完成后，一般会通过 DataAdapter 的 Fill 方法填充数据。如下所示：

```
sqlDataAdapter1.Fill(DS)
```

如果 DataAdapter 中包含多个表或视图，可以通过下面的方法来使用指定的表或视图来填充数据集。

```
sqlDataAdapter1.Fill(DS, "books")
```

除 Fill 外，DataAdapter 还提供了多种方法来进行数据库的维护操作，常用方法如下：

（1）DeleteCommand。获取或设置 SQL 语句或存储过程，用于从数据集中删除记录。

（2）InsertCommand。获取或设置 SQL 语句或存储过程，用于将新记录插入到数据源中。

（3）SelectCommand。获取或设置 SQL 语句或存储过程，用于选择数据源中的记录。

（4）UpdateCommand。获取或设置 SQL 语句或存储过程，用于更新数据源中的记录。

（5）Fill。在 DataSet 中添加或刷新行，以便与 ADO Recordset 或 Record 对象中的行相匹配。

（6）Update。为 DataSet 中每个已插入、已更新或已删除的行调用相应的 INSERT、UPDATE 或 DELETE 语句。

4．Command 对象

命令对象 Command 包含向数据库提交的信息，并且由 SqlCommand（对于 SQL Server） 或 OleDbCommand（对于 OLEDB）等特定于提供程序的类来表示。Command 可以是存储过程调用、SQL 语句或返回结果的语句，还可将输入和输出参数、以及返回值用作 Command 命令语法的一部分。

当执行不要求返回数据的命令（如插入、更新和删除）时，也使用 Command 对象。该命令通过调用 ExecuteNonQuery 方法发出，而该方法返回受影响的行数。注意，当使用 Command 时，必须显式打开连接，而 DataAdapter 则会自动处理如何打开连接。

当数据库连接上以后，就可能通过使用数据库操作对象来实现。Command 对象就是用来执行数据库操作命令的。对数据库中数据表的添加删除、记录的增加删除，或是记录的更新等都可以通过 Command 对象来实现的。

一个数据库操作命令可以用 SQL 语句来表达，包括执行选择查询（SELECT 语句）来返回记录集合，执行更新查询（UPDATE 语句）来执行更新记录，执行删除查询（DELETE 语句）来删除记录等。Command 命令也可以传递参数并返回值，同时 Command 命令也可以被明确的地定界，或调用数据库中的存储过程。SqlCommand 特别提供了以下对 SQL Server 数据库执行命令的方法。

（1）ExecuteReader：执行返回行的命令。为了提高性能，ExecuteReader 使用 Transact-SQL sp_executesql 系统存储过程调用命令。因此，如果用于执行像 Transact-SQL SET 语句这样的命令，ExecuteReader 可能无法获得预期效果。

（2）ExecuteNonQuery：执行 INSERT、DELELE、UPDATE 及 SET 语句等命令。

（3）ExecuteScalar：从数据库中检索单个值（例如一个聚合值）。

（4）ExecuteXmlReader：将 CommandText 发送到 Connection 并生成 XmlReader 对象。

此外，像 Connection 对象一样，对于操作 SQL Server 数据库和支持 OLEDB 的数据库使用了两个不同的 Command 对象，分别是 SqlCommand 对象和 OleDbCommand 对象。

例如，通过下面的语句来执行图书数据的更新（Update）的操作。

```
strSQL="Update books Set book='" & book & "', author='" & author & "', publisher=
'" & pub & "', pubyear='" & pubyear &"' Where  id =" & id
   '定义命令对象并执行 SQL 查询
   Dim objCmd As New OleDbCommand(strSQL, objConn)
   objCmd.ExecuteNonQuery()
```

可以看到，数据的更新可以是通过 OleDbCommand 执行 SQL 语句来进行的。如果要进行插入、删除等操作，将 SQL 语句进行相应的更改即可完成。

例如，对于插入操作，SQLCommand 可以执行 SQL 命令，只把插入记录的 SQL 语句传递到 SQLCommand 的 CommandText 属性，然后执行其 ExecuteNonQuery 方法，就可以了。下面的语句段显示了如何向 books 表中插入新记录。

```
<%@ Page Language="VB" %>
```

```
<%@ Import Namespace="System.Data" %>
<%@ Import Namespace="System.Data.OleDb" %>
<%
    Dim objConn As New OleDbConnection()
    objConn.ConnectionString="Provider=Microsoft.Jet.OLEDB.4.0;Data Source=
" & Server.MapPath("../database/aspdb.mdb")
    Dim objCmd As New OleDbCommand()        '声明命令对象 objCmd
    objCmd.Connection=objConn               '声明命令对象 objCmd 的连接
    objCmd.CommandText="insert into books (id, book, author, publisher, pubyear)
Values (10,'网络互连', '周明', '邮电出版社','2005')" '声明命令对象的 SQL 语句
    objConn.Open()
    objCmd.ExecuteNonQuery()
    objConn.Close()
%>
```

相对来说，删除记录就简单得多，下面的例子说明了如何在数据表中删除一条记录。

```
<%@ Page Language="VB" %>
<%@ Import Namespace="System.Data" %>
<%@ Import Namespace="System.Data.OleDb" %>
<%
    Dim objConn As New OleDbConnection()
    objConn.ConnectionString="Provider=Microsoft.Jet.OLEDB.4.0;Data Source=
" & Server.MapPath("../database/aspdb.mdb")
    Dim objCmd As New OleDbCommand()        '声明命令对象 objCmd
    objCmd.Connection=objConn               '声明命令对象 objCmd 的连接
    objCmd.CommandText="delete from books where id=10"'声明命令对象的 SQL 语句
    objConn.Open()
    objCmd.ExecuteNonQuery()
    objConn.Close()
%>
```

5. DataReader 对象

DataReader 对象实际上是数据库中只读/仅向前游标的体现，对于只需要读取、显示的记录列表来说，使用 DataReader 是很方便的。对数据库执行了命令后，将返回一个 DataReader 对象。所返回的 DataReader 对象的格式与记录集不同。例如，可以使用 DataReader 显示 Web 页中搜索列表的结果。

如果要使用 SqlDataReader，需声明 SqlCommand 而不是 SqlDataAdapter。SqlCommand 提供了返回 SqlDataReader 的 ExecuteReader 方法。调用 ExecuteReader 后，SqlDataReader 可绑定到 ASP.NET 服务器控件。另外，使用 SqlCommand 时，必须显式打开和关闭 SqlConnection。

下面的程序说明了如何通过 DataReader 对象来访问数据库。

```
<%@ Page Language="VB" ContentType="text/html" Debug="true" %>
<%@ Import Namespace="System.Data" %>
<%@ Import Namespace="System.Data.OleDb" %>
```

```
<html xmlns="http://www.w3.org/1999/xhtml">
<head>
<title>图书订购</title>
</head>
<Script Language="VB" Runat="Server">
  Sub Page_Load(sender As Object, e As Eventargs)
    Dim objConn As New OleDbConnection()
    objConn.ConnectionString="Provider=Microsoft.Jet.OLEDB.4.0;Data Source=
" & Server.MapPath("../database/aspdb.mdb")
    objConn.Open()
    Dim objCmd As New OleDbCommand()                '声明命令对象 objCmd
    objCmd.Connection=objConn                       '声明命令对象 objCmd 的连接
    objCmd.CommandText="Select * From books"    '声明命令对象的 SQL 语句
    Dim objReader As OleDbDataReader=objCmd.ExecuteReader()  '通过命令对象创建
DataReader
    dg1.DataSource=objReader             '将数据表格的数据源设置为 objReader
      dg1.DataBind()                     '绑定数据表格
    objReader.Close()
    objConn.Close()
  End Sub
  Sub dg(sender As Object, e As DataGridCommandEventArgs)
      mylabel.Text ="<Br><Hr Size='1' Color='Green'>你订购了  《" &
_ dg1.Items.Item(e.Item.ItemIndex).Cells(1).Text &"》"
    End Sub
</Script>
<Body>
<H2 Align="Center">图书订购</H2>
<Form Runat="Server">
    <Asp:DataGrid AutoGenerateColumns="False" CellPadding="5" HorizontalAlign=
"Center" Id="dg1" Runat="Server" Width="750" OnItemCommand="dg">
        <HeaderStyle HorizontalAlign="Center" BackColor="#000099" ForeColor=
"White" />
        <ItemStyle BackColor="#FFFFCC" />
        <Columns>
        <asp:BoundColumn DataField="ID" HeaderText="编号"/>
        <asp:BoundColumn DataField="book" HeaderText="名称"/>
        <asp:BoundColumn DataField="author" HeaderText="作者"/>
        <asp:BoundColumn DataField="publisher" HeaderText="出版社"/>
        <asp:BoundColumn DataField="pubyear" HeaderText="出版日期"/>
        <asp:ButtonColumn HeaderText="选择" ButtonType="LinkButton" Text="订
购" ItemStyle-HorizontalAlign="Center"/>
        </Columns>
    </Asp:DataGrid>
```

```
    <ASP:Label Runat="Server" Id="mylabel" />
</Form>
   </Body>
</Html>
```

上面的网页效果如图 6-2-2 所示。

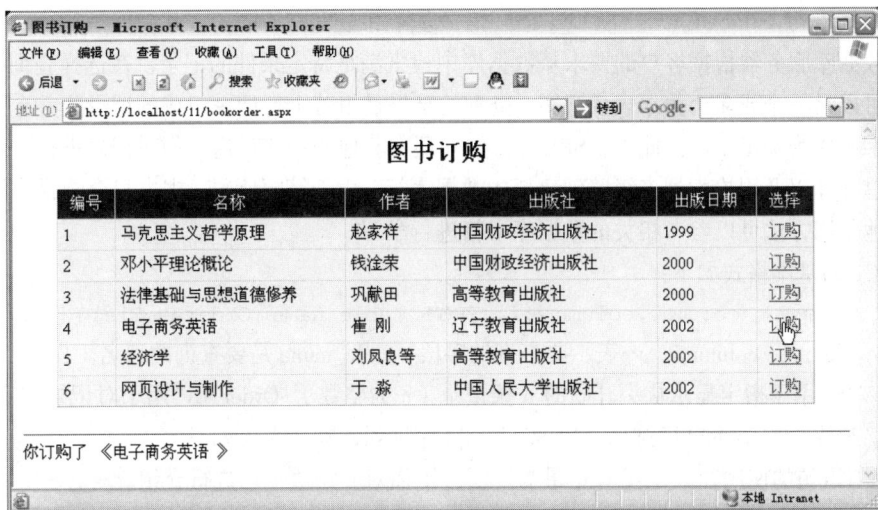

图 6-2-2　图书订购

6.2.3　常用 SQL 语句

1. SQL 语言简介

SQL（Structured Query Language，结构化查询语言）是一种数据查询和编程语言，是操作数据库的工业标准语言。SQL 是基于 IBM 早期数据库产品 System R 发展起来的，于 1986 年经美国国家标准协会（ANSl）确认为国家标准，1990 年经国际标准化组织（ISO）确认为国际标准。作为一种特殊用途的语言，SQL 特别设计用来生成和维护关系数据库的数据。尽管 SQL 并不是一个通用的程序语言，但其中包含了数据库生成、维护并保证安全的全部内容。

SQL 之所以能为用户和业界所接受，并成为国际标准，是因为它是一个综合的、功能极强同时又简洁易学的语言。SQL 已经成为许多关系型数据库（如 MS SQL Server、Oracle、DB2）的标准查询语言。当需要操作数据库时，就可以使用 SQL。SQL 和其他的程序语言（如 C/C++或者 Java）最大的不同之处在于，SQL 是一个非常易于学习和使用的语言，很快就可以学会 SQL 最常使用的命令，并且可以寻找一些数据和维护自己的数据库。（本书中只介绍与程序案例相关的数据库知识，不对 SQL 进行深入的探讨，建议读者去阅读数据库方面相关的书籍进行数据库的学习，在这里，只学习常用 SQL 语句的简单用法。）SQL 语言集数据查询、数据操纵、数据定义、和数据控制功能于一体。

基本上，可以依照 SQL 操作数据库的功能，将 SQL 分成数据定义语言（Data Definition Language，DDL）和数据维护语言（Data Maintenance Language，DML）两类。

数据定义语言可以用于创建（CREATE）、更改（ALTER）、删除（DROP）表格，而数据维护语言用来维护数据表的内容，主要是对记录进行操作，它可以查询、插入、更新和删除表中的记录，与之对应于的数据库的操作的 SQL 语句为：查询语句（SELECT）、插入语句（INSERT）、删除语句

（DELETE）、更新语句（UPDATE）。其中，使用后 3 种语句的数据操作又称操作查询。下面，将学习其中常用 SQL 语句的用法。

2. 查询语句 SELECT

SELECT 用于从表中读取所需要的数据，执行语句后将返回指定的字段。SELECT 语句是使用最为频繁的查询语句。在 SQL 中，SELECT 语句是最基本和最重要的语句，其功能是执行一个选择查询，即让数据库服务器根据客户的要求从数据库中检索满足特定条件的记录。在选择查询中，查询的数据源可以是一个或多个数据表或视图，查询的结果是由若干行记录组成的记录集并允许选择一个或多个字段作为输出字段。此外，SELECT 语句还有其他的一些用途，如对记录进行排序、对字段进行汇总计算以及用检索到多级路创建新的数据表等。由于篇幅所限，本书只介绍最常用的查询功能，其他使用方法可以参考相关的数据库书籍进行学习。

SELECT 的基本格式如下：

```
SELECT [Top n] column1,column 2,...FROM table_name [Order By Field [ASC | DESC]]
```

其中，column1，column 2，…表示要查询的字段，table_name 是要查询的表名。Top 和 Order By 是可选项，Top 用于指定显示从头开始的 n 条记录（n 为整数），Order By 用于对记录按字段 Field 进行排序，参数 ASC 表示升序排列，DESC 表示降序排列，默认为 ASC。

SELECT 语句的使用在 SQL 编程中最为广泛，下面对其用法一一进行介绍。

（1）查询表中的所有记录和字段。可以使用*来表示所有字段，以此来返回表中所有字段数据，如下所示：

```
SELECT  *  FROM books
```

上面 SQL 语句将从 books 表中读取所有记录。

（2）查询指定的字段。

```
SELECT 联系人, 电话 FROM provider
```

上面的 SQL 语句将从 provider 表中查询联系人和电话字段。

（3）条件查询。SELECT 除了基本的格式外，还可以带有多种不同的子句，如 WHERE（条件筛选）、ORDER BY（排序）、GROUP BY（分组）等，其中使用最多的是 WHERE 子句。

WHERE 子句用于从表中筛选符合条件的记录，它可以使用多种比较运算符来进行运算，这些运算符如表 6-2-1 所示。

表 6-2-1　WHERE 子句的运算符

运 算 符	说 明	运 算 符	说 明
>	大于	<>	不等于
>=	大于等于	=	等于
<	小于	BETWEEN	指定范围
<=	小于等于		

例如：

```
SELECT * FROM books WHERE 编号=2
```

从 books 表查询编号等于 2 的记录。

```
SELECT * FROM books WHERE 编号>=2
```

从 books 表查询编号大于等于 2 的记录。

```
SELECT * FROM books WHERE 编号<>2
```

从 books 表查询编号不等于 2 的记录。

```
SELECT * FROM books WHERE 编号 BETWEEN 2 AND 4
```

从 books 表查询编号在 2 到 4 之间的记录。

```
SELECT TOP 10 * FROM books
```

从 books 表中读取前 10 条记录。

（4）字符串和日期的查询。对于字符串和日期型数据的查询，还需要加定界符，字符串前后加双引号（适用于 Access 数据库）或单引号（适用于 SQL Server 数据库），日期型数据前后加#号（适用于 Access 数据库）或单引号（适用于 SQL Server 数据库）。

```
SELECT * FROM provider WHERE 供应商='兰风'
```

从 provider 表查询供应商为"兰风"的记录。

```
SELECT * FROM 学生档案 WHERE 出生日期>'1982-1-1'
```

从"学生档案"表中选出 1982 年 1 月 1 日后出生的学生记录。

```
SELECT * FROM 学生档案 WHERE 出生日期 BETWEEN '1982-1-1' AND '1983-1-1'
```

从"学生档案"表在 1982 年 1 月 1 日 到 1983 年 1 月 1 日之间出生的学生记录。

（5）查询排序。

```
SELECT * FROM 学生档案 Order By 出生日期
```

查询学生档案中的所有记录，并按出生日期升序排序。

```
SELECT * FROM provider Order By 姓名 DESC
```

从 provider 表查询所有联系人记录并按姓名降序排序。

```
SELECT TOP 10 * FROM 学生档案 Order By 出生日期 DESC
```

将学生档案中的记录按出生日期降序排序，然后输出前 10 条，实际上就是输出学生档案中出生日期最靠后的 10 条记录。

3. 删除记录

DELETE 用于删除指定的记录，使用格式如下：

```
DELETE 字段名1,字段名2,... FROM 表名 [ WHERE 条件 ]
```

方括号中为可选内容，默认删除所有记录。例如：

```
DELETE * FROM books
```

删除 books 中所有记录。

```
DELETE * FROM books WHERE 编号>2
```

删除 books 中所有编号大于 2 的记录。

需要注意的一点是，在 Visual Studio.NET 环境的数据库视图设计中执行 DELETE 语句时，执行的结果会立即写入数据库，且该操作不可逆转，因此要慎重使用。对后面的 UPDATE 和 INSERT 语句也是一样。

4. 更新记录

UPDATE 用于更新修改的数据，使用格式如下：

```
UPDATE 表名 SET 字段名1=值1,字段名2 =值2,... [ WHERE 条件]
```

方括号中为可选内容，默认更改所有记录。例如：

```
UPDATE provider SET 联系人="刘先生"
```

更新 provider 表中所有记录的联系人字段值为 "刘先生"。

```
UPDATE   provider  SET 电话=" 01089234567"  WHERE 供应商="东源"
```

将 provider 表中供应商为 "东源" 的记录电话字段改为 "01089234567"。

5. 插入新记录

INSERT 语句用于在表中插入新记录。使用格式如下：

```
INSERT INTO 表名  （字段1,字段2,...) VALUE  （值1,值2,...)
```

字段列表中的字段顺序与后面值的顺序要一致，数据类型要匹配，否则易出错。例如：

```
INSERT INTO provider  （编号,供应商,电话,联系人,地址)
VALUE （10, '雪山', '01065234567', '李先生', '东城区东直门外 12#')
```

上面语句将在 provider 数据表中插入一条编号为 10，供应商为 "雪山"，电话为 "01065234567"，联系人为 "李先生"，地址为 "东城区东直门外 12#" 的新记录。

```
INSERT INTO product  （编号,品名,供应商,规格,单价,库存量)
VALUE （15, '巧克力', '雪山', '24 盒/箱',68,50)
```

上面语句将在 product 数据表中插入一条编号为 15，品名为 "巧克力"，供应商为 "雪山"，规格为 "24 盒/箱"，单价为 68，库存量为 50 的新记录。

6.2.4   实例

1. 实例 25   图书数据修改

本实例将显示 SQL Server 中创建的 books 表中的内容，并可对 books 表的数据进行修改维护。网页运行效果如图 6-2-3 所示。

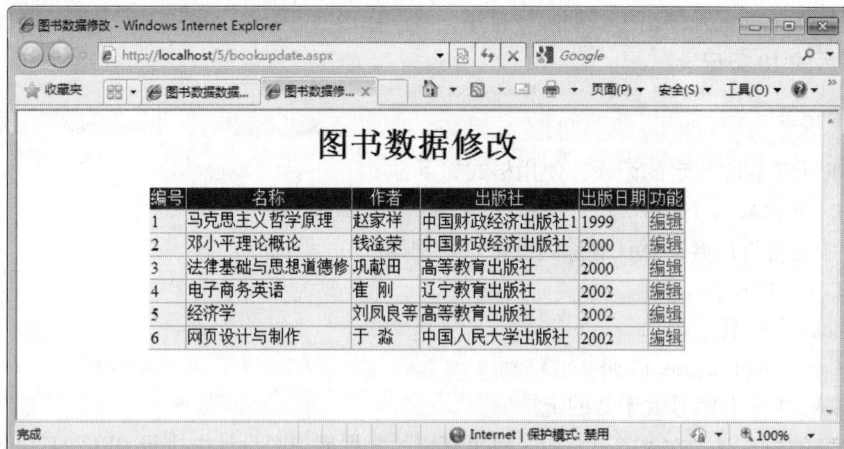

图 6-2-3   图书数据修改

（1）在 SQL Server 2008 中创建表 books，表结构参考表 6-1-4 所示。

（2）在 Dreamweaver 中创建名为 bookupdate.aspx 的文件，打开文件，切换到 "代码" 视图，并输入下面的代码：

```
<!-- bookupdate.aspx -->
<%@ Page Language="VB"Debug="true" %>
<%@ Import Namespace="System.Data" %>
```

```
<%@ Import Namespace="System.Data.SqlClient" %>
<html >
<head>
<title>图书数据修改</title>
</head>
<Script Language="VB" Runat="Server">
    Sub BindList()
        '定义数据连接对象 sqlConn
        Dim sqlConn As New SqlConnection()
        '设置 sqlConn 的连接字符串 ConnectionString 属性
        sqlConn.ConnectionString="Data   Source=Localhost;Initial   Catalog=
aspnet;User ID=sa; Password=123456;"
        sqlConn.Open() '打开连接
        '创建数据适配器
        Dim sqlCmd As New SqlDataAdapter("Select * From books", sqlConn)
        '创建数据集 DS
        Dim DS As New DataSet()
        sqlCmd.Fill(DS)        '填充数据集
        dg1.DataSource=DS      '设置数据表格 dg1 的数据源为数据集 DS
        dg1.DataBind()         '绑定数据表格
        sqlConn.Close()        '关闭数据连接
End Sub


Sub Page_Load(sender As Object, e As Eventargs)
    If Not IsPostBack Then BindList()
End Sub


Sub DataGrid_EditCommand(sender As Object, e As DataGridCommandEventArgs)
    dg1.EditItemIndex=e.Item.ItemIndex
    BindList()
End Sub


Sub DataGrid_CancelCommand(sender As Object, e As DataGridCommandEventArgs)
    dg1.EditItemIndex=-1
    BindList()
End Sub


Sub DataGrid_UpdateCommand(sender As Object, e As DataGridCommandEventArgs)
    '获取表格中各个单元格的数据
    Dim book As String=CType(e.Item.Cells(1).Controls(0), TextBox).Text
    Dim author As String=CType(e.Item.Cells(2).Controls(0), TextBox).Text
    Dim publisher As String=CType(e.Item.Cells(3).Controls(0), TextBox).Text
    Dim pubyear As String=CType(e.Item.Cells(4).Controls(0), TextBox).Text
        Dim strSQL As String
        '创建更新数据库的 SQL 语句
```

```
        strSQL="Update books Set  book='" & book & "', author='" & author & "',
        publisher='" & publisher  & "',pubyear='"& pubyear & "' Where " &
        dg1.DataKeyField & "=" & dg1.DataKeys(e.Item.ItemIndex)

            Dim sqlConn As New SqlConnection()
            '设置sqlConn的连接字符串ConnectionString属性
            sqlConn.ConnectionString="Data Source=Localhost;Initial Catalog=
            aspnet;User ID=sa; Password=123456;"
            sqlConn.Open() '打开连接
            Dim  sqlCmd As New SqlCommand(strSQL, sqlConn) '创建命令对象
            '创建命令对象
        sqlCmd.ExecuteNonQuery          '执行命令对象
        sqlConn.close()
        dg1.EditItemIndex=-1
        BindList()
    End Sub
    </Script>
    <body >
    <h1 align="center">图书数据修改</h1>
    <form runat="Server">
        <Asp:DataGrid Runat="Server" Id="dg1" AutoGenerateColumns="False" DataKey
        Field="id" HorizontalAlign="Center"  OnEditCommand="DataGrid_EditCommand"
        OnUpdate Command="DataGrid_UpdateCommand" OnCancelCommand="DataGrid_Cancel
        Command">
            <HeaderStyle HorizontalAlign="Center" BackColor="#0000FF" ForeColor=
            "White" />
            <ItemStyle BackColor="#FFFFCC" />
        <Columns>
            <asp:TemplateColumn HeaderText="编号">
                <ItemTemplate>
                    <%# Container.DataItem("id") %>
                </ItemTemplate>
                <EditItemTemplate>
                    <%# Container.DataItem("id") %>
                </EditItemTemplate>
            </asp:TemplateColumn>
            <asp:BoundColumn DataField="book" HeaderText="名称"/>
            <asp:BoundColumn DataField="author" HeaderText="作者"/>
            <asp:BoundColumn DataField="publisher" HeaderText="出版社"/>
            <asp:BoundColumn DataField="pubyear" HeaderText="出版日期"/>
            <asp:EditCommandColumn  EditText="编辑" CancelText="取消" UpdateText="
            更新" HeaderText="功能" ItemStyle-HorizontalAlign="Center" />
            </Columns>
        </asp:DataGrid>
    </form>
```

```
</body>
</html>
```

程序执行效果如图 6-2-3 所示。

2．实例 26 新闻分页浏览

本实例将通过数据表格对象 DataGrid 来实现新闻的分页浏览，如图 6-2-4 所示。

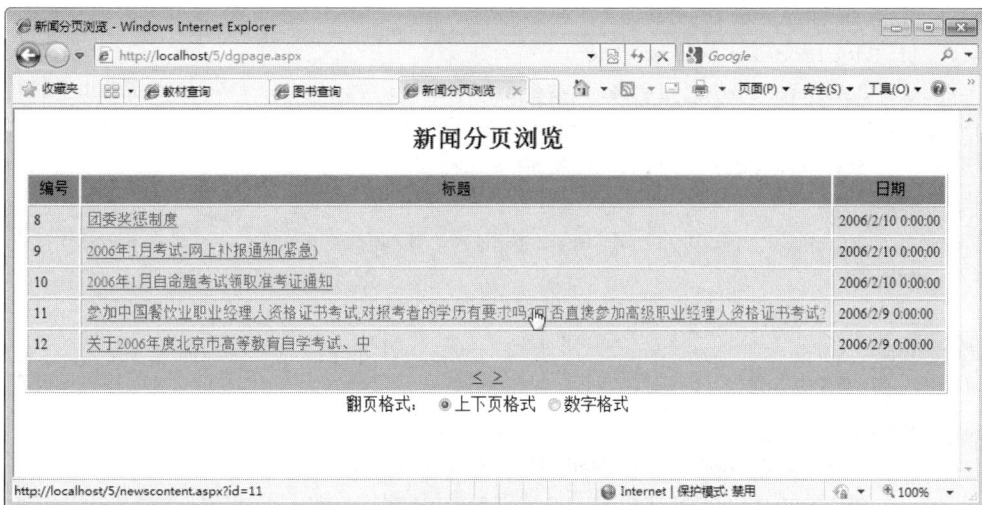

图 6-2-4 新闻分页浏览

当用户在单击新闻标题链接时，会在新窗口中显示该新闻的详细内容，如图 6-2-5 所示。

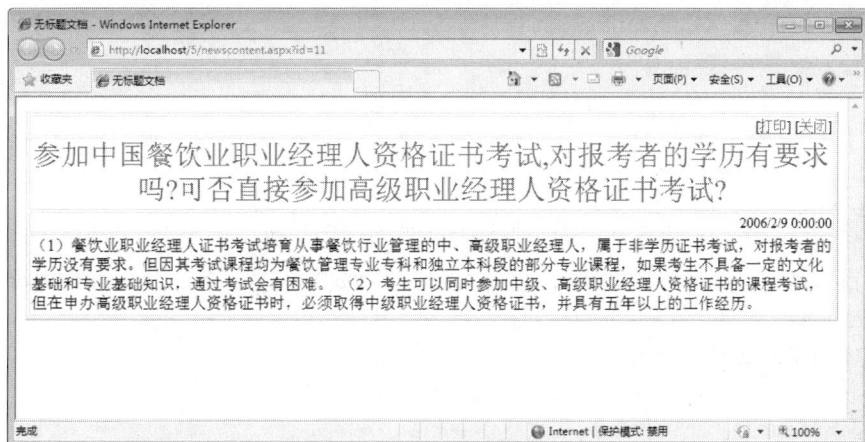

图 6-2-5 新闻内容

（1）创建新闻分页浏览页面。在 Dreamweaver 中创建一个名为 newspage.aspx 的 ASP.NET 文件，打开文件。切换到"代码"视图，按下面的内容输入代码：

```
<!-- newspage.aspx -->
<%@ Page Language="VB" Debug=true %>
<%@ Import Namespace="System.Data" %>
<%@ Import Namespace="System.Data.OleDb" %>
```

```
<html>
<head>
<title>新闻分页浏览</title>
</head>
<Script Language="VB" Runat="Server">
Sub Page_Load(sender As Object, e As Eventargs)
    '设置分页格式为数字序号还是上下翻页
    If PagerMode1.Checked Then
        dgnews.PagerStyle.Mode=PagerMode.NextPrev          '设置为上下翻页
        dgnews.PagerStyle.PrevPageText="<"
        dgnews.PagerStyle.NextPageText=">"
    Else
        dgnews.PagerStyle.Mode=PagerMode.NumericPages      '设置为数字序号
    End If
    BindList()
End Sub


Sub BindList()
        Dim objConn As New OleDbConnection()
        objConn.ConnectionString="Provider=Microsoft.Jet.OLEDB.4.0;Data
Source=" & Server.MapPath("/database/aspdb.mdb")
        objConn.Open()
        Dim objCmd As New OleDbDataAdapter("Select * From news", objConn)
        Dim DS As New DataSet()
        objCmd.Fill(DS)
        dgnews.DataSource=DS
        dgnews.databind()
        objConn.Close()
  End Sub


Sub DataGrid_PageIndexChanged(sender As Object, e As DataGridPageChanged-
EventArgs)
    '设置页面的当前记录索引
    dgnews.CurrentPageIndex=e.NewPageIndex
    BindList()
End Sub
</Script>


<Body>
<H2 Align="Center">新闻分页浏览</H2>
<Form Runat="Server">
<!-- 创建数据表格对象 dgnews -->
    <Asp:DataGrid Runat="Server" Id="dgnews"
    AutoGenerateColumns="false" PageSize="5"
```

```
    AllowPaging="True" HorizontalAlign="Center" OnPageIndexChanged="DataGrid_
    PageIndexChanged" >
    <HeaderStyle Font-Size="11pt" HorizontalAlign="Center" ForeColor="#000000"
    BackColor="#0099FF" />
    <Columns>
      <asp:BoundColumn DataField="ID" ItemStyle-Width="40" HeaderText="编号"/>
      <asp:HyperLinkColumn HeaderText="标题" DataTextField="title" target=
    "_blank" DataNavigateUrlField="id" DataNavigateUrlFormatString="newscontent.
    aspx?id={0}" />
      <asp:BoundColumn DataField="addtime"  HeaderText="日期"/>
    </Columns>
    <PagerStyle Font-Name="Courier New" Font-Size="12pt" HorizontalAlign=
    "Center" ForeColor="Blue" BackColor="#66ccff" Mode="NumericPages" />
    <ItemStyle Font-Size="11pt" ForeColor="#000000" BackColor="#D6DFF7"/>
    </Asp:DataGrid>
    <Center>
    翻页格式:
    <Asp:RadioButton Runat="Server" Id="PagerMode1" AutoPostBack="True"
    Checked="True"
    GroupName="pageMode" Text="上下页格式" />
    <Asp:RadioButton Runat="Server" Id="PagerMode2" AutoPostBack="True"
    Checked="False"
    GroupName="pageMode" Text="数字格式" />
    </Center>
</Form>
</Body>
</Html>
```

上面的程序中，通过下面的语句定义了一个数据表格 DataGrid 对象 dgnews。

```
<Asp:DataGrid Runat="Server" Id="dgnews" AutoGenerateColumns="false" PageSize=
"5"  AllowPaging="True" HorizontalAlign="Center" OnPageIndexChanged="DataGrid_
PageIndexChanged" >
```

该表格 ID 为 dgnews，不使用数据源原有的字段标题（AutoGenerateColumns="false"），允许分页（AllowPaging="True"），每页显示 5 条记录（PageSize="5"），格式为垂直居中（HorizontalAlign="Center"），处理页面索引改变事件的过程名为 DataGrid_PageIndexChanged（OnPageIndexChanged="DataGrid_PageIndexChanged"）。

通过下面的语句定义了表格标题栏的格式。

```
<HeaderStyle  Font-Size="11pt"  HorizontalAlign="Center"  ForeColor="#000000"
BackColor="#0099FF" />
```

通过下面的语句定义了显示绑定的新闻内容。

```
<Columns>
  <asp:BoundColumn DataField="ID"  ItemStyle-Width="40" HeaderText="编号"/>
  <asp:HyperLinkColumn HeaderText="标题" DataTextField="title" target="_blank"
DataNavigateUrlField="id"
DataNavigateUrlFormatString="newscontent.aspx?id={0}" />
```

```
     <asp:BoundColumn DataField="addtime"   HeaderText="日期"/>
     </Columns>
```

其中，<asp:BoundColumn DataField="ID" ItemStyle-Width="40" HeaderText="编号"/>表示为一个绑定列项，与字段 ID 绑定，宽度为 40，标题为"编号"。

<asp:HyperLinkColumn HeaderText="标 题" DataTextField="title" target="_blank" DataNavigateUrlField="id" DataNavigateUrlFormatString="newscontent.aspx?id={0}" />表示一个超链接列，标题为"标题"，绑定的内容字段为 title，绑定到超链接的字段为 id 字段。超链接所链接到的 URL 字符串格式为"newscontent.aspx?id={0}"，其中 {0} 表示绑定到超链接的字段 id 的值，如果 id 值为 2 则该字符串为"newscontent.aspx?id=2"，当点击该超链接时会通过该 URL 来在新窗口（target="_blank"）中打开网页 newscontent.aspx 并传递信息 id=2。

下面的语句定义了分页浏览部分的格式，分页以数字（Mode="NumericPages"）形式出现。

```
<PagerStyle Font-Name="Courier New" Font-Size="12pt" HorizontalAlign="Center"
ForeColor="Blue" BackColor="#66ccff" Mode="NumericPages" />
```

下面的语句定义了显示新闻内容的格式。

```
<ItemStyle Font-Size="11pt" ForeColor="#000000" BackColor="#D6DFF7"/>
```

下面语句定义了用于设置分页翻页方式的单选按钮，当选择其中一个单选按钮时将产生 AutoPostBack 而刷新页面。

```
     <Center>
     翻页格式:
     <Asp:RadioButton  Runat="Server"  Id="PagerMode1"  AutoPostBack="True"
Checked="True"GroupName="pageMode" Text="上下页格式" />
     <Asp:RadioButton Runat="Server" Id="PagerMode2" AutoPostBack="True" Checked=
"False" GroupName="pageMode" Text="数字格式" />
     </Center>
```

当刷新页面时，会调用 Page_Load 过程，通过下面的语句来设置翻页方式。

```
If PagerMode1.Checked Then
     dgnews.PagerStyle.Mode=PagerMode.NextPrev        '设置为上下翻页
     dgnews.PagerStyle.PrevPageText="<"
     dgnews.PagerStyle.NextPageText=">"
Else
     dgnews.PagerStyle.Mode=PagerMode.NumericPages    '设置为数字序号
End If
```

当点击翻页链接时，会触发 OnPageIndexChanged 事件，调用事件处理过程 DataGrid_PageIndexChanged 中下面的语句来设置当前页面的记录索引。

```
dgnews.CurrentPageIndex=e.NewPageIndex
```

（2）创建新闻内容页面。在 Dreamweaver 中创建一个名为 newscontent.aspx 的 ASP.NET 文件，打开文件。切换到"代码视"图，按下面的内容输入代码：

```
<%@ Page Language="VB" Debug=true %>
<%@ Import Namespace="System.Data" %>
<%@ Import Namespace="System.Data.OleDb" %>
<html xmlns="http://www.w3.org/1999/xhtml">
```

```
<head>
<meta http-equiv="Content-Type" content="text/html; charset=gb2312" />
<title>无标题文档</title>
</head>
<Script Language="VB" Runat="Server">
Sub Page_Load(sender As Object, e As Eventargs)
    BindList()
End Sub
Sub BindList()
    dim id as string
    id =request.QueryString("id")    '获取 URL 中传递的 id 值
    if id<>"" then
        Dim objConn As New OleDbConnection()
        objConn.ConnectionString="Provider=Microsoft.Jet.OLEDB.4.0;Data
        Source=" & Server.MapPath("/database/aspdb.mdb")
        objConn.Open()
        '打开 id 所指定的记录
        dim strsql as string ="Select * From news where id=" &id
        Dim objCmd As New OleDbDataAdapter(strsql, objConn)
        Dim DS As New DataSet()
        objCmd.Fill(DS)
        dlNews.DataSource=DS
        dlNews.databind()
        objConn.Close()
    end if
End Sub
</Script>
<body>
<!-- 在数据列表对象中显示新闻内容 -->
<ASP:DataList Id="dlNews" GrIdLines="both" Runat="Server" >
    <ItemTemplate>
        <table width="100%" height="92" border="1" bordercolor="#E0E1E9">
        <tr>
        <td height="17" align="right">[<a href="javascript:print()">打印</a>]
        [<a href="javascript:window.close()">关闭</a>] </td>
        </tr>
        <tr>
         <td height="20" align="center">
            <font size="6" color="red"><%# Container.DataItem("title")%>
            </font>
            </td>
        </tr>    <tr>
```

```
    <td align="right"><%# Container.DataItem("addtime")%></td>
  </tr>      <tr>
    <td align="left"><font size="4"> <%# Container.DataItem("content")%>
    </font></td>
  </tr>
</table>
    </ItemTemplate>
</ASP:DataList>
</body>
</html>
```

在这个页面中，将通过传递过来的 URL 中的 id 值去在数据库中查询对应 id 的记录，找到后将该记录内容作为新闻内容显示到数据列表控件 dlNews 中。

3. 实例 27　综合实例——网络留言板

本实例中将创建一个简单实用的网络留言板，效果如图 6-2-6 所示。

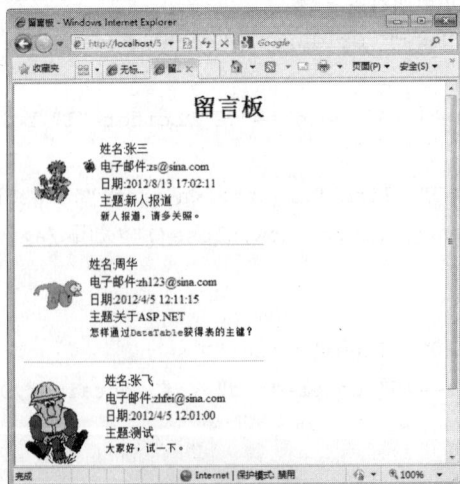

图 6-2-6　留言板